具身智能数据工程

标准、技术与实践指南

夏轩　俞波　刘少山　著

人民邮电出版社

北京

图书在版编目（CIP）数据

具身智能数据工程：标准、技术与实践指南 / 夏轩，
俞波，刘少山著. -- 北京 : 人民邮电出版社，2025.
ISBN 978-7-115-67270-4

Ⅰ．TP242.6

中国国家版本馆 CIP 数据核字第 2025VB9419 号

内 容 提 要

本书聚焦于具身智能数据工程领域的标准、技术和实践，全面且系统地阐述了具身智能机器人数据生产的关键技术与面临的挑战。开篇详细介绍了具身智能技术的发展现状、应用领域及产业发展，继而深入讲解了具身智能机器人数据采集基础知识，涵盖采集系统的硬件与软件系统架构、数据集构建规范，以及真实世界数据采集和仿真环境数据生成技术。书中通过对工业、服务业等不同场景下机器人数据采集的具体案例进行深入分析，展现了各应用场景独特的需求与面临的难题。此外，作者还着重介绍了通用具身智能数据生产平台 AIRSPEED 在解决数据采集瓶颈问题方面的卓越表现，并对机器人数据采集的未来趋势与技术创新方向进行了前瞻性的展望。

本书内容丰富、实用性强，适合具身智能机器人研究人员、人工智能与机器学习工程师、机器人系统开发人员与企业家、数据隐私与安全专业人士，以及广大学生和机器人爱好者阅读，是读者了解和掌握具身智能数据工程的实用资料。

- ◆ 著　　　　　夏　轩　俞　波　刘少山
  责任编辑　余　洁
  责任印制　王　郁　焦志炜
- ◆ 人民邮电出版社出版发行　　北京市丰台区成寿寺路 11 号
  邮编　100164　电子邮件　315@ptpress.com.cn
  网址　https://www.ptpress.com.cn
  北京瑞禾彩色印刷有限公司印刷
- ◆ 开本：720×960　1/16
  印张：16.5　　　　　　　　　　2025 年 7 月第 1 版
  字数：237 千字　　　　　　　　2025 年 7 月北京第 1 次印刷

定价：99.80 元

读者服务热线：(010)81055410　印装质量热线：(010)81055316
反盗版热线：(010)81055315

推荐序

在人工智能波澜壮阔的发展进程中，具身智能凭借其卓越的融合性与实践性，正逐步成为驱动技术迈向新高度的关键力量。它成功突破了传统人工智能局限于虚拟世界的桎梏，实现了智能与物理实体的深度融合，令机器得以在复杂多变的环境中达成感知、学习与行动的有机统一。

具身智能的价值远不只技术层面的突破，更在于其蕴藏的巨大潜力，给社会经济结构带来深刻变革，并为各行各业注入源源不断的活力。在工业生产领域，机器人借助具身智能实现了更为精准的装配作业和更为灵活的物流搬运；在医疗行业，手术机器人凭借其敏锐的感知能力与精准的操作技巧，为患者提供了更安全、更高效的治疗方案；在服务领域，家用机器人以其出色的环境适应性与对用户需求的精准理解，成为家庭生活的好帮手。而本书的问世恰逢其时地为这一蓬勃发展的领域提供了系统性、专业性的理论与实践指导，我对这部著作的出版深感欣喜。

本书从具身智能的基本概念展开，深入探讨了数据采集、传输、处理等关键环节的技术细节，并通过丰富的案例分析为实践者提供了极具价值的参考。书中对具身智能数据工程的详细阐述尤其令我印象深刻。数据作为具身智能的核心驱动力，其采集的质量与规范性直接关系到智能体的性能表现。作者深入浅出地讲解了数据生产的多样性，涵盖了从机器人本体内部的多模态数据到外部环境交互信息的各个方面，为读者呈现了一个立体化、全方位的具身智能数据生产图景。

书中详细介绍了具身智能数据采集的关键技术，包括遥操作、示教等真实世界数据采集方法，以及基于仿真平台的虚拟数据生成技术，如轨迹合成、决策生成等。这些技术的有机结合，为解决具身智能领域长期面临的"数据瓶颈"问题提供了切实可行的方案。在工业机器人和服务业机器人应用的章节中,作者深入分析了各类机器人对模型的能力要求及对应的数据采集需求,为行业领域的发展提供了有力的支撑。尤为值得一提的是,本书还介绍了开源具身智能数据生产平台 AIRSPEED 及对应的实际案例,这些案例丰富了理论的实践内涵,为读者提供了宝贵的借鉴与参考。

　　具身智能的发展离不开开放合作的格局。当前,全球各国纷纷出台政策支持具身智能产业的发展,国际合作项目层出不穷。本书不仅为国内的研究人员、工程师和学生提供了宝贵的学习资源,也为国外同行了解中国在具身智能领域的研究进展与技术实力搭建了一个重要窗口。

　　作为一名长期从事人工智能与机器人研究的学者,我深知具身智能领域所蕴含的巨大潜力及面临的诸多挑战。本书的出版,为具身智能领域的研究者和实践者搭建了一座通往未来的坚实桥梁。它不仅传递了前沿的知识与理念,更点燃了创新的火花。我相信在不久的将来,随着具身智能技术的不断成熟与应用的广泛推广,我们将共同见证一个更加智能、更加高效的具身智能时代的到来。愿本书能够成为各位在探索具身智能道路上的得力助手,助力大家共同推动这一领域迈向新的高峰。

刘华平

清华大学计算机系教授

序

　　具身智能正引领社会从数字经济向更具自主性的新经济形态演进，其核心在于对高质量数据的深度依赖。数字经济通过积累用户数据创造价值，自主经济则依托具身智能在物理世界中的自主感知、决策与执行能力，将数据从信息载体升级为塑造智能能力的关键要素。

具身智能重塑数据需求范式

　　人工智能技术的迭代升级，特别是具身智能的兴起，正在深刻改变数据作为基础性生产资料的角色。与互联网经济依赖规模效应的数据价值实现路径不同，具身智能的价值创造遵循场景驱动的逻辑，这源于两者本质的差异。

　　互联网平台通过标准化服务实现用户规模扩张，这种商业模式的成功依赖于三大核心机制：其一，海量的用户交互数据支撑机器学习模型的持续优化；其二，基于注意力经济的用户黏性提升；其三，数据要素的二次流通变现。

　　而具身智能设备需在物理世界中完成复杂的环境交互任务，其数据需求呈现显著不同的特征。

- 场景适应性要求：机器人系统需应对家庭护理、工业制造、医疗救援等多元场景，要求数据集具备领域多样性（Domain Diversity）。例如，服务机器人训练需融合物体识别、语义理解、空间导航等多模态数据。

- 本体感知复杂性：不同形态机器人（人形、四足、无人机等）搭载的传感器各异，导致数据高度异构。例如，工业机器人侧重力反馈数据，医疗机器人则需高精度生物信号。

- 决策鲁棒性需求：在动态物理环境中，具身智能系统通过强化学习等技术实现从感知到执行的闭环优化，这要求训练数据具备足够的真实场景覆盖度与环境干扰模拟。

这些根本差异导致了二者在数据质量标准（互联网重匿名化，具身智能重环境真实性）、价值实现周期（互联网重即时收益，具身智能重技术累积效应）及战略投资方向（互联网重用户增长，具身智能重场景适配）上的分野，清晰勾勒出具身智能作为下一代数据经济支柱的独特发展路径。

构建具身智能数据产业生态：三步走蓝图

要真正释放具身智能的潜力，推动其数据产业的发展，需要在行业层面构建系统化路径。

1. 具身智能数据标准化——打破孤岛，建立共享基础

建立统一的数据标准，无疑是打破数据孤岛、构建具身智能产业共享基础的关键步骤。通过构建统一的中间件框架和标准化接口，可以有效促进数据的共享与协同创新。在国内，具身智能数据标准化工作的关键领域包括技术架构、能力评估和数据规范。例如，《具身智能标准体系1.0》提出了"四横三纵"框架，明确了系统开发的统一技术路线；AIIA/T 0198—2024《具身智能系统总体架构及技术要求》细化了四大核心模块的能力指标；《人工智能具身智能数据采集规范》则实现了多源异构数据格式的统一。虚实融合技术与自动化流程的应用提升了数据质量，然而，整个行业仍需在标准建立方面达成更广泛的共识，从而推动具身智能仿真技术从实验室研究顺利转向实际应用，为产业发展奠定坚实基础。

2. 具身智能数据资产化——激活价值，驱动持续投入

将具身智能数据转化为可衡量、可交易的资产，能够显著提升数据的经济价值，为相关企业和行业注入持续的资金动力与技术创新活力。数据资产化的实现离不开标准化与制度保障的有力支撑。统一的数据结构、接口及评估体系为数据的确权、定价和交易提供了坚实的基础。在国内，数据资产化的政策框

架与实践探索正稳步推进。财政部发布的《企业数据资源相关会计处理暂行规定》，明确了数据资源作为"无形资产"或"存货"进行确权和会计处理的原则。地方政府也积极开展试点工作，通过建立数据交易平台、支持数据确权和交易等方式，为数据资产化提供了宝贵的实践经验。不过，当前数据确权、估值标准、安全风险及地方政策差异等问题仍亟待解决。

3. 具身智能数据交易市场——构建生态，加速产业迭代

在具身智能数据资产化的基础上构建具身智能数据交易市场，对于推动整个行业的发展具有深远意义。通过打造一个开放、高效的交易平台，数据能够在不同主体之间自由流通，实现数据资源的共享与价值的最大化。

数据交易市场的建立，不仅能够充分激发数据的经济潜力，还能为技术创新提供强大动力。一方面，数据的交换使得不同领域和场景的数据得以相互补充，提供了更加丰富多样的训练样本。具身智能系统需要大量的多模态数据，如视觉、听觉、触觉等数据，而这些数据往往分散在不同的实体或机构中。通过数据交换，不同平台之间的数据可以实现共享，从而提升算法模型在复杂环境中的适应能力，推动技术的持续进步与优化。

另一方面，数据交易能够打破不同数据源之间的孤立状态，为算法优化与模型更新提供坚实基础。例如，在机器人感知系统中，融合来自不同传感器的数据，可以有效提高机器人对环境的理解能力，促进多感知信息的协同处理，使机器人能够更精准地完成决策和执行任务。此外，数据交易还能推动具身智能技术的跨领域应用创新，如将工业机器人的先进技术应用于医疗、物流等其他领域，进一步拓展具身智能的应用范围和技术潜力。

我们深信，具身智能数据产业蕴含着无限可能，它将深刻重塑我们的生活方式、工作模式乃至整个社会图景。我们满怀热忱地呈现这份思考，期望能为读者打开通往具身智能数据世界的大门。让我们携手，共同见证并推动这一激动人心的领域的蓬勃发展！

刘少山

前　　言

具身智能数据工程的意义

具身智能通过将人工智能技术集成到机器人等物理实体中，使其能够感知、学习并动态地与环境互动，在现实社会中高效地提供商品和服务。而在互联网和机器人领域，数据都是关键的货币化工具。在互联网行业，企业利用用户数据实现定向广告和个性化内容，这种精准定向方法不仅提高了销售量和用户参与度，还会带来更高的订阅费用或使用量。在具身智能领域，数据对训练深度学习模型、增强和优化机器人能力至关重要。从财务角度看，互联网公司用户数据的估值约为每用户 600 美元，全球约有 50 亿互联网用户，总市场价值约为 3 万亿美元。

展望具身智能领域，埃隆·马斯克预测，未来机器人数量将超过人类。假设市场饱和时将有超过 100 亿个机器人，考虑到每个机器人在大规模商业化后的成本约为 3.5 万美元，保守估计机器人企业愿意将每个机器人成本的 3% 投入数据采集和生成，旨在开发先进的具身智能能力，因此可估算出具身智能数据的市场价值将超过 10 万亿美元，这将是互联网行业用户数据价值的 3 倍多。这一分析凸显了具身智能数据的巨大潜力，而目前具身智能数据采集和生成行业尚处于起步阶段。

尽管具身智能数据行业具有广阔的前景，但当前具身智能系统的可扩展性却受到数据瓶颈的严重制约。与主要由用户生成且易于采集和汇总的互联网数据不同，具身智能数据涉及机器人与动态环境之间的复杂互动。这一根本差异意味着，互联网数据可以从数字平台上的用户活动中挖掘，而具身智能数据则必须通过捕捉在多样且常常不可预测的环境中发生的各种物理互动来获取。例如，ChatGPT 能够利用 570 GB 的文本数据进行训练，在聊天任务中表现卓越，但训练具身智能模型却需要大量的机器人数据，因为它具有多模态特性。这种机器人数据包含各种感官输入和互动类型，不仅极其复杂，而且采集成本高昂。

训练具身智能面临的第一个挑战是获取广泛、高质量和多样化的数据集。例如，自主导航机器人需要处理大量环境数据以提升路径规划和障碍物回避能力。数据的精确度直接影响机器人性能，尤其是从事高精度任务的工业机器人，微小的错误就可能导致生产质量的重大问题。此外，机器人对不同环境的适应和推广能力取决于其处理数据的多样性。例如，家用服务机器人必须适应各种家庭环境和任务，需要从大量的家庭环境数据中学习以提高其推广能力。

训练具身智能面临的第二个挑战是"数据孤岛"现象。获取全面的数据会遇到高成本、长时间及潜在安全风险的挑战。大多数组织机构仅在特定的受控环境中采集数据，缺乏实体间的数据共享，这会导致重复劳动和资源浪费，形成"数据孤岛"，从而显著阻碍具身智能的进展。

为了解决具身智能开发中的数据可用性瓶颈，需建立强大的数据采集和生成系统。首先，系统需要捕捉真实世界的数据，包括人类与物理环境互动的数据以用于模仿学习，如 Mobile ALOHA 项目捕捉复杂的互动任务数据，PneuAct 项目捕捉与人手动作相关的数据；以及多模态机器人传感器数据，以捕捉机器人对物理环境的感知。其次，鉴于获取大量高质量和多样化的具身智能数据成本高昂，基于数字孪生的仿真成为有效解决方案，可显著降低数据采集成本并提升开发效率。例如，一小时自主车多模态机器人数据的采集成本为 180 美元，而模拟相同数据仅需 2.20 美元。Sim2Real 技术的发展促进了技能和知识从仿真环境到现实应用的转移，这种技术会在虚拟空间中训练机器人和 AI 系统，使它们能够安全、高效地学习任务，而无须面对真实世界中的物理风险和限制。因此，将真实世界数据和合成数据进行结合是克服具身智能数据可用性挑战的战略方法。最后，采集和生成的数据需在时间和空间上对齐，以确保来自不同传感器的数据准确同步，对机器人环境和动作形成统一和详细的理解。只有经过这些过程，数据才能有效地用于训练具身智能系统。

根据模型需求，具身智能数据的生产一般需要经过采集、生成和数据集构建等流程。本书将这些流程及相关系统设计、数据规范、技术开发和部署应用统称为具身智能数据工程。本书重点阐述具身智能数据工程的标准、技术与实践，系统介绍具身智能机器人数据生产的关键技术与挑战。书中首先概述具身智能技术的发展现状、应用领域及产业进展，然后深入探讨具身智能机器人数据采集基础，包括硬件和软件系统架构、数据集构建方法、真实世界中的数据采集和仿真环境下的数据生成。之后，对在工业、服务业等不同机器人场景下的具体数据采集案例进行详细分析，展示其特殊需求与挑战。最后，介绍通用具身智能数据生产平台 AIRSPEED 如何解决数据采集瓶颈，并展望未来机器人数据采集的趋势与技术创新方向。

本书可为机器人和具身智能领域的研究人员及从业者提供全面的理论知识和实践指导，可作为该领域的参考书。

目标读者群体

本书系统介绍具身智能机器人领域数据采集、生成与应用等关键内容，为不同层次的读者提供理论和实践支持，助力突破数据瓶颈，加速机器人技术的创新发展。

本书的目标读者群体如下。

- 具身智能机器人研究人员：本书为相关学者和科研人员提供数据采集与生成技术的深入分析，涵盖硬件和软件系统架构设计、真实世界数据采集方法和仿真数据生成策略，帮助他们有效应对具身智能系统中的复杂数据挑战。
- 人工智能与机器学习工程师：本书详细阐述多模态数据采集与处理技术，提供数据标注和格式标准化方法，可帮助工程师高效开展模型训练工作。
- 机器人系统开发人员与企业家：本书深入分析工业、服务业、医疗等领域机器人的应用场景与数据采集需求，为开发人员和企业提供从数据采集到落地应用的全方位技术指导。
- 学生与爱好者：本书通过系统化理论阐述和实际案例分析，为具身智能和机器人领域的学生和爱好者展示机器人数据采集的基础知识和前沿技术，助其顺利入门并持续探索该领域。

资源与支持

资源获取

本书提供如下资源：

- 本书思维导图；
- 异步社区 7 天 VIP 会员。

要获得以上资源，你可以扫描右侧二维码，根据指引领取。

提交勘误

作者和编辑尽最大努力来确保书中内容的准确性，但难免会存在疏漏。欢迎读者将发现的问题反馈给我们，帮助我们提升图书的质量。

当读者发现错误时，请登录异步社区（https://www.epubit.com），按书名搜索，进入本书页面，单击"发表勘误"，输入勘误信息，单击"提交勘误"按钮即可（见下图）。本书的作者和编辑会对读者提交的勘误进行审核，确认并接受后，将赠予读者异步社区 100 积分。积分可用于在异步社区兑换优惠券、样书或奖品。

与我们联系

我们的联系邮箱是 shejie@ptpress.com.cn。

如果读者对本书有任何疑问或建议，请你发邮件给我们，并请在邮件标题中注明本书书名，以便我们更高效地做出反馈。

如果读者有兴趣出版图书、录制教学视频，或者参与图书翻译、技术审校等工作，可以发邮件给我们。

如果读者所在的学校、培训机构或企业，想批量购买本书或异步社区出版的其他图书，也可以发邮件给我们。

如果读者在网上发现有针对异步社区出品图书的各种形式的盗版行为，包括对图书全部或部分内容的非授权传播，请将怀疑有侵权行为的链接通过邮件发送给我们。这一举动是对作者权益的保护，也是我们持续为广大读者提供有价值的内容的动力之源。

关于异步社区和异步图书

"异步社区"（www.epubit.com）是由人民邮电出版社创办的 IT 专业图书社区，于 2015 年 8 月上线运营，致力于优质内容的出版和分享，为读者提供高品质的学习内容，为作译者提供专业的出版服务，实现作者与读者在线交流互动，以及传统出版与数字出版的融合发展。

"异步图书"是异步社区策划出版的精品 IT 图书的品牌，依托于人民邮电出版社在计算机图书领域多年来的发展与积淀。异步图书面向 IT 行业以及各行业使用 IT 的用户。

目　　录

第 1 章　具身智能技术概述

在过去的 30 年里，全球经济增长主要得益于数字经济的推动，这涉及利用信息技术来创造、销售、分配和消费商品与服务。IDC 预测，2025 年，中国数字经济规模将首次超过实体经济（即 GDP 占比超过 50%）。值得关注的是，随着具身智能（Embodied Artificial Intelligence，EAI）技术的发展，数字经济与实体经济的活力将有机会被同时激活，从而开启一个新的时代——自主经济时代。

在自主经济框架下，具身智能技术将驱动机器人在形态和功能上显著进化。自动驾驶汽车、送货机器人、工业机器人、农业机器人、无人机和家庭服务机器人等将逐渐渗透到经济生活的方方面面，成为推动未来几十年社会经济增长的主要动力。

在数字经济时代，核心科技创新聚焦于提升信息分发效率；而在自主经济时代，核心科技创新则体现在由机器人自主运行所带来的经济活动生产力提升。因此，由具身智能技术驱动的自主经济对经济的影响将超越传统的数字经济。它不仅将推动新质生产力的发展，催生新兴消费市场，还将重塑经济结构。掌握具身智能技术的国家和企业将在未来几十年内主导全球经济的发展潮流。

1.1　具身智能的基本概念

"具身智能"这一概念诞生于 1950 年英国科学家图灵的经典论文 "Computing Machinery and Intelligence"。图灵在该论文中展望了人工智能可能的两条发展路径：一是聚焦抽象计算所需的智能（例如下棋），二是为机器配备传感器，使其基于实体与环境和人类交互。后者即为具身智能。

在这一语境下，具身智能是指可以基于身体（物理的或数字的）进行感知和行动的智能系统。其实现依赖于通过智能体（Agent）与环境的交互认知自我、感知环境信息、理解问题与任务、做出决策与规划、通过身体执行行为，从而为智能体赋予通用智能。智能体既可以是有物理实体的机器人，也可以是数字形态的模拟存在，它们在功能上可以是相似的，但在表现形式和交互方式上则有所不同。具有物理实体的智能体（如服务机器人、工业机械臂）直接与现实世界交互，执行物理任务；而数字智能体（如虚拟助手、仿真环境中的代理）则存在于计算机系统中，仅通过软件模拟智能行为，与用户进行数字交互或在模拟场景中执行任务。尽管两者都能执行复杂任务，但数字智能体便于快速迭代和测试，而物理智能体则能够直接对实体世界产生影响。智能体可以有多种形态，如数字人、自动驾驶汽车、无人机和机器人，它们可以存在于真实世界或虚拟环境中。而本书重点关注的是以机器人形态存在的智能体。

具身智能产业与人工智能产业、机器人产业紧密相连且相互促进。人工智能产业提供机器学习、深度学习、自然语言处理等核心技术，构成具身智能的软件基础；机器人产业提供各类机器人的设计、制造和应用链路，构成具身智能的硬件基础。具身智能技术不仅扩展了人工智能产业的应用领域，还推动了机器人产业向更高级别的智能化迈进。可以说，具身智能产业是人工智能和机器人技术成熟发展的必然结果，是这两个产业融合后的终极形态。

从 2017 年到 2024 年，服务机器人的需求持续增长，逐渐超过工业机器人，如图 1-1 所示。而服务机器人对智能化的需求也最为迫切，高涨的市场需求势必推动具身智能技术的不断创新和产业转化。

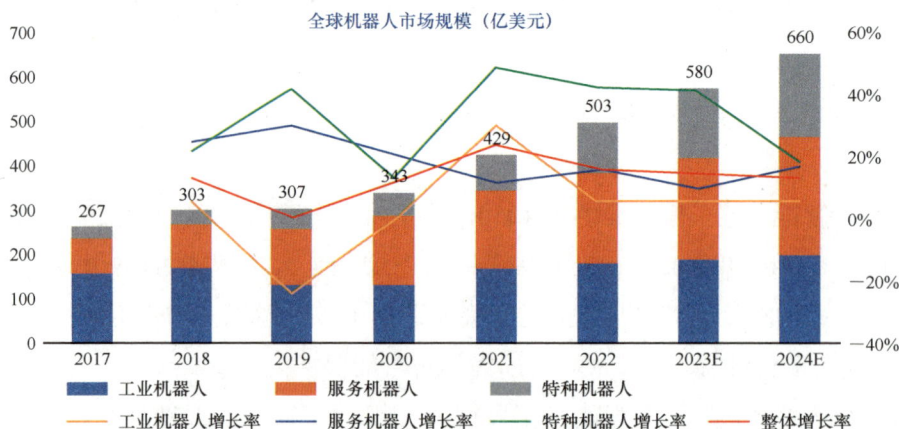

图 1-1　全球机器人市场规模变化（资料来源：IFR）

我们将具身智能的发展历程划分为 3 个关键的十年阶段，如图 1-2 所示。

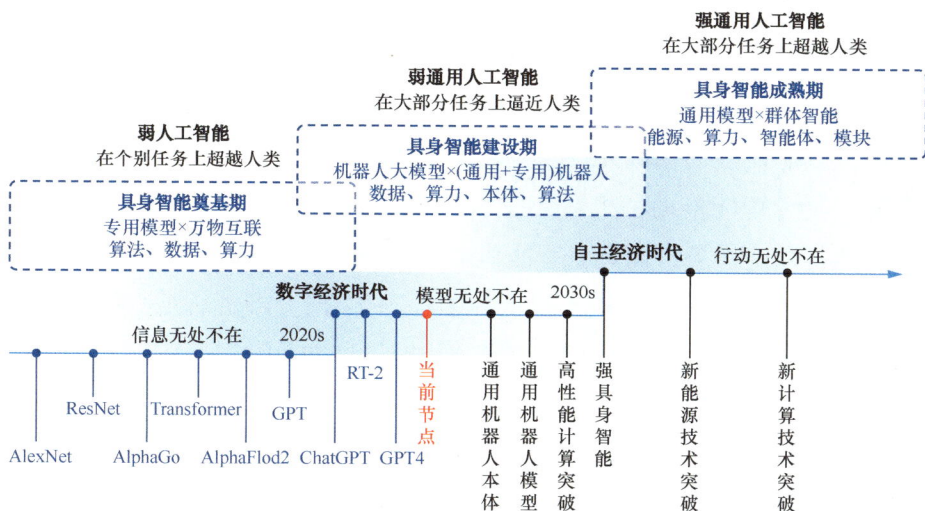

图 1-2　具身智能的发展阶段及相应特点

第一个十年（2010—2019 年）：深度学习开启的具身智能奠基期。在该阶段，移动互联网构成的万物互联为大量专用模型提供了高效的信息运转平台，算法创新、数据挖掘和算力提升使弱人工智能在个别任务上超越人类。尽管人工智能和机器人技术仍大致独立发展，但模仿学习和强化学习的兴起已促使两个领域的技术逐渐融合。

第二个十年（21 世纪 20 年代）：大模型开启的具身智能建设期。大模型在大部分任务上逼近人类水平，形成弱通用人工智能。依靠数据和算力的暴力堆砌、机器人本体和算法的优化升级，机器人大模型将逐渐接管通用和专用机器人的感知、决策和控制功能，在大部分岗位上逼近人类专家水平。此阶段应重点开发通用机器人本体、通用机器人模型及高性能计算技术。人工智能和机器人技术将正式融合为具身智能技术，助力自主经济高速发展。

第三个十年（21 世纪 30 年代）：强通用人工智能开启的具身智能成熟期。该阶段依赖前一阶段的多项突破，包括提供丰富的能源供给以满足算力和机器人的电力需求，通用且廉价的智能体与机器人模块以实现个性化定制，成熟的通用模型以赋予异构多机群体智能。在这一阶段，具身智能将在大部分任务上超越人类，从而重塑世界经济结构。

1.2　从"数字大脑"向"具身主体"的范式转变

相较于传统 AI 依赖纯数据驱动的抽象推理，具身智能将"身体"视为智能的载体，通过感知、运动和环境的实时反馈构建对世界的理解。这种"具身性"赋予了具身智能在多个领域独特的应用价值。

首先，具身智能推动了机器人技术的实用化突破。传统机器人通常依赖预设程序来执行固定任务，而具身智能机器人具备了自主学习与适应能力。例如，家庭服务机器人可以通过触觉、视觉等多模态感知，在动态的家居环境中实时调整抓取力度或避障路径；工业机器人则能通过实时力反馈优化装配动作，以适应产品型号的变化。这种"身体—环境"协同的智能，使机器人从"自动化工具"进化为"自主协作伙伴"。

其次，具身智能深化了人类对智能本质的认知。通过模拟生物体"感知—行动"循环，具身智能揭示了认知与身体经验的紧密关联。例如，四足机器人通过反复跌倒与站起的物理交互，可自主演化出行走策略，这为发展类人认知模型提供了实验基础。同时，这种具身学习机制也启发了教育领域的情境化教学——通过肢体互动促进知识内化，验证了"做中学"理念的科学性。

最后，具身智能为复杂系统提供了新型解决方案。在医疗康复领域，外骨骼机器人结合患者的肌电信号与运动意图，能够实现个性化步态矫正；在自动驾驶中，车辆通过车身传感器网络感知路况的细微变化，做出更拟人化的驾驶决策。这种嵌入物理世界的智能使 AI 系统不仅能处理信息，更能以符合现实约束的方式解决问题，为智慧城市、环境监测等需要实体交互的场景开辟了新的路径。

总之，具身智能的突破标志着 AI 从"数字大脑"向"具身主体"的范式转变。它不仅是技术工具的创新，更是对智能体与世界互动方式的重新定义，为构建更加灵活、自适应的人机共生社会奠定了坚实的基础。

1.3　具身智能产业发展趋势

在全球范围内，现有政策已经开始对具身智能产业链发展进行引导。表 1-1

展示了近几年各国为推进具身智能发展发布的政策文件。

表1-1　为推进具身智能发展发布的国际政策文件汇总

发布方	政策文件	主要内容
美国	《国家机器人计划3.0》（NRI 3.0）	提供1400万美元的资金支持，主要研究集成机器人系统
中国	《人形机器人创新发展指导意见》	人形机器人有望成为继计算机、智能手机、新能源汽车后的颠覆性产品，并按照谋划三年、展望五年的时间安排，对2025年和2027年的发展目标做了战略部署
欧盟	《欧洲地平线》	2021—2022年为机器人相关项目提供总计1.985亿美元的资金支持
德国	《2025高科技战略》	为机器人在内的研究每年提供6900万美元的资金支持，到2026年总预算为3.45亿美元
日本	《机器人新战略》	2022年的投入超过9.305亿美元，包括下一代人工智能和机器人的核心集成技术
韩国	《第三版智能机器人发展计划》	推动机器人成为第四次工业革命的核心产业，为《2022智能机器人行动计划》投资1.722亿美元

国内亦有大量相关政策文件发布。例如，上海发布了《上海市促进智能机器人产业高质量创新发展行动方案（2023—2025年）》，聚焦以大模型、具身智能等人工智能技术驱动的通用机器人关键领域攻关，推进关键共性技术的标准研制及落地推广，加快通用机器人特别是人形机器人工程化应用。北京市发布了《北京具身智能科技创新与产业培育行动计划（2025—2027年）》，提出到2027年，围绕具身大小脑系统、具身智能芯片、全身运动控制等方面实现重大突破，推动具身智能机器人智能、高效、规模化应用。深圳市发布了《深圳市打造人工智能先锋城市的若干措施》，支持具身智能机器人等应用大模型技术的智能硬件产品的研发推广。

此外，2025年多地政府工作报告中也提及具身智能产业，如山东省提出加快具身智能等全产业链布局；广东省提出培育具身智能等未来产业；重庆市明确要培育具身智能机器人等新领域；四川省提出发展具身智能等产业；河南省提出开发具身智能整机产品；山西省明确前瞻布局具身智能等未来产业；安徽省合肥市提出加速具身智能产品的商业化应用。

下面将从投资增长、产业链成长、应用领域扩大 3 个方面来说明具身智能产业的发展趋势。

1.3.1　投资增长

在全球范围内，科技巨头、资本的积极参与及政府政策的有力支持，正加速推动资金流向具身智能产业。2024—2025 年，该领域的投资呈现出爆发式增长态势，充分展现了具身智能在技术突破与商业化应用方面的巨大潜力。特别值得注意的是，资本市场对人形机器人的投资前景乐观，为这一领域的快速发展注入了强大的动力。展望未来，在具身智能的十年建设期内，相关产业投资将保持增长。

1．全球投资：北美市场领跑，头部企业吸金能力强劲

具身智能产业正成为全球资本竞逐的新高地。例如，美国的特斯拉、NVIDIA（英伟达）、谷歌等国际科技巨头都在积极布局具身智能领域。2024 年，北美地区具身智能领域融资规模创下新高。例如，Physical Intelligence 获得 4 亿美元融资，Figure AI 完成 6.75 亿美元融资，机器人基础模型公司 Skild AI 和 Collaborative Robotics 分别融资 3 亿美元和 1 亿美元。而 OpenAI 更是以 66 亿美元刷新融资纪录，这些都凸显资本市场对 AI 与机器人融合的长期信心。这些资金主要流向核心技术研发，如多模态交互、自主决策算法和人形机器人本体优化。

2．中国投资：国内市场快速崛起，产业链协同效应凸显

中国在具身智能领域的投资增长尤为显著。国内具身智能产业的入局者不断增加，如宇树科技、银河通用、星动纪元、星尘智能等企业，小米、百度、阿里巴巴等互联网大厂，以及广汽、比亚迪、长安等车企均投身这一赛道。

3．投资展望：全球市场潜力驱动长期投资信心

高盛预测，到 2035 年全球人形机器人市场规模将达 1540 亿美元，而在 2024 年全球市场已突破 27.6 亿元（中国）和 173 亿美元（全球）的初期规模。这一预期推动资本加速布局，覆盖从核心零部件（如灵巧手、执行器）到垂直场景解决方案的全链条。根据智研瞻产业研究院发布的《中国具身智能行业深度调研及投资前景预测报告》，2023—2029 年具身智能产业的市场规模持续增

长，预计到 2029 年中国具身智能产业的市场规模将达到 185.64 亿元左右。

总体而言，具身智能正从实验室走向产业化，全球资本通过"输血"加速技术迭代与场景落地，推动这一赛道从概念验证进入规模化商用新阶段。

1.3.2　产业链成长

在技术创新迭代、政策精准引导与市场供需共振的多重驱动下，具身智能产业链正加速构建"技术研发—硬件集成—标准规范—供应链协同"的全生命周期生态，从而推动产业从实验室创新向规模化商用跨越。

1. 核心技术的颠覆性突破与垂直场景渗透

- 感知系统升级：通过提升传感器的精度与响应速度，增强机器人对环境的感知能力。例如，美国卡内基梅隆大学研发的 BioTac 触觉传感器实现了 0.02 N 微力检测精度（Nature Machine Intelligence，2023），德国英飞凌科技公司的 XENSIV 毫米波雷达在工业场景下实现 ±2 mm 空间定位精度（IEEE Sensors Journal，2024）。

- 驱动系统革新：研发高效、小型的电机和减速器，提升机器人的运动能力和灵活性。例如，瑞士 Maxon 的 ECX SPEED 25 mm 微型电机功率密度达到 0.45 W/g（IEC 60034 认证），日本 Nabtesco 的 RV 减速器的传动精度突破 0.5 弧分（JIS B 1452 标准）。

- 算力—算法协同：开发更强大的计算平台，以支持复杂的数据处理和实时决策。例如，英伟达 Orin 平台在 MIT 的 Mini Cheetah 四足机器人上实现了 120 Hz 实时运动控制（RA-L，2023），谷歌 DeepMind 的 PaLM-E 模型在 Franka Emika 机械臂上实现了 87% 的多任务泛化率（ICRA 2024）。

- 具身认知突破：解决人工智能大模型对物理世界的理解瓶颈，实现机器人对工具利用的有效泛化。美国斯坦福大学的 Mobile ALOHA 系统通过模仿学习，在厨房场景中完成 7 类复杂操作，成功率达到 89%（arXiv:2403.01823），另一所美国大学佐治亚理工学院开发的 Cognitive Engine 在工具使用场景泛化能力方面，相比之前提升了 3.2 倍（Science Robotics，2023）。

2．硬件平台的标准化演进与系统级创新

在人形机器人商业化进程（2024 年全球出货量突破 1.2 万台）的推动下，硬件架构呈现"收敛—分化"的双重趋势。

- 模块化设计：设计更加模块化、易于升级和维护的机器人本体。例如，美国的波士顿动力 Atlas 的液压驱动模组实现 10 万次循环耐久测试（ASME 认证），云深处科技的绝影 X20 的关节模组达到 IP66 防护等级（IEC 60529 标准）。

- 控制系统革新：集成更先进的控制单元，增强机器人的自主性和适应性。例如，德国 KUKA（库卡）的 KR CYBERTECH 系列采用自适应阻抗控制，接触力控制精度达到 ±0.5 N，瑞士 ABB 的 OmniCore 控制器实现 0.08 ms 实时响应。

- 软硬一体平台：整合硬件和软件，提供一体化解决方案。例如，美国英伟达 Isaac Sim 与 Agility Robotics Digit 双足机器人实现数字孪生误差率小于 1.5%，我国宇树科技 Unitree H1 通过云端协同将 OTA 更新效率提升 60%。

- 产业联盟协同：提升不同组件与系统间的兼容性，降低集成成本。例如，中国"人形机器人天工联盟"推动伺服系统、行星减速器等 23 类核心部件接口标准化，降低了系统集成成本。

3．标准体系构建与安全伦理框架成形

全球正加速建立具身智能"技术—伦理—安全"三维标准体系。

- 技术标准：确保技术的一致性和互操作性。例如，ISO 8373:2021 正准备更新，计划明确各类人机交互技术的指标规范；德国标准对协作机器人动态响应误差也做出了明确规范。

- 认证体系：保障机器人的安全性和可靠性。例如，欧盟新版机械指令（MDR）强制要求服务机器人通过 ISO 13849-1 标准安全等级认证，美国 UL 3300 认证体系包含 187 项机器人系统安全测试项目（2024 版新增 19 项电磁兼容要求）。

- 伦理治理：预防机器人可能引发的价值观冲击。IEEE 7007—2021《伦理驱动的机器人和自动化系统的本体标准》建立了道德驱动方法的概念、定义、公理和用例；欧盟人工智能法案则禁止了与机器人有关的 8 种 AI 应用类型。

4．供应链重构与地缘政治风险对冲

目前，供应链呈现以下新特征。

- 关键技术国产化：这可确保关键零部件和原材料的国际和国内多元化采购渠道，降低突发风险。例如，我国的"机器人核心基础件专项"推动谐波减速器寿命突破 15,000 小时，我国的中大力德 RV 减速器重复定位精度达 ±0.01°（对标日本住友同型号产品）。

- 区域化布局：积极培育供应链的本地化生产，在关键市场建立生产基地，降低成本，提高响应速度。例如，韩国现代汽车集团在印度尼西亚建成年产 5 万套机器人关节模组的工厂（本地化率 72%），我国宁德时代在匈牙利的德布勒森工厂机器人电池产线实现 98.5% 的良品率（IATF 16949:2016 认证）。

- 双循环体系：在建立产业链国内国际双循环的基础上完善供应链体系，保障具身智能产业链的稳定。例如，我国大疆公司创新采用"深圳研发 + 东莞制造 + 鹿特丹海外仓"模式，通过中欧班列实现欧洲市场交付周期缩短至 12 天（海关总署 2024 年 1 ～ 6 月跨境物流数据），关税成本优化 18%。

1.3.3　应用领域扩大

基于核心技术的突破与产业生态的成熟，具身智能正加速渗透至社会经济的全领域。其应用场景的拓展不仅重构了传统行业的运行逻辑，更通过"技术—经济—社会"三重协同效应，推动全球产业格局的深度变革。以下结合最新行业动态与数据，对具身智能在各领域的应用及经济影响进行详细分析。

1．家庭服务机器人：从工具到伙伴的角色跃迁

具身智能在家庭场景的应用已超越简单的家务替代，逐步向情感交互与生态协同演进。例如，iRobot 的 Roomba J7+ 通过 TrueMapping 3D 导航技术实现 97.3% 的路径规划准确率，其智能污渍识别系统可自动处理 11 种常见家庭污渍。

Intuitive Machines 开发的 ElliQ 老年人陪伴机器人整合情感计算算法，能识别 8 种基础情绪状态并做出适应性回应，临床数据显示可使独居老人抑郁指数降低 42%。波士顿动力与 MIT 合作的 Handle 仓储机器人，通过动态平衡控制实现 15 kg 负载下的复杂地形移动，其部署促使物流企业人力成本降低 28%，同时创造出机器人运维工程师等新型岗位。

2．工业自动化与制造：柔性智造的革命性重构

工业领域正经历从"刚性产线"到"自适应生产"的范式转变。例如，ABB 的 YuMi 协作机器人配备 17 个轴柔性关节，在手机装配线实现 0.02 mm 重复定位精度，较传统机械臂效率提升 35%。FANUC 的 CRX 系列通过深度学习视觉系统，可在 0.5 s 内完成复杂零件姿态识别，使汽车焊接工艺不良率降至 0.001%。西门子与英伟达通过深化合作，将西门子的 Xcelerator 平台与英伟达的 Omniverse 平台相结合，共同打造工业元宇宙，推动 AI 数字孪生技术在工业领域的应用。

3．医疗健康领域：精准医疗的技术赋能

具身智能在医疗领域的价值已从辅助医疗操作延伸至全流程优化。例如，达·芬奇手术系统 Xi 已累计完成 1200 万例微创手术，其 EndoWrist 器械可提供 7 个自由度运动，在泌尿外科手术中将并发症发生率降低 53%。ReWalk Robotics 的外骨骼系统通过肌电信号识别实现截瘫患者自主行走，临床数据显示，每日 2 小时的训练可使神经功能恢复速度提升 40%。美敦力开发的 Hugo RAS 系统通过 5G 网络实现远程手术，在加拿大医疗试验中使偏远地区患者获得专家诊疗的时间缩短 87%。

4．物流与仓储：供应链韧性的智能引擎

物流行业在具身智能驱动下，正从"人力密集型"向"算法驱动型"转型。例如，亚马逊的 Proteus 仓储机器人采用多模态感知系统，在 3.5 m 识别距离内实现 99.9% 的包裹分类准确率，其智能分拣系统使订单处理效率提升 2.3 倍。英伟达 Isaac Sim 平台通过物理仿真技术，将机器人训练周期从 6 个月缩短至两周，沃尔玛部署该技术后，仓储运营成本降低 19%。DHL 的 Stretch 机器人配备真空吸附阵列，单机日处理量达 1500 箱，在压力测试中峰值处理能力达到人工团队的 3.8 倍。

5. 教育与娱乐：认知交互的范式创新

教育领域正经历从"知识灌输"到"具身学习"的转变。例如，SoftBank 的 Pepper 教育机器人通过 QTI 情绪识别传感器，在 STEM 教学中使学生知识留存率提升 58%。索尼的 Aibo 宠物机器人配备 64 位情感引擎，可生成超过 5000 种互动行为模式，神经科学研究显示其陪伴效果可使儿童社交能力发展速度加快 31%。迪士尼的 Stuntronics 特技机器人通过实时动态控制，在游乐设施中完成 10 m 高空三周转体动作，误差控制在 ±1.5° 内。这种"技术 + 文化"的融合，正催生虚拟偶像全息剧场、机器人竞技赛事等新业态，预计 2025 年相关市场规模将突破 80 亿元。

6. 环境监测与灾难救援：极限场景的能力突破

在应急救援领域，具身智能展现出独特优势。例如，波士顿动力的 Spot 机器人配备辐射检测模块，在日本福岛核电站巡检中实现每小时 0.5 μSv 的检测精度，使人员暴露风险降低至零。瑞士 ANYbotics 的 ANYmal-C 采用多足运动控制，可在 60° 的斜坡上执行设备检测任务，其热成像系统识别设备对异常的识别准确率达 99.2%。NASA 开发的 RoboSimian 在 DARPA 挑战赛中，成功完成阀门关闭、废墟清理等 16 项救援任务，平均执行效率较人类快 3.7 倍。

7. 农业机器人：可持续生产的科技基石

农业领域正借力具身智能实现"精准化—生态化"转型。例如，John Deere 的 See & Spray 系统通过计算机视觉实现单株杂草识别，使除草剂使用量减少 77%。Tortuga AgTech 的果园机器人采用光谱成像技术，使果实成熟度判断准确率达到 96%，采摘速度达到人工的 8 倍。Blue River 的 LettuceBot 3 通过毫米波雷达监测土壤墒情，使灌溉用水效率提升 35%，相关技术已覆盖美国 15% 的生菜种植面积。

1.4 具身智能数据工程

具身智能数据工程指围绕具身智能系统的数据需求而进行的系统设计、数据规范制定、技术开发及部署应用等一系列过程。其核心目标是通过规范化的数据采集、生成与整合，构建高质量、多模态数据集。具体而言，这一工程涵盖以下关键环节。

1. 具身智能机器人数据采集系统设计

具身智能机器人数据采集系统设计是指针对具身智能机器人的需求，规划和构建一套能够高效、准确地获取多模态数据的系统框架。该设计需要综合考虑机器人的传感器配置、数据类型（如视觉、听觉、触觉、动作数据等）、数据采集的频率和精度，以及数据的存储和预处理方式。其目标是确保采集到的数据能够真实反映机器人与环境的交互过程，为后续的模型训练、算法优化和机器人行为学习提供高质量的数据支持，从而提升机器人在复杂动态环境中的感知、学习和决策能力。

2. 具身智能数据标准确立

具身智能数据标准是指为确保具身智能系统中数据的质量、一致性和互操作性而制定的一系列规范和准则，涵盖数据格式、标注方法、质量控制、隐私保护及多模态数据融合方式等方面，旨在为具身智能的数据采集、处理、存储和共享提供统一的框架。通过建立明确的数据标准，可以提高数据的可用性和可靠性，促进不同系统和平台之间的数据共享与协作，推动具身智能技术的高效发展和广泛应用。

3. 真实世界数据采集技术开发

真实世界数据采集技术是指通过传感器、摄像头、麦克风等设备，从物理环境中直接获取机器人与环境交互的多模态数据的方法。这些技术能够捕捉机器人的视觉、听觉、触觉、运动等信息，以及环境中的物体、场景和人类行为，为具身智能模型提供丰富且真实的数据支持。其目标是通过高精度、高频率的数据采集，反映机器人在复杂动态环境中的实际体验，从而提升机器人的感知、学习和适应能力。

4. 仿真环境数据生成技术开发

仿真环境数据生成技术是指通过虚拟仿真平台创建高保真、多样化的虚拟环境和任务场景，生成多模态数据（如视觉、听觉、触觉和动作数据）的方法。这些技术结合三维建模、物理引擎和生成式人工智能，快速生成大量高质量的训练数据，模拟真实世界中的各种交互和动态变化。生成的数据不仅能降低对真实数据采集的依赖，还通过多样化场景和任务增强机器人的学习能力和泛化性能，为具身智能模型的训练和优化提供重要支持。

5. 垂直场景的数据采集技术部署与应用优化

垂直场景的数据采集技术部署与应用优化是指针对特定行业或领域（如医疗、工业制造、教育等）的个性化需求，设计并实施高效的数据采集方案，并通过持续优化数据采集流程和系统，提升数据质量、降低成本、提高数据的可用性和实时性，以更好地支持该场景下的业务决策、模型训练和系统运行。

后面章节将按以上顺序为读者介绍具身智能数据工程的内容：第 2 章介绍具身智能数据工程基础理论，第 3 ～ 6 章分别探讨具身智能机器人数据采集系统、具身智能数据标准、真实世界数据采集技术和仿真环境数据生成技术，第 7 ～ 8 章分别从工业和服务业角度介绍数据采集技术的部署与应用，第 9 章介绍开源通用具身智能数据生产平台 AIRSPEED。

具身智能数据工程所涉及的并非单一技术，而是融合了传感器技术、仿真建模、机器学习与分布式系统的交叉学科。它既是具身智能从实验室走向规模化落地的"燃料"，也是推动机器人从"执行预设程序"向"自主进化"跃迁的核心基础设施。随着物理仿真、自监督学习等技术的突破，这一工程将持续降低数据生产门槛，加速智能体在医疗、制造、服务等领域的深度渗透。

第2章 具身智能数据工程基础

具身智能数据工程的核心挑战是解决数据采集过程中的瓶颈问题。数据采集的重要性源于一个普遍共识：与在自然语言处理领域中一样，Scaling Law（规模定律）在具身智能领域同样适用。具体而言，模型性能的提升与以下3个关键因素紧密相关。

1）更大的模型尺寸。性能更优的模型通常需要更多的参数支持。这是因为复杂任务对环境细节的感知和决策精度要求更高，而大型模型能够捕捉更多细微特征和模式，从而实现更强的学习能力。

2）更长的训练时长。随着模型复杂度的增加，优化其参数所需的训练迭代次数也显著增多。只有通过充分的训练，模型才能逐步逼近最优性能，展现出更高的任务完成能力。

3）更高要求的训练数据。高质量、多样化的数据是模型学习复杂任务的基础。数据量和多样性不仅决定了模型的知识广度，还直接影响其泛化能力——在未见场景中表现出色的能力。大规模、高质量的数据成为提升模型性能的关键。

因此，在Scaling Law的指导下，具身智能的发展离不开大模型、高性能算力、大量机器人数据的支撑。为了充分利用机器人数据蕴含的潜力，数据采集人员必须在采集数据前明确以下3个基本问题。

- 数据来源：采集什么数据？
- 技术路线：怎么采集数据？
- 数据需求：采集多少数据？

本章将围绕上述3个方面展开讨论，依次介绍具身智能的数据来源、技术路线和数据需求，并推导出具身智能的数据需求期望公式，从而明确具身智能的数据瓶颈，为构建具身智能数据采集系统提供理论依据。

2.1 数据来源

本节将对具身智能数据来源进行系统梳理，旨在为读者提供清晰且全面的视角。如图 2-1 所示，根据不同的分类标准，具身智能数据来源可以进一步细分为多个类别。下面是对具身智能数据来源的具体解析。

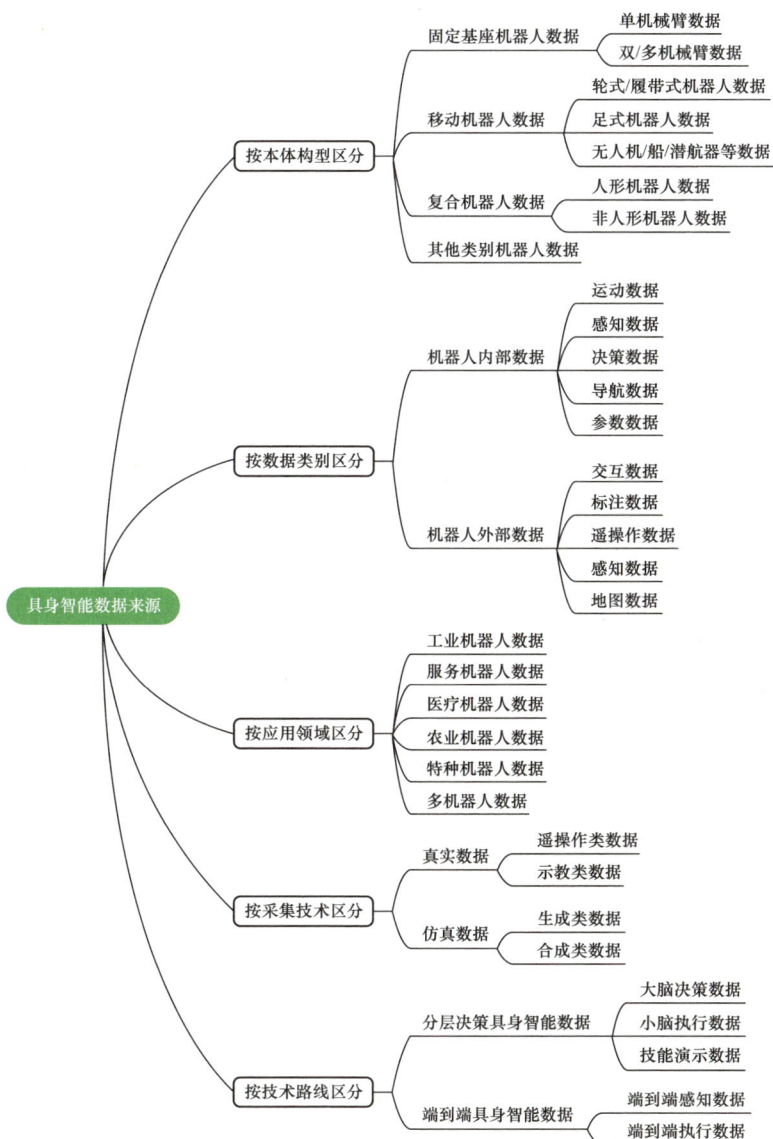

图 2-1 不同标准的具身智能数据来源分类

1．按本体构型区分

不同本体构型是针对机器人所要适应的不同环境而设计的，因此不同本体构型对具身智能的功能需求也会有差别。

- 固定基座机器人数据：固定基座机器人安装在固定位置，不具备移动能力，广泛应用于工业生产线、实验室等场景。例如，单机械臂通常用于重复性高、精确度要求高的作业，如装配线操作。双 / 多机械臂通常用于需要协同工作的场合，如汽车制造，多机械臂可以提高工作效率和灵活性。其数据特性主要体现在高精度、高重复性和高稳定性，数据通常具有高度的结构化和可预测性。

- 移动机器人数据：移动机器人能够在环境中自由移动，执行各种任务。例如，轮式机器人适用于平坦的地面，如仓库中的货物搬运。履带式机器人适合不平坦或松软的地面，如农田或建筑工地。足式机器人能够在复杂地形中移动，如在山地或废墟中搜索与救援。无人机 / 船 / 潜航器等在摄影、物流、勘探、特种任务等领域有着广泛的应用。其数据特性主要体现在动态性和环境适应性，数据通常具有较高的实时性和多样性，能够反映机器人在不同环境中的运动和感知信息。

- 复合机器人数据：复合机器人结合了固定基座和移动机器人的特点，具有更广泛的应用场景。例如，人形机器人可以模仿人类形态和行为，适用于服务和交互任务。非人形机器人则形态各异，根据特定任务设计，如深海探测机器人。其数据特性主要体现于多功能性和灵活性，数据通常涵盖多种传感器和执行器的信息，能够支持复杂的任务执行和环境交互。

- 其他类别机器人数据：其他类别的机器人包括特种作业机器人（如灭火机器人、太空机器人等，适用于极端环境下的特殊任务）、医疗机器人（如手术机器人、微纳机器人等）、模块化机器人等。其数据特性主要体现于特殊性和多样性，数据通常具有高度的专业性和针对性，能够满足特定任务和环境的需求。

2．按数据类别区分

数据类别的丰富程度决定了具身智能所能达到的高度。以机器人为中心，可将数据分为机器人内部数据和机器人外部数据。

- 机器人内部数据：这些数据直接来源于机器人的内部系统。例如，记录机器人关节和肢体的运动状态的运动数据；来自传感器，如视觉、触觉和听觉信息的感知数据；机器人做出决策时产生的决策数据；用于定位和路径规划的导航数据；机器人的软硬件型号配置和标定参数数据。
- 机器人外部数据：这些数据来源于机器人与外部环境的交互。例如，机器人与人或其他机器人的交互数据；用于训练和验证的标注数据；远程控制机器人时所产生的遥操作数据；安装在机器人外部的传感器产生的感知数据；机器人用于导航的地图数据。

3．按应用领域区分

不同领域的机器人数据具有特定的需求和挑战。

- 工业机器人数据：关注生产效率和质量控制。
- 服务机器人数据：侧重于用户体验和服务质量。
- 医疗机器人数据：强调精确度和安全性。
- 农业机器人数据：关注作物管理和环境适应性。
- 特种机器人数据：适应极端环境和特殊任务。
- 多机器人数据：涉及机器人之间的协同和通信。

4．按采集技术区分

由于机器人产生的数据是多种多样的，因此其采集技术也是多种多样的。这里将采集技术分为真实数据采集和仿真数据采集。

- 真实数据：机器人在实际环境中产生的数据，包括遥操作类数据和示教类数据。前者是通过远程控制机器人与环境或操作目标交互采集的数据，后者则是通过人工示范采集的数据，都是用于机器人学习的数据。
- 仿真数据：在模拟环境中生成的数据，包括生成类数据和合成类数据。前者是使用算法生成的模拟数据，后者是使用已有模型产生的用于模型更新的机器人仿真数据，或将不同来源的数据组合而成的新数据。

5．按技术路线区分

当前，具身智能的技术路线可分为分层决策具身智能和端到端具身智能两种，其数据需求也有所不同。

- 分层决策具身智能数据：它将具身智能分为大脑部分和小脑部分，小脑部分的学习又可以包括多种技能的学习。例如，大脑数据是用于机器人决策和推理的训练数据，小脑数据是用于机器人通用运动规划和控制的数据，技能数据是用于机器人具体技能的运动规划和控制的数据。

● 端到端具身智能数据：当前，端到端具身智能一般通过"视觉—语言—动作"的联合语义对齐，实现端到端的动作输出，因此其训练需要端到端的执行数据和感知数据。

通过上述多层次分类，我们可以清晰地看到机器人数据的多样性和复杂性。然而，对于本章关注的具身智能采集技术需要采集什么数据这个问题而言，按技术路线区分的数据类别尤为重要。因为具身智能数据来源直接由其技术路线决定，因此下一节将深入分析具身智能的技术路线。

2.2　技术路线

图 2-2 展示了两种不同的具身智能实现方式：分层决策具身智能和端到端具身智能。当前分层决策具身智能有 3 种分层方式，因此具身智能总共有 4 种技术路线。

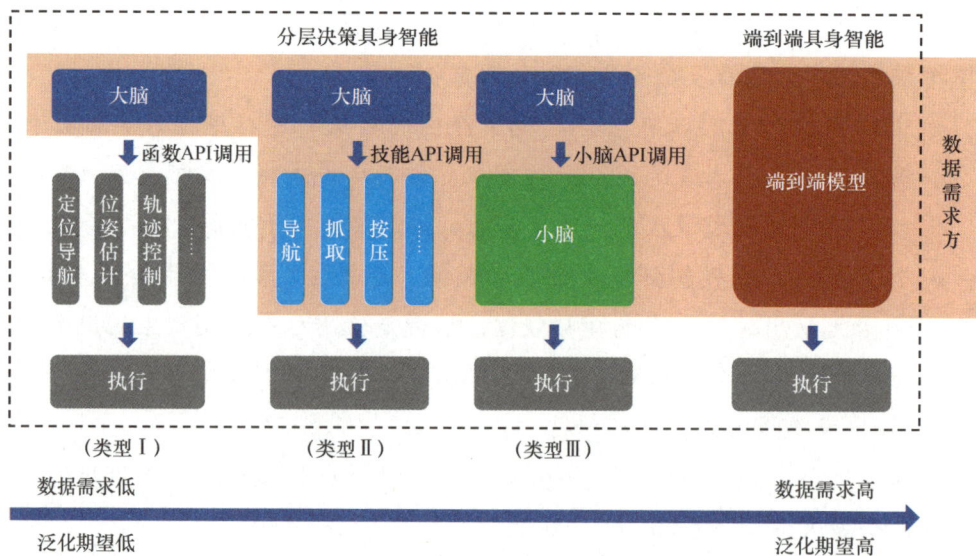

图 2-2　具身智能技术路线及其对应的数据需求方

1. 分层决策具身智能（类型Ⅰ）

一个通用/专用大脑负责高层次的推理、规划和决策，并调用机器人函数 API 来执行具体功能，如定位导航、位姿估计、轨迹控制等。在这种结构下，机器人的各类功能必须已经由各类函数实现，方可供大脑成功调用，并且大脑需要精确控制函数的各类变量，容错范围窄。

2. 分层决策具身智能（类型Ⅱ）

一个通用/专用大脑负责高层次的推理、规划和决策，并调用特定的技能 API，如导航、抓取、按压等，来执行具体的任务。在这种结构下，机器人的各类技能已经被封装成可调用的模块，大脑无须给出精确的控制参数即可调用各类技能，但是错误的调用依然不可避免。

3. 分层决策具身智能（类型Ⅲ）

一个通用/专用大脑负责高层次的推理、规划和决策，一个通用/专用小脑 API 负责底层的运动规划和控制。在这种结构下，小脑实现的功能可以被认为是所有技能的集合。

分层决策具身智能的特点在于它采用了模块化的决策架构，将复杂的智能行为分解为多个层次，每个层次负责处理不同的任务和功能。它的优点在于结构清晰，易于理解和维护，各个层次之间可以相对独立地开发和优化，有助于提高系统的稳定性和可靠性。此外，这种分层结构也便于实现模块化设计，使得系统能够灵活地适应不同的应用场景和任务需求，同时也有利于故障诊断和系统升级。然而，该方法可能在泛化能力和整体协调性方面存在一定的挑战，需要通过有效的通信和协调机制来确保各层次之间的信息流通和决策一致性。

4. 端到端具身智能

端到端具身智能通常由一个单一的端到端模型实现。这种方式不区分大脑和小脑功能，而是通过一个大型的端到端模型直接进行输入和输出，模型在推理时直接输出执行指令，无需中间的 API 调用。端到端具身智能的特点是它能够直接对从原始传感器输入到执行动作输出进行整体优化，相较于分层决策具身智能中各模块间的协调，其复杂性降低，并提高了机器人在复杂环境中的自主决策和行动能力。

显然，对于不同的技术路线和分层结构，它们的数据需求与泛化期望是不同的。分层决策具身智能由于是模块化设计，每个模块可以独立训练和优化，因此数据需求相对较低。但是同样由于模块化特性，分层决策具身智能的每个模块只针对特定的任务进行优化，因此在泛化到新任务或新环境时可能存在局限性。而对于端到端具身智能，因为模型需要学习从输入到输出的整个映射过程，所以有很高的数据需求。但由于其整体性，端到端模型理论上能够捕捉到更广泛的数据模式，在泛化到新任务或新环境时可能表现得更好。

总之，分层决策具身智能适合于任务明确、模块化的场景，其数据需求相对较低，但泛化能力可能受限。端到端具身智能则适合需要高度泛化能力的场景，但需要大量数据来训练，且模型的复杂度和训练成本较高。

通过以上对具身智能技术路线的分析，我们可以发现具身智能存在 4 个数据需求方模型：大脑的训练、技能的训练、小脑的训练和端到端的训练。因此，下一节将从这 4 个方面分析具身智能的数据需求。

2.3　数据需求

如表 2-1 所示，大脑的训练、技能的训练、小脑的训练和端到端的训练这 4 种训练可以按照训练方法、数据类型、数据集和典型模型来进行分析。

表2-1　具身智能数据需求方的训练方法、数据类型、数据集和典型模型分析

训练类别	大脑的训练	技能的训练	小脑的训练	端到端的训练
训练方法	GP/SFT/RLHF/DPO等	RL/ IL/DP等	RL/ IL/GPT /SFT等	GPT/SFT/RLHF /DPO等
数据类型	互联网数据 指令微调数据 ……	操作数据 感知数据 ……	操作数据 感知数据 指令微调数据 ……	
数据集	LLaVA-v1.5 655K RoboVQA 800K ……	BC-Z/ RoboTurk/ BridgeData V2 ManiSkill Demonstrations/ TACO-RL ARIO/Open X-Embodiment ……		
典型模型	VoxPoser ManipLLM ……	AnyGrasp Diffusion Policy ……	InstructNav RDT ……	RT-2 GR-2 ……

2.3.1 训练的需求方模型

1．大脑的训练

当前，具身智能大脑以大语言模型或以大语言模型为基础训练得到的多模态大模型为主，因此其训练方法主要是大模型预训练和专用数据集微调，如生成式预训练（Generative Pre-training，GP）、监督微调（Supervised Fine-Tuning，SFT）、人类反馈强化学习（Reinforcement Learning from Human Feedback，RLHF），以及直接偏好优化（Direct Preference Optimization，DPO）等。其使用的数据类型大多为互联网数据和指令微调数据。相应的典型数据集有 LLaVA-v1.5 655K、RoboVQA 800K 等。典型的具身智能大脑模型有 VoxPoser、ManipLLM 等。

2．技能的训练

这里的技能是指导航、抓取、按压等基本操作元素，它们通常使用强化学习（Reinforcement Learning，RL）、模仿学习（Imitation Learning，IL）或扩散策略（Diffusion Policy，DP）来进行训练。这些学习方法需要使用机器人的操作数据和感知数据。相应的典型数据集有 BC-Z、ManiSkill Demonstrations、ARIO（All Robots In One）等，典型的技能模型有 AnyGrasp（用于抓取任意物体的技能）、Diffusion Policy（用于生成运动轨迹的技能）等。

3．小脑的训练

在具身智能系统中，小脑需要负责将各种技能进行组合使用，完成大脑规划的任务。其训练方法除了强化学习、模仿学习和扩散策略，可能还涉及端到端的视觉—语言—动作（Vision-Language-Action，VLA）模型的学习。因此相应的数据类型有感知数据、操作数据和指令微调数据，典型数据集有 RoboTurk、BridgeData V2、TACO-RL、Open X-Embodiment 等，典型的小脑模型有 InstructNav（用于通用导航任务）、RDT（用于通用的双臂操作）等。

4．端到端的训练

具身智能的端到端模型训练方法包括基于 VLA 模型的学习，以及从人类演示视频中学习，因此使用到的数据可能包括上述所有类型。同时这也意味着它可以使用以上所有数据集，从而囊括尽可能多的场景、任务、机器人型号。相应地，它的典型模型有 RT-2、GR-2 等。

2.3.2   模型训练的数据需求

在对具身智能的 4 个数据需求方的训练方法、数据类型、典型数据集和典型模型进行详细分析后，可以总结出它们的具体数据需求。

1．大脑训练的数据需求

- 物理世界常识：机器人需要了解的关于物理世界的基本规律和常识，如物体的重量、形状、大小等。
- 机器人领域（指令）知识：机器人需要理解的特定指令和命令，以便在机器人领域内执行任务。

2．技能训练的数据需求

（人类演示 + 机器人感知）× 多种场景：技能训练需要结合人类的演示和机器人的感知数据，将人类的演示转化为以机器人为中心的学习目标。这些数据应覆盖多种场景，使机器人能够在不同环境下学习到可泛化的技能。

3．小脑训练的数据需求

（技能训练数据 + 人类语义标注）× 多种任务：任务的执行离不开多种技能的组合，如洗碗是对抓取、擦拭、挤压等多种技能的综合运用。因此小脑训练需要结合技能训练数据和人类语义标注，获得对具体任务需要哪些技能的理解。为了训练得到通用的小脑，还需要针对多种任务进行数据采集和标注，提高机器人在执行不同任务时的泛化能力。

4．端到端训练的数据需求

（大脑训练数据 + 小脑训练数据）× 多种型号：端到端训练需要结合以上大脑和小脑的训练数据，并且这些数据需要适用于多种不同的机器人型号，以实现端到端模型对不同场景、任务、机器人型号的泛化能力。

2.4   具身智能数据瓶颈

2.4.1   数据需求期望公式

在上一节中，我们明确了 4 个数据需求方的具体数据需求，并发现端到端训练的数据需求是最高的。因此，可以将端到端训练的数据需求视为具身智能总数据需求期望的上限。令具身智能总数据需求期望为 D，则其可以形式化表示为：

$$D=(B+C)\times m \tag{2-1}$$

其中，D 代表具身智能总数据需求期望，B 代表大脑数据需求期望，C 代表小脑数据需求期望，m 代表机器人型号类别数量。

将其进一步展开，可得，

$$\begin{aligned} D&=(B+C)\times m \\ &=[B+(S+l)\times t]\times m \\ &=\{B+[(d+p)\times s+l]\times t\}\times m \end{aligned} \tag{2-2}$$

其中，S 代表技能数据需求期望，l 代表人类语义标注数据需求期望，d 代表人类演示数据需求期望，p 代表机器人感知数据需求期望，s 代表场景类别数量，t 代表任务类别数量。

若遵循 Scaling Law 在具身智能领域依然成立的假设，即性能越好的模型，对数据质量和数量需求越高，那么就需要尽可能提高 D 的值，以满足具身智能模型的数据需求期望。由式（2-2）可知，对具身智能总数据需求期望影响最大的变量可以分为以下两组。

- 被放大基数 d、p：由于二者与 s、t、m 连续相乘，因此 d 和 p 的轻微增加也能迅速提高 D 的值。
- 放大系数 s、t、m：同理，放大系数的增加可以倍增 D 的值。

因此，若想提高 D 的值，一是增加被放大基数 d、p，二是增加放大系数 s、t、m。即增加高质量的人类演示和机器人感知数据，以及增加训练场景、任务、机器人型号类别的丰富度，这是满足具身智能模型的数据需求期望的两种最有效手段。

2.4.2　数据瓶颈

注意，式（2-2）中的各个变量的值并不能定量计算得到，因此式（2-2）仅是对具身智能总数据需求期望的一种定性描述，但通过上述分析得出的结论仍可有效指导数据采集工作。然而，在实际应用中，这两种在理论上最有效的手段会分别面临以下困难。

1）**成本黑洞**：大量采集高质量的人类演示和机器人感知数据成本高昂。这不仅包括设备的设计、制造和采购费用，还涉及安装、维护，以及长期的人力投入。

2）**数据孤岛**：难以在多样性的场景、任务、机器人型号条件下采集到格式统一的数据。大多数个人或组织没有条件开展广泛的数据采集工作，而仅限于在特定受控环境中采集数据。同时，不同的采集设备和采集方式造成数据无法通用，导致产生的数据仅能为模型提供有限的泛化能力。

3）**评估空白**：难以评估当前数据是否能有效提升数据集价值。数据采集过程中缺乏标准和理论指导，可能导致盲目采集和资源浪费。此外，不同公司和研究机构开放的数据集格式可能不兼容，从而影响数据质量的一致性。

综上所述，成本黑洞、数据孤岛和评估空白是具身智能面临的 3 个主要数据瓶颈。而具身智能机器人数据采集的目标是在尽可能多样的场景、任务和型号类别下，以低成本采集高质量的人类演示数据和机器人感知数据。

第 3 章 具身智能机器人数据
采集系统

开展具身智能数据工程的第一步是构建具身智能机器人数据采集系统。具身智能机器人数据采集可以分为狭义和广义两种概念。狭义的具身智能机器人数据采集指在真实世界进行数据采集，这涉及机器人在实际环境中通过传感器直接与外界互动，采集操作数据和环境反馈。这种方法能够提供真实、直接的反馈，对机器人的精确控制和实时反应至关重要。然而，这种方法通常需要大量的硬件资源和时间投入，成本较高。

广义的具身智能机器人数据采集包括真实世界数据采集和仿真环境数据生成。在仿真环境中，可以通过计算机模拟或生成模型创造数据，这种方法的主要优势在于可以快速且大量地生成数据，从而降低成本，并且可以模拟在现实中难以实现的或危险的场景。

相应地，具身智能机器人数据采集系统也可以分为狭义和广义两种。前者专指在真实世界中进行数据采集的系统，后者则包含了真实世界数据采集系统和仿真环境数据生成系统。然而在实际工作中，开发人员往往无法兼顾这两种系统的开发，因此当前流行的数据采集系统要么是专门的真实世界数据采集系统，要么是专门的仿真环境数据生成系统。本章将在概述机器人数据采集系统架构的基础上，分别介绍真实世界数据采集系统和仿真环境数据生成系统。

3.1 具身智能机器人数据采集系统架构

本节首先介绍具身智能机器人数据采集系统的设计原则，然后介绍机器人数据采集系统的架构分类。

3.1.1　设计原则

具身智能机器人数据采集系统的设计原则应当遵循以下几个关键点。

1. 针对性

系统设计应针对有限的应用场景和机器人类型,确保系统在合理的复杂度和成本下满足数据使用方的需求。机器人数据采集系统不应贪多求全,试图支持任意场景或任意机器人类型的数据采集,而是应根据实际需求设计系统。例如,人形机器人需要重点采集与双臂操作相关的数据,而机械臂则更关注其精确操作的数据。这就要求数据采集系统通过定制化设计,以适应不同的操作环境和任务要求,如在工业自动化、医疗手术辅助或服务机器人中的应用。在设计数据采集系统之前,还需要明确数据采集的目标,包括采集内容、用途,以及如何利用这些数据来支持机器人的决策和学习过程。根据数据采集的目标选择合适的数据源,如机器人内部传感器数据或外部环境数据。

2. 高效性

数据采集系统须具备快速响应能力,实时采集和处理数据,以支持机器人的实时决策和控制。优化数据采集流程,确保数据采集、存储、处理和分析等环节高效运行。设计过程中要考虑系统对高实时性数据采集、大规模并行采集、大规模数据存储的支持能力。

3. 可靠性

数据采集系统须在各种环境下稳定运行,包括对极端条件的适应性、对故障的容错能力、工作人员和机器人的安全性。系统应具备数据备份和恢复机制,以防止数据丢失。硬件设计应考虑环境温度、光照、湿度、压力、振动、粉尘、电磁场干扰等因素,以保证系统在规定的工作环境下性能稳定、工作可靠。系统应确保工作人员在使用数据采集系统时的安全,使其不会被机器人伤害,同时也不能对机器人和采集系统造成伤害。系统应确保机器人在使用数据采集系统时的安全,不会对工作人员和采集系统造成伤害,也不会因为过载或失控等原因对自身造成伤害。

4. 易用性

数据采集系统应界面友好,操作简便,便于用户快速上手和使用。系统应提供直观的用户界面和清晰的操作指引,降低用户的学习成本。程序应该采用模块化设计，这不但有利于程序的进一步扩充或完善，而且也有利于程序的后期修改和维护。此外，系统应提供统一的监控平台，使用户可以远程访问和管理数据采集系统，实现数据的集中展示和分析，提高管理效率。

3.1.2 架构分类

目前，学术界和工业界尚未形成统一的具身智能机器人数据采集系统分类标准。本小节尝试从不同维度对具身智能机器人数据采集系统架构进行分类。不同分类适应的机器人类型和应用场景也不同，如图 3-1 所示。

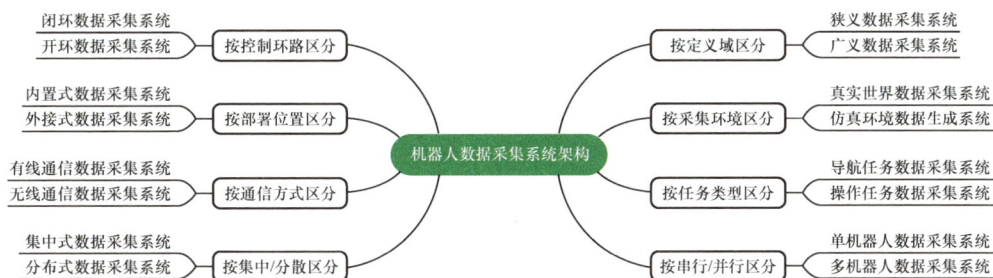

图 3-1　机器人数据采集系统架构的分类

1. 按定义域区分
- 狭义数据采集系统：不包含机器人（包括其执行器、传感器，以及在机器人内部运行的软件、算法）的数据采集系统。在这一定义下，数据采集所使用的设备、软件、算法和被采集数据的机器人设备、软件、算法相对独立，数据采集系统的架构设计不受采集目标机器人变化的影响。
- 广义数据采集系统：将机器人及其外部的数据采集设备和软件算法视为一个整体的数据采集系统。在这一定义下，数据采集系统的架构设计需要考虑采集目标机器人的适配。系统的运行离不开机器人的配合，因此机器人可能要进行专门的定制改造，或需要运行相应的数据采集软件。

2. 按采集环境区分
- 真实世界数据采集系统：该系统直接在现实环境中采集机器人与环境互动的数据，能够采集最接近真实应用场景的数据，但可能面临成本高、数据获取难度大等问题。
- 仿真环境数据生成系统：该系统在虚拟环境中生成数据，成本较低，可以模拟各种极端情况，作为真实世界数据的补充。但如何确保仿真数据与真实世界数据的一致性仍然是学术界尚待解决的问题。

3. 按任务类型区分

- 导航任务数据采集系统：专注于采集与机器人移动和路径规划相关的数据。该系统通常配备多种传感器，如激光雷达、摄像头、IMU（Inertial Measurement Unit，惯性测量单元）和 GPS，用于实时获取环境地图、障碍物信息、机器人位姿和运动状态等数据。系统注重低延迟和高精度，常结合边缘计算技术，在本地快速处理数据以支持实时路径规划和避障；具备较强的鲁棒性和适应性，能够在动态和复杂环境中稳定运行，并通过云端或本地存储记录历史数据，用于后续优化和回放分析。

- 操作任务数据采集系统：侧重于采集与机器人执行具体操作相关的数据，如抓取、装配、搬运等。该系统通常包括力传感器、触觉传感器、视觉传感器和关节编码器等，用于实时监测机器人与物体的交互力、接触点位置、物体姿态和操作精度等信息。系统强调数据的同步性和细节捕捉，通常配备高性能处理器以确保复杂操作任务的实时控制；常与任务管理模块紧密结合，支持多任务调度和操作记录，并通过云端或本地存储保存数据，用于技能学习和任务优化。

4. 按串行/并行区分

- 单机器人数据采集系统：针对单个机器人进行数据采集，适用于个体机器人或特定任务的数据采集，如图 3-2a 所示。

- 多机器人数据采集系统：涉及多个机器人的数据采集，既可以用于不同场景/任务/机器人类型下不同机器人数据的并行采集，也可以用于机器人群体行为、协同工作等复杂场景/任务下的并行数据采集（见图 3-2b）。

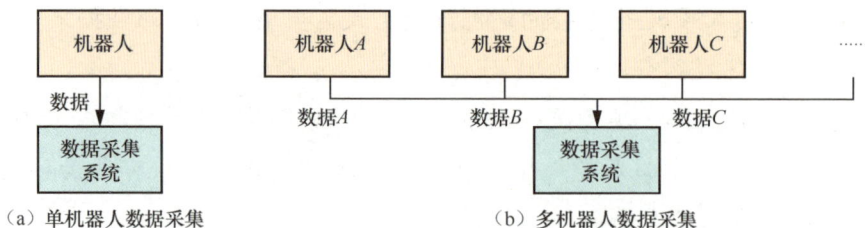

（a）单机器人数据采集   （b）多机器人数据采集

图 3-2   单机器人数据采集系统与多机器人数据采集系统

5. 按控制环路区分

- 开环数据采集系统：这种架构设计一般用于采集示教类数据，数据采集系统和机器人之间是开环连接，采集系统只需要单方面接收数据，如图 3-3a所示。

- 闭环数据采集系统：实时采集和处理数据，适用于需要快速响应的应用场景，从而能够即时反馈和调整机器人行为。这要求数据采集系统和机器人构成一个闭环反馈系统，一般基于遥操作等数据采集方案（见图 3-3b）。

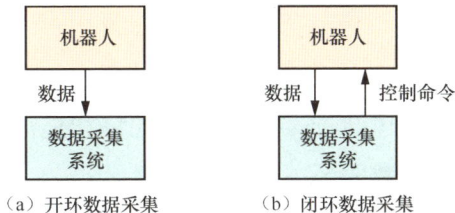

（a）开环数据采集　　　（b）闭环数据采集

图 3-3　开环数据采集系统与闭环数据采集系统

6. 按部署位置区分

- 内置式数据采集系统：在机器人系统内部直接进行数据采集、处理和存储的系统。在这种情况下，内置式数据采集系统仅是机器人内部的一个软件系统。这类系统架构不需要外部的通信、计算和存储服务，降低了数据采集的成本，适用于对数据安全性和实时性要求较高的场合。然而后续数据的使用终究需要将其传输到机器人体外，因此该架构会降低数据使用和管理的便捷性，增加人工处理数据的时间和成本，如图 3-4a所示。

- 外接式数据采集系统：在机器人系统外部进行数据采集、处理和存储的系统。例如其可以依赖于云计算技术，通过云服务的 API 接口和 Agent程序等多种方式进行数据的采集、处理和存储。该架构的优势在于其可以与机器人硬件解耦，并具备可扩展性（见图 3-4b）。

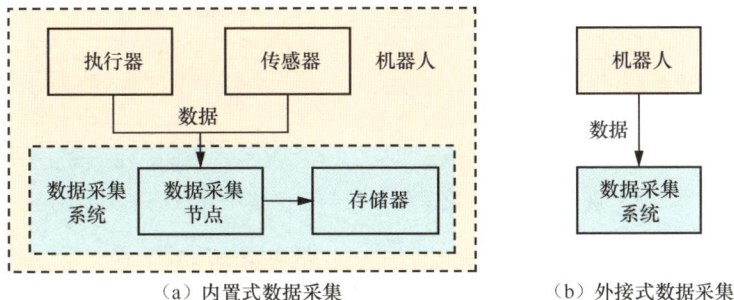

（a）内置式数据采集　　　（b）外接式数据采集

图 3-4　内置式数据采集系统与外接式数据采集系统

7. 按通信方式区分

- 有线通信数据采集系统：通过物理连接（如电缆、光纤等）传输数据的系统。该架构因稳定的数据传输和较高的数据传输速率而被广泛应用于工业机器人、医疗机器人和实验室测试等。

- 无线通信数据采集系统：不依赖物理连接，而是通过无线信号（如 Wi-Fi、蓝牙、ZigBee 等）传输数据的系统。该架构安装灵活、维护方便，适用于难以布线的环境，被广泛应用于移动机器人数据采集。

这两种架构都有其优势和适用场景，选择合适的架构对机器人数据采集性能和效率至关重要。

8. 按集中 / 分散区分

- 集中式数据采集系统：又分为狭义集中式数据采集系统和广义集中式数据采集系统。狭义集中式数据采集是指单个机器人内所有数据都由机器人内部的一个通信模块统一打包，并发送给数据采集系统的数据采集节点进行采集和处理。广义集中式数据采集是指多个机器人分别发送数据，由数据采集系统的数据采集节点统一接收。如图 3-5 所示。

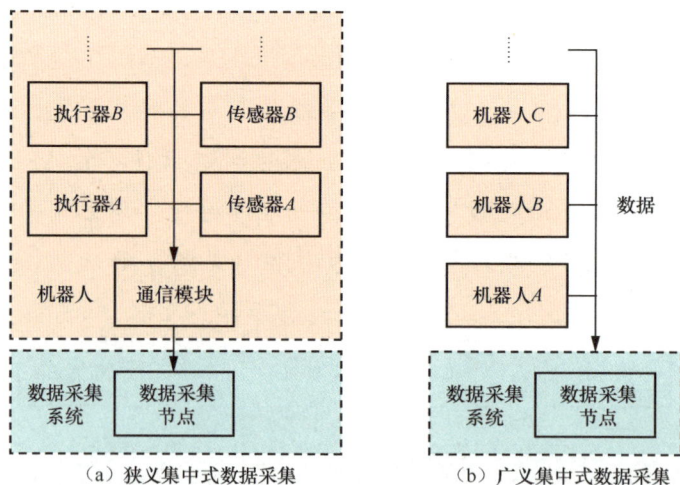

（a）狭义集中式数据采集　　　　（b）广义集中式数据采集

图 3-5　狭义集中式数据采集系统与广义集中式数据采集系统

- 分布式数据采集系统：又分为狭义分布式数据采集系统和广义分布式数据采集系统。狭义分布式数据采集是指单个机器人内部的执行器与传感器等数据源的数据被采集系统分开采集和处理。广义分布式数据采是指在时空中不同的机器人数据，由不同的数据采集节点进行采集和处理，数据由多个节点采集和处理，提高了系统的可靠性和扩展性，适用于大规模或分布式机器人网络。如图 3-6 所示。

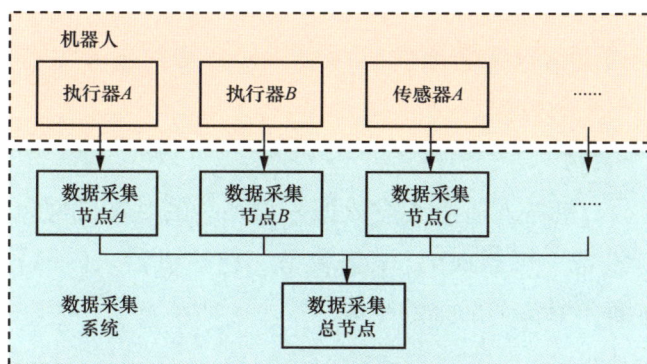

（a）狭义分布式数据采集

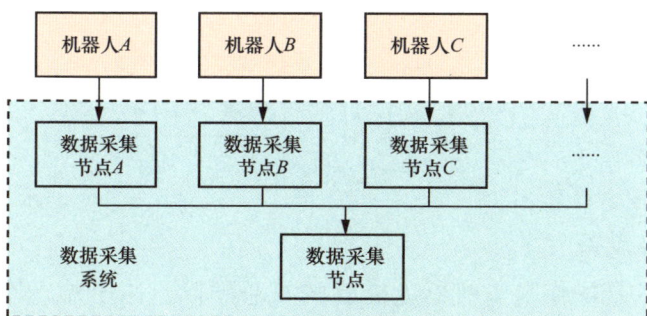

（b）广义分布式数据采集

图 3-6　狭义分布式数据采集系统与广义分布式数据采集系统

不同的分类方式并非互斥。例如，一个数据采集系统既可以是闭环数据采集系统，也可以是有线通信数据采集系统；既可以是外接式数据采集系统，也可以是分布式数据采集系统。在设计数据采集系统架构时，设计者应当根据机器人数据采集系统的设计原则，即考虑针对性、高效性、可靠性和易用性原则，来选择合适的架构。

3.2　真实世界数据采集系统

真实世界数据采集系统根据采集方法的不同，可分为遥操作类数据采集系统和示教类数据采集系统。第 5 章将对它们进行更细致的分类和介绍，本章只简要介绍它们的系统架构设计，以帮助读者更好地理解其基本运行原理。

3.2.1   遥操作类数据采集系统架构

机器人遥操作类数据采集系统旨在实现操作员对远程机器人的实时控制，同时采集机器人产生的数据。

1．基本硬件架构

如图 3-7 所示，机器人遥操作类数据采集系统的基本硬件包括遥操作设备、通信设备、执行设备（机器人）、采集设备（包括机器人内部和外部）和存储设备。接下来详细介绍各个部分的组成。

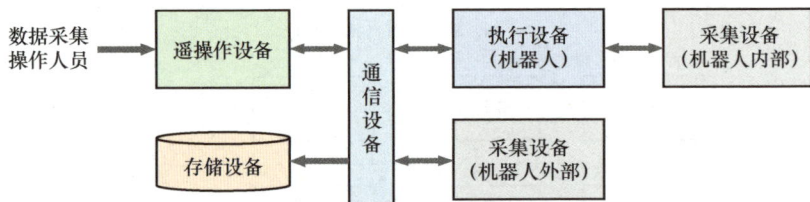

图 3-7   遥操作类数据采集系统的基本硬件架构

（1）遥操作设备

遥操作设备是操作员与机器人交互的核心硬件，用于输入控制指令并接收反馈信息。主要设备包括以下几类。

- 控制输入设备：例如用于控制机器人的移动和方向的操纵杆，用于提供力觉反馈、让操作员感知机器人与环境的交互力的力反馈手柄，通过虚拟现实技术提供沉浸式操作体验的 VR 设备等。
- 显示设备：例如用于实时显示机器人端的环境视频和状态信息的高清显示器，用于提供三维视觉反馈、增强操作员沉浸感的 VR 头显等。
- 计算单元：例如用于处理操作员输入和反馈数据、生成控制指令的高性能计算机。

（2）通信设备

通信设备负责在遥操作设备、执行设备、采集设备和存储设备之间传输控制指令、反馈数据和采集数据，并确保低延迟和高带宽的通信。主要包括以下几类。

- 网络设备：例如用于提供高速、低延迟无线通信的 5G 模块，用于提供高带宽、高稳定性有线通信的光纤通信设备。
- 数据传输协议、数据压缩与加密模块：例如用于传输视频流的 RTSP（实时流协议）、支持实时音视频通信和数据传输的 WebRTC，以及相应的编解码器、数据采集卡。

（3）执行设备

执行设备即机器人，负责执行操作员的指令并完成具体任务。根据实际使用中机器人的不同，其主要硬件也会有所不同。例如移动底盘、机械臂、驱动单元等都可能有所差异。其细节取决于实际应用情况，在此不赘述。

（4）采集设备

采集设备是指用于实时获取机器人及其环境多模态数据的设备，为操作员提供全面的反馈信息。采集设备分两类，一类是安装在机器人内部的传感器，另一类是安装在机器人外部的传感器。后者的使用根据实际需求而定，并非必需。采集设备主要包括以下几类。

- 视觉传感器：例如，用于采集环境视频和图像数据的摄像头，用于生成环境三维信息的深度相机。
- 力觉传感器：例如，用于采集机械臂与物体的交互力数据的力传感器。
- 姿态传感器：例如，用于监测机器人姿态和运动状态的 IMU（惯性测量单元），用于记录关节运动数据的六维力传感器。
- 环境传感器：例如，用于环境地图构建和障碍物检测的激光雷达，用于近距离障碍物检测的超声波传感器，用于导航定位的 GPS 模块、Wi-Fi 模块或 UWB 模块等。
- 音频传感器：例如，采集环境声音的麦克风。

（5）存储设备

存储设备用于保存采集的数据，支持后续分析和回放。主要包括以下两类。

- 本地存储设备：例如，SSD（固态硬盘）可以用于高速存储或临时保存实时数据，HDD（机械硬盘）则是可用于长期保存数据的大容量存储设备。
- 云端存储：可以提供大容量、可扩展的存储空间，支持多用户访问和数据分析。

2. 基本软件架构

与硬件设备相对应，机器人遥操作类数据采集系统的基本软件包括操作端软件、执行端软件、采集端软件、通信层软件、数据处理与存储层软件，以及系统管理与监控模块，如图 3-8 所示。操作端软件负责控制指令生成和提供数据反馈，执行端软件负责数据采集和控制执行，采集端软件负责从指定传感器或外部传感器中收集数据，通信层软件确保低延迟的数据传输，数据处理与存储层软件支持数据融合和分析，系统管理与监控模块保障系统的稳定性和安全性。

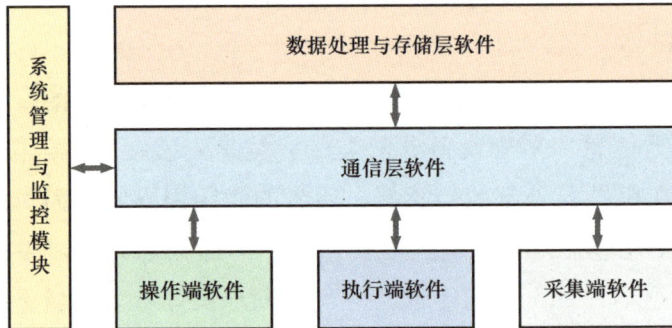

图 3-8   遥操作类数据采集系统的基本软件架构

（1）操作端软件

操作端软件负责接收数据采集人员，即操作人员的输入，生成控制指令并显示反馈信息，主要包括以下模块。

- 用户界面（UI）：用于提供直观的操作界面，并显示机器人端的环境视频、状态信息和力反馈数据。
- 控制指令生成模块：将操作员的输入（如操纵杆、力反馈手柄、VR 设备）转换为机器人可执行的指令。
- 数据反馈模块：接收机器人端传输的环境视频、力觉、姿态等数据，并实时显示给操作员。若有需要，应当让其提供视觉、力觉和听觉的多模态反馈，增强操作员的沉浸感。
- 本地数据处理模块：对接收的数据进行解码、渲染和显示优化。宜支持数据缓存以支撑大数据吞吐。

（2）执行端软件

执行端（机器人端）软件负责采集机器人内部的多模态数据，执行控制指令并传输反馈信息，主要包括以下模块。

- 控制执行模块：接收操作端的控制指令，驱动机器人执行相应动作。根据需要，可以添加支持低层控制（如电机控制）和高层任务规划（如路径规划）的功能。
- 内部传感器数据采集模块：实时采集摄像头、激光雷达、力传感器、IMU 等多模态数据，并对采集的数据进行预处理（如去噪、时间戳对齐）。
- 本地存储模块：临时存储采集的数据，确保在网络中断时数据不丢失。

（3）采集端软件

对于机器人内部传感器数据，理论上应当由执行端软件采集并通过通信层发送给存储端。但若某些机器人内部传感器需要单独控制，或需要采集机器人外部数据，则需要开发专门的采集端软件。因此，采集端软件主要包括以下模块。

- 指定传感器或外部传感器数据采集模块：采集指定传感器数据或外部传感器数据，并对采集的数据进行预处理（如去噪、时间戳对齐）。
- 本地存储模块：临时存储采集的数据，确保在网络中断时数据不丢失。

（4）通信层软件

通信层软件负责在操作端和机器人端之间传输控制指令和反馈数据，确保低延迟和高可靠性，主要包括以下模块。

- 数据传输协议模块：采用低延迟协议（如 RTSP、WebRTC）传输视频和控制指令，并支持数据分包和重传机制，确保数据传输的完整性。
- 数据压缩与加密模块：对传输数据进行压缩，减少带宽占用，并对数据进行加密，确保通信安全。
- 网络状态监控模块：实时监测网络延迟、带宽和稳定性，并动态调整数据传输策略，优化系统性能。

（5）数据处理与存储层软件

数据处理与存储层软件负责对采集的数据进行融合、存储和分析，主要包括以下模块。

- 数据融合模块：融合多模态数据（如视觉、力觉、姿态），生成统一的环境模型。
- 存储管理模块：将采集的数据存储在本地或云端，支持高效检索和管理，提供数据分类、索引和备份功能。

（6）系统管理与监控模块

系统管理与监控模块负责确保系统的稳定运行和故障检测，主要包括以下模块。

- 状态监控模块：实时监控操作端、机器人端和通信层的运行状态，检测硬件故障、网络中断和数据异常。
- 日志管理模块：记录系统运行日志，支持故障排查和性能优化。
- 安全管理模块：提供用户认证、权限控制和数据加密功能，防止未经授权的访问和操作。

3．基本数据流

基本数据流基于机器人遥操作类数据采集系统的硬件和软件架构，涉及操作端、执行端、采集端、存储端，以及管理与监控端之间的数据流动与交互，如图 3-9 所示。

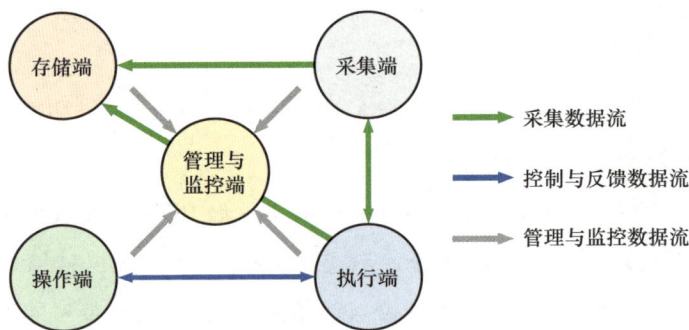

图 3-9   遥操作类数据采集系统的基本数据流

（1）操作端到执行端的控制指令流

- 操作员输入：操作员通过控制设备（如操纵杆、力反馈手柄、VR 设备）输入控制指令。
- 指令生成与传输：操作端软件将操作员输入转换为机器人可执行的指令（如移动、抓取、旋转）。控制指令通过通信层（如 5G、光纤）传输到执行端。

（2）执行端到操作端的反馈数据流

- 反馈数据采集：机器人执行端通过传感器（如摄像头、激光雷达、力传感器、IMU）实时采集环境视频、力觉、姿态等多模态数据。
- 数据传输与反馈：预处理后的数据通过通信层传输到操作端。操作端接收数据后，通过显示设备（如高清显示器、VR头显）和力反馈设备实时反馈给操作员。

（3）执行端、采集端和存储端之间的采集数据流

- 数据采集：采集端实时采集多模态数据。
- 数据传输：采集端将数据发送给执行端，执行端再将采集的数据通过通信层上传到采集端，或者采集端直接将数据发送给存储端。

（4）系统管理与监控数据流

- 状态监控：实时监控操作端、执行端、采集端和存储端的运行状态，检测硬件故障、网络中断和数据异常，记录系统运行日志，支持故障排查和性能优化。
- 安全管理：提供用户认证、权限控制和数据加密功能，确保系统的安全性。

3.2.2 示教类数据采集系统架构

机器人示教类数据采集系统主要用于记录和复现数据采集操作人员对机器人的示教动作。示教类数据采集系统的基本硬件包括示教设备（机器人）、通信设备、采集设备（包括机器人内部和外部）和存储设备，如图3-10所示。

1．示教设备

在示教类数据采集系统中示教设备一般指机器人本身、机器人的一部分或与机器人分离的外部设备，具体选择取决于任务需求、操作精度、环境适应性和成本等因素。示教的

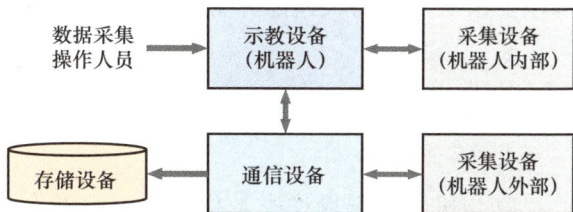

图3-10 示教类数据采集系统的基本硬件架构

核心目的是通过直接或间接的方式记录机器人的动作、姿态和环境交互信息，以便后续复现或优化。以下是示教设备的 3 种形式。

- 机器人本身作为示教设备：在某些系统中，示教设备就是机器人本体，操作员通过直接操控机器人来完成示教任务。这种方式通常称为直接示教或手把手示教。这种示教设备的优点是操作直观，适合简单的示教任务，并且无需额外的硬件设备，成本较低。但缺点是对复杂任务（如多自由度运动）的操作精度有限。

- 机器人的一部分作为示教设备：在某些系统中，示教设备是机器人的一部分，例如机械臂的末端执行器或特定的传感器模块。这种方式通常称为间接示教或离线示教。这种示教设备的优点是支持复杂的示教任务，精度较高，并且可以记录多模态数据（如力觉、视觉），适用于精细操作。缺点是需要额外的硬件支持，成本较高，并且系统复杂度较高，可能需要专门的软件支持。

- 示教设备或示教类数据与机器人分离：在某些系统中，示教设备或示教类数据与机器人是分离的，操作员通过外部设备（如摄像头、动作捕捉系统、VR 设备）来完成示教任务。这种方式通常称为远程示教或虚拟示教。例如，操作员可以仅佩戴廉价的运动相机记录自己的各类操作视频数据，也可以通过昂贵的动作捕捉系统记录运动轨迹数据。这种示教设备的优点是支持远程操作，适用于危险或不可达的环境，并且提供沉浸式操作体验，适合复杂任务。缺点是可能需要高精度的外部设备，成本较高，而且对网络和计算资源要求较高。

2. 通信设备

通信设备负责在示教设备、采集设备、存储设备之间传输采集的数据，其内部主要模块与机器人遥操作类数据采集系统的通信设备基本相同，在此不赘述。

3. 采集设备

其与机器人遥操作类数据采集系统的采集设备基本相同，在此不赘述。

4. 存储设备

其与机器人遥操作类数据采集系统的存储设备基本相同，在此不赘述。

与机器人遥操作类数据采集系统相比，示教类数据采集系统的硬件架构较为简单，因此其软件架构和数据流也更为简单，在此不再做专门的介绍。

3.3 仿真环境数据生成系统

机器人仿真环境数据生成系统是一种用于在虚拟环境中模拟机器人行为并生成多模态数据的工具。它通过高精度物理仿真、传感器仿真和任务场景模拟等方式，为机器人研发、测试和 AI 训练提供高质量的数据支持。相比机器人真实世界数据采集系统，机器人仿真环境数据生成系统是纯软件系统，在开发上省略了硬件部分，具有成本低廉、使用便捷等优势。

3.3.1 系统架构

通常来说，机器人仿真环境数据生成系统不会单独存在，而是机器人仿真系统的一部分。机器人仿真系统除了包含数据生成功能，还可能包含机器人感知、决策、控制等模型的训练、测试、部署等功能。本小节不是介绍整个机器人仿真系统，而是单纯从数据生成的角度介绍机器人仿真环境数据生成系统。

图 3-11 展示了机器人仿真环境数据生成系统的基本架构，该系统由分层次的多个关键组件构成。机器人仿真环境数据生成系统是基于仿真平台构建的，而仿真平台又由仿真引擎、数字资产等模块构成，以下是对该系统架构的详细介绍。

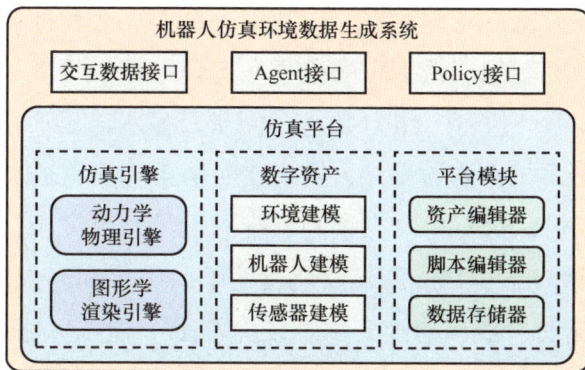

图 3-11　机器人仿真环境数据生成系统的基本架构

1. 仿真引擎

仿真引擎是整个系统的核心，它负责模拟机器人在虚拟环境中的行为。仿真引擎包括动力学物理引擎和图形学渲染引擎。

1）动力学物理引擎：它是机器人仿真环境数据生成系统中的关键组件，负责模拟机器人与环境交互时的物理行为，包括力学、动力学和碰撞检测等方面。这个引擎通过数学模型和算法来精确计算机器人在受力、运动和加速等物理条件下的反应，确保仿真过程中的物理现象符合现实世界的物理规律。它能够模拟重力、摩擦力、弹性力、惯性力等作用于机器人模型的各种力，以及这些力对机器人的运动状态的影响。此外，动力学物理引擎还涉及碰撞检测和响应机制，当机器人模型与环境中的其他物体发生接触时，它能够计算接触点的力和扭矩，以及可能产生的形变和反弹效果。这些模拟结果对机器人控制系统的设计和测试至关重要，因为它们提供了一个安全且经济高效的方式来预测和评估机器人在实际操作中的表现。在学术研究中，动力学物理引擎的精确度和效率是衡量仿真系统性能的重要指标，它对机器人运动学和动力学分析、运动规划及人机交互等领域的研究具有重要意义。

2）图形学渲染引擎：图形学渲染引擎是机器人仿真环境数据生成系统中的核心组件，对具身智能领域来说，其最重要的意义是为传感器提供尽可能真实的视觉感知仿真数据。图形学渲染引擎负责将三维模型或场景转换成逼真的二维图像。这一过程基于计算机图形学和视觉感知理论，通过接收来自应用程序的几何数据、纹理数据、光照数据等，利用一系列算法和计算步骤，最终生成符合人类视觉感知的图像。该引擎的主要职责包括场景管理、资源加载、渲染状态配置、主渲染循环执行、GPU执行与同步及显示输出。在仿真平台中，渲染引擎通过模拟光线与物体的交互，实现实时渲染和丰富的交互功能，为机器人操作提供视觉反馈，这对机器人控制系统的设计和测试至关重要。知名渲染引擎如 Unity 3D 和 Unreal Engine，以逼真的画面效果和高效的渲染技术闻名，广泛应用于游戏开发、影视动画、建筑设计等多个领域。通过这些渲染引擎，仿真系统能够提供高度逼真的虚拟环境，为机器人技术的研究和开发提供强有力的视觉支持。

2. 数字资产

数字资产是仿真环境中的基础元素，包括环境建模、机器人建模和传感器建模。

1）环境建模：环境建模是机器人仿真系统中的一个关键环节，它涉及在虚拟空间中创建和模拟真实世界环境的各个方面，以供机器人进行交互和操作。这个过程包括对地形、建筑物、室内布局、户外场景及可能遇到的各种物体的数字化构建。环境建模不仅要求精确的几何形状和尺寸，还涉及物理属性的模拟，如材质、纹理、光照和阴影效果，以确保仿真环境的视觉和物理真实性。在学术和工业应用中，环境建模使得研究人员能够在控制条件下测试和评估机器人的性能，优化其导航、路径规划、物体识别和交互能力。此外，环境建模还为机器人提供了一个安全的训练场，允许在无需物理原型的情况下进行算法开发和测试，从而大大降低了成本和风险。随着技术的进步，环境建模正变得越来越精细和自动化，利用三维扫描、机器学习和人工智能等技术，可以更快速、更准确地构建和调整仿真环境，以满足不同研究和应用的需求。

2）机器人建模：机器人建模是一个涉及多个学科的复杂过程，它要求精确地定义机器人的物理特性、运动学和动力学属性。在机器人工程中，建模与仿真是核心环节，它们允许工程师在不进行实际硬件搭建的情况下，对机器人系统的性能进行预测、优化和验证。机器人建模可以分为几何建模和动力学建模两个主要方面。几何建模关注机器人的形状、结构和位置，通过确定机器人的坐标系、连杆长度、关节角度等信息来描述机器人的物理形态。动力学建模则深入研究机器人系统的运动学和动力学特性，通过建立相应的数学模型来分析机器人在受力、运动和加速等物理条件下的反应。此外，机器人建模还包括对机器人行为的模拟，这通常在仿真环境中进行，如使用 URDF（Unified Robot Description Format，统一机器人描述格式）文件来描述机器人的物理结构，然后在 Gazebo 等仿真环境中进行测试和验证。

3）传感器建模：传感器建模是机器人仿真系统中的一个重要环节，它涉及创建传感器的虚拟表示，以模拟它们在现实世界中的行为和性能。这个过程包括对传感器的几何形状、物理特性，以及它们如何响应环境刺激的精确描述。

传感器建模的目的是生成一个能够准确反映传感器输入和输出关系的数学模型，这包括但不限于力学行为、位移、应变、应力或者振动特性与被测量之间的函数关系。在仿真环境中，传感器模型可以模拟如摄像头、雷达、力觉传感器等设备的工作原理，以及它们如何与机器人或其他物体交互。这些模型对机器人的控制系统设计、路径规划、物体识别和交互能力至关重要，因为它们提供了必要的数据输入，使得机器人能够在虚拟环境中进行测试和优化，而无须在现实世界中进行可能成本高昂或危险的实验。传感器建模的复杂性在于它不仅需要考虑传感器的物理特性，还需要考虑其在特定应用场景中的工程性和实用性。通过精确的传感器建模，可以提高机器人在现实世界中执行任务的准确性和可靠性。

3. 平台模块

除了仿真引擎和数字资产，构建仿真平台还需要添加各种平台模块。这里仅介绍资产编辑器、脚本编辑器和数据存储器这 3 个核心模块，其他模块如图形界面、通信模块等非核心模块在此不介绍。

1）资产编辑器：它是仿真平台中的一个关键工具，允许用户以直观的方式创建、编辑和管理仿真环境中的数字资产。这些资产可能包括环境元素、机器人模型、纹理、材质和其他视觉元素。资产编辑器提供了一个用户界面，使得设计师和工程师能够调整参数、应用物理属性、设置动画和定义交互行为，从而构建出复杂且逼真的仿真场景。它通常包含图形化的操作界面，支持拖放、旋转、缩放等操作，以及高级功能，如脚本编写和逻辑编辑，以实现更复杂的仿真需求。

2）脚本编辑器：它是仿真平台中的一个组件，允许用户编写和编辑控制仿真行为的脚本。这些脚本可以定义机器人的动作、环境的动态变化、传感器的响应等。脚本编辑器通常支持多种编程语言，如 Python、C++ 或 Lua，使得开发者能够利用这些语言的丰富库和功能来实现复杂的逻辑和算法。它提供了代码高亮、语法检查、调试工具等特性，以提高编写和维护脚本的效率。脚本编辑器在仿真系统中扮演着桥梁的角色，连接仿真引擎和用户定义的行为，使得仿真过程更加灵活和可控。

3）数据存储器：它是仿真平台中用于保存仿真过程中产生的各种数据的系统，这些数据可能包括机器人的状态信息、传感器的读数、环境的快照、仿真日志等。数据存储器的设计需要考虑数据的写入速度、存储容量、数据的安全性和持久性。它通常支持高效的数据检索和分析，使得用户能够从仿真过程中提取有价值的信息，用于性能评估、故障诊断和系统优化。数据存储器还可能提供数据备份和恢复功能，确保在系统故障或数据丢失的情况下，用户的数据不会丢失。在学术研究和工业应用中，数据存储器是仿真系统不可或缺的一部分，它为仿真结果的长期保存和深入分析提供了基础。

4. 系统接口

仿真平台仅提供了一个通用的数字化建模平台，只有在此基础上设计相应的接口，才能构建并得到机器人仿真环境数据生成系统。这些接口是系统与外部模型、环境或用户交互的桥梁。机器人仿真环境数据生成系统的接口可以分为三类：交互数据接口、Agent 接口和 Policy 接口。

1）交互数据接口：交互数据接口允许仿真平台与外部系统或用户进行数据交换。这种接口定义了数据传输的规则和协议，确保不同系统或应用程序之间能够相互连接和交换数据，实现数据共享和信息互通。通过交互数据接口，仿真平台可以接收外部控制命令，如通过遥操作发送的机器人控制指令，同时发送仿真过程中生成的数据，如传感器读数或环境状态，从而实现与外部环境的实时交互。

2）Agent 接口：Agent 接口是仿真平台中用于与智能体（Agent）进行通信的接口。Agent 接口允许仿真平台与这些智能体进行交互，发送任务指令，接收智能体的状态更新和决策结果。这种接口设计使得仿真平台能够集成多种智能体，如由大语言模型扮演的机器人角色，从而实现复杂任务的自动化和智能化处理，如路径规划、高层次语义理解、长程推理等。

3）Policy 接口：Policy 接口在仿真平台中用于定义和执行策略，这些策略用于指导仿真环境中机器人的任务或操作执行过程。Policy 接口可以对接各类机器人策略模型和算法，允许用户根据特定的模型、规则或条件来控制机器人或智能体的行为，如指定策略下的路径规划、指定轨迹生成策略下的双臂协同等。通过 Policy 接口，仿真平台提高了自身的灵活性和可控性，使得仿真环境能够适应不同的应用场景和需求。

总的来说，机器人仿真环境数据生成系统的架构设计属于跨学科领域，涉及计算机科学、控制理论、人工智能、机械工程等多个学科的知识。随着技术的不断进步，这一领域的研究将继续深化，为机器人技术的发展提供强有力的支持。

3.3.2　系统应用

机器人仿真环境数据生成系统的应用一般分为两个阶段：系统的初始化阶段和运行阶段。

1. 初始化阶段

如图 3-12 所示，初始化过程可以分为以下几个主要部分。

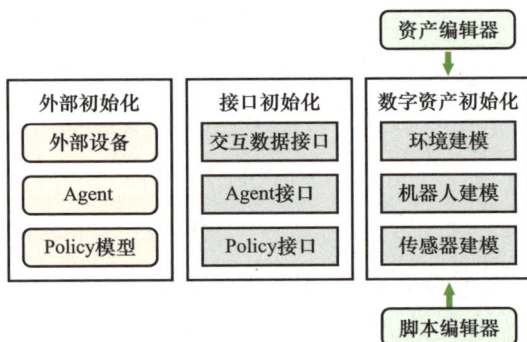

图 3-12　机器人仿真环境数据生成系统的初始化阶段

1）外部初始化：首先是外部设备的初始化，即配置所有将用于仿真的外部硬件设备，可能包括动捕遥操作设备或其他辅助设备。其次是 Agent 的初始化，即配置合适的机器人智能体，为仿真环境中机器人的决策和推理提供支撑。最后初始化 Policy 模型，即加载和配置策略模型，用于指导机器人在仿真环境中的行为。

2）接口初始化：首先是交互数据接口初始化，即设置用于系统与外部环境或用户交互的接口，确保数据可以正确地输入和输出。其次是 Agent 接口和 Policy 接口的初始化，即为外部模型配置相应的通信接口。

3）数字资产初始化：首先是通过资产编辑器对环境、机器人和传感器进行初始化，包括加载和配置仿真环境中的地形、建筑物、障碍物等数字资产，初始化机器人的虚拟模型，包括其外观、结构和运动特性，配置传感器模型，以模拟机器人的感知能力。然后通过脚本编辑器编写和编辑控制仿真行为的脚本，如机器人的动作逻辑、环境的动态变化等。

整个初始化过程是确保仿真环境数据生成系统能够按照预期工作的基础。

通过这一过程，系统能够加载必要的资源，配置接口及设置仿真参数，为后续的数据生成和仿真实验做好准备。

需要注意的是，在机器人仿真环境数据生成系统的实际使用中，外部设备、Agent、Policy 模型不一定同时出现，它们存在多种组合。例如，在虚拟遥操作的数据生成中，可能仅需要对遥操作设备进行初始化。用户应该根据实际需求进行配置。

2．运行阶段

图 3-13 展示了机器人仿真环境数据生成系统的运行阶段。

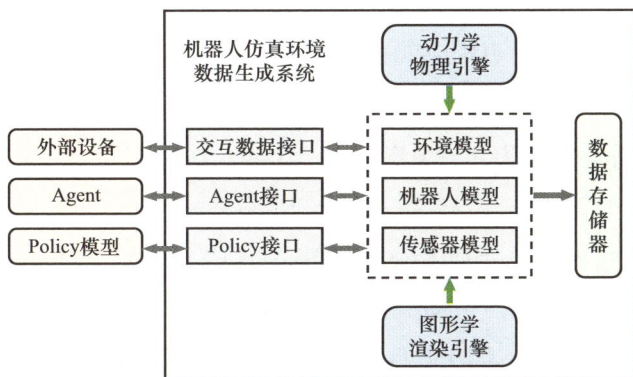

图 3-13　机器人仿真环境数据生成系统的运行阶段

1）数据获取：系统通过各类接口与外部设备或 Agent 或 Policy 模型进行交互，获取仿真环境中机器人的决策和行为控制数据。

2）数据生成：动力学物理引擎负责模拟机器人在虚拟环境中的物理行为，包括运动学、动力学和碰撞检测。图形学渲染引擎负责生成仿真环境的视觉输出，提供逼真的图像和视觉效果。

3）数据存储：在仿真过程中，所有生成的数据，包括环境状态、机器人行为、传感器读数等都被存储在数据存储器中。

整个运行过程是一个高度自动化的循环过程，仿真平台根据输入的控制命令和策略，通过动力学物理引擎和图形学渲染引擎模拟机器人在虚拟环境中的行为，并通过接口与外部设备和模型进行数据交换。仿真环境数据生成系统为机器人研究提供了一个安全、可控的测试和开发环境。

第4章 具身智能数据标准

具身智能数据的规范涵盖多个方面，如数据接口、数据通信传输、数据采集技术及数据集的标准等。鉴于本书重点关注具身智能模型训练的数据，本章将在介绍具身智能数据集的分类之后，提出机器人训练数据集的架构规范，并以人形机器人为例详细说明相应的数据采集规范。

4.1 具身智能数据集的分类

具身智能数据集的分类如图 4-1 所示。其中，演示（Demonstration）数据集和具身问答（Embodied Question Answering，EQA）数据集适用于具身智能模型或智能体的训练。前者用于小脑的训练，后者用于大脑的训练，结合二者可以用于端到端模型的训练。而基准（Benchmark）数据集一般不参与具身智能模型的训练，更多用于智能体的测评。

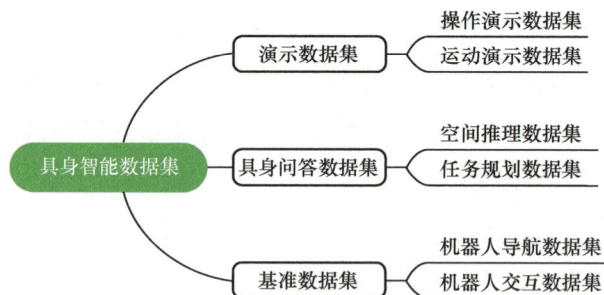

图 4-1 具身智能数据集分类

1. 演示数据集

演示数据集通常包含一系列操作或运动示例，机器人通过学习这些示例掌握完成任务的技能。其可进一步细分为以下两类。

- 操作（Manipulation）演示数据集：专注于机器人通过观察人类或其他机器人的操作行为来学习如何执行任务，可能包括抓取、放置、开关等具体动作。
- 运动（Locomotion）演示数据集：侧重于机器人学习在空间中移动和执行动作，可能包括行走、跑步、跳跃等运动模式。

2．具身问答数据集

具身问答数据集用于训练和评估机器人理解和回答与环境或任务相关问题的能力。这类数据集对提高机器人的交互性和智能性至关重要，可进一步细分为以下两类。

- 空间推理数据集：专注于空间认知和推理，包括对物体位置、方向和空间关系的理解和推理。这对机器人在复杂环境中导航和操作至关重要。
- 任务规划数据集：包含与任务规划相关的问题和答案，帮助机器人学习如何根据给定的目标和约束条件来规划行动步骤。

3．基准数据集

基准数据集用于评估机器人在特定任务或环境中的性能，为研究者提供一个标准化的测试平台。

- 机器人导航数据集：评估机器人在不同环境中的导航能力，包括室内、室外、复杂地形等场景。
- 机器人交互数据集：专注于评估机器人与可操作物体的交互能力，包括抓取与放置、搬运排列、工具的开关与使用等方面。

需要注意的是，就本书主题来说，演示数据集是与数据采集最相关的数据集，而具身问答数据集与基准数据集则更多涉及仿真平台下的资产生成和自然语言生成，因此本书的重点是演示数据集的采集与构建。另外需要注意的是，以上数据集分类并非互斥，如基准数据集可以包含演示数据集或具身问答数据集，操作演示数据集和运动演示数据集也可以合并，用户应当根据目的灵活使用这些数据集。

4.1.1　演示数据集

演示数据集可以分为操作演示数据集和运动演示数据集。

1. 操作演示数据集

操作演示数据集是一类专门用于训练机器人执行具体操作任务的数据集合，通常包含一系列由人类或机器人执行的操作视频或动作序列，每个操作都与特定的任务相关，如抓取物体、使用工具或进行精密组装。这些操作被详细记录和标注，以便机器人可以通过机器学习算法分析和学习这些动作的执行方式。操作演示数据集的目标是使机器人能够通过模仿学习等学习方法，掌握如何在真实世界中执行复杂的手动任务。操作是指机器人对物体进行的一系列动作，如抓取、移动、旋转、放置或调整物体的姿态和位置，以完成特定的任务。操作技能要求机器人具备对物体的精确控制能力，以及对力和运动的精细调节。对物体的操作能力使得机器人能够在多样化环境中执行广泛的任务，如从简单的取放操作到复杂的装配和使用工具进行维修。

操作演示数据集通常包含机械臂、夹爪、灵巧手的操作数据。需要注意的是，由于大部分操作都是基于抓取（Grasping）展开的，一些操作演示数据集可能只包含抓取的演示数据。抓取是指机器人使用末端执行器（通常是机械手或夹具）来稳定地获取物体的初始动作，这涉及对物体的识别、定位及与机械手的协调动作，以确保准确且牢固地抓住目标物体。

操作演示数据集与一项重要能力的学习有关，即功能可供性（Affordance）估计能力。功能可供性是由美国科学家 James Gibson 提出的概念，指环境所允许个人能实现的功能，即物体或环境的直观功能，这是人们在日常生活中下意识便会应用的技能。在机器人领域，功能可供性涉及机器人如何理解和与物体互动。推理物体的抓取功能可供性是机器人进行后续操作任务的基础。抓取功能可供性允许机器人确定如何以特定的方式与物体接触，以便成功地拿起物体。相应地，操作功能可供性与机器人如何利用其机械结构和控制策略来改变物体的状态有关。这要求机器人不仅要识别物体的抓取点，还要理解如何在抓取后对物体进行有效的操作，以实现特定的任务目标。

功能可供性的理解和应用一般是通过视觉输入实现的，机器人通过学习物体的语义关系和属性，预测和提取多个抓取功能可供性。这种方法提高了操作的成功率，并增强了机器人对新物体的泛化能力，使其能够在不同环境和情境中执行复杂的操作任务。

　　总的来说，功能可供性估计能力为机器人提供了关于如何与物体互动的直观信息，操作则是机器人基于这些信息执行的具体动作。通过功能可供性估计能力，机器人能够更自然、有效地与环境互动，完成各种任务。机器人需要学习面对千变万化形态的物体都能准确估计其功能可供性，这是构建操作演示数据集的一大意义。

　　机器人操作演示数据集的构建是一个系统化的过程，它从定义明确的操作任务开始，然后在真实世界或仿真环境中设计相应的实验场景，利用传感器和动作捕捉技术采集机器人与环境交互的数据。这些数据随后被标注和分析，以提取关键特征和交互模式，最终整理成一个包含环境状态、机器人动作、物体属性和任务结果等信息的综合数据集。表 4-1 展示了对当前常见操作演示数据集的统计信息。

表4-1　常见操作演示数据集

数据集	任务	数据形式	数据规模	模态	年份
Cornell	抓取	真实	885张图像，8019次抓取	RGB-D	2011
YCB	操作	真实	每个对象600张RGB-D图像	RGB-D	2017
Multi-Object	抓取	真实	96张图像，2904次抓取	RGB-D	2018
Jacquard	抓取	仿真	5.4万张图像，110万次抓取	RGB-D	2018
VR-Grasping-101	抓取	仿真	15万次抓取演示	RGB-D	2017
EGAD	抓取	仿真	23.3万次抓取	点云	2020
GraspNet-1Billion	抓取	真实	97,280张图像，约12亿次抓取	RGB-D	2020
PartNet-Mobility	操作	仿真	14,068 个可动部件	点云/RGB-D	2020
RoboNet	操作	真实	162,000条轨迹，近1500万帧	彩色图像	2019
ACRONYM	抓取	仿真	1770万次平行夹爪抓取	点云	2021
BridgeData	操作	真实	7200个演示	彩色-深度图像	2021
AKB-48	操作	真实	10万组生成的RGB-D图像	RGB-D	2022
BC-Z	操作	真实	25,877个机器人演示，18,726个相同任务的人类视频，125小时的机器人操作时间	彩色图像	2022
RT-1	操作	真实	约13万个机器人演示	彩色图像	2022
Grasp-Anything	抓取	仿真	约100万样本，约6亿次抓取	文本/图像	2023

数据集	任务	数据形式	数据规模	模态	年份
GAPartNet	操作	仿真	8489 个部件实例	点云/RGB-D	2023
ManiSkill2	操作	仿真	400多万个演示帧	点云/RGB-D	2023
ARNOLD	操作	仿真	10,080 次演示	文本/RGB-D	2023
Bi-DexHands	操作	仿真	1,638,400个步骤演示	力传感信息/点云/RGB-D	2023
DexArt	操作	仿真	每个对象6000点云	点云	2023
ROBOTURK	操作	仿真	137.5小时的轨迹	视频流、运动传感、触觉	2023
PartManip	操作	仿真	11 个物体类别，1432个任务	点云	2023
BridgeData V2	操作	真实	60,096 条轨迹，50,365 次远程操作演示，9731 次部署	RGB-D、音频、文本和触觉	2023
Open X-Embodiment	操作	真实	22 种机器人，超100 万条轨迹，527 项技能	力传感信息/点云/RGB-D	2023
RH20T	操作	真实	147个任务，42种技能，110,000个机器人操作序列	RGB、深度、双目红外、触觉、音频	2024
BRMData	操作	真实	500条轨迹	RGB-D	2024
DROID	操作	真实	7.6万条演示轨迹，350小时的交互数据	RGB-D	2024
ARIO	操作	真实/仿真	258个系列和321,064个任务	RGB-D、音频、文本和触觉	2024
RoboMIND	操作	真实/仿真	5.5万条机器人轨迹，279个任务，61个物体类别	文本/RGB-D	2024
AgiBot World	操作	真实	100多个机器人的100多万条轨迹，5个领域的100多个场景	RGB-D、触觉	2024

下面对其中一些数据集进行简单介绍。

- Cornell：该数据集为每个样本提供了彩色图像（RGB）和对应的深度图，以及若干个手工标注的矩形框，这些矩形框表示可能的抓取位置，并定义了抓取的方向和宽度。部分版本还包含抓取质量评分，反映抓取动作的成功概率。数据集中包含了各种形状、大小和材质的常见日常物品，如瓶子、盒子和工具。每个样本通常存储在一个文件夹中，包括点云数据文件和抓取标注文件。

- YCB：该数据集专为操作研究的基准而设计。对于每个对象，数据集呈现 600 张高分辨率 RGB 图像、600 张 RGB-D 图像和 5 组纹理三维几何模型。数据集还提供每个图像的分割掩码和校准信息。数据集附带 Python 脚本和机器人操作系统节点，支持数据下载、生成点云及统一机器人描述文件的创建。

- Multi-Object：一组专为多对象表示学习设计的数据集，涵盖从简单图形到复杂互动场景，不仅包含多种场景的高质量 RGB-D 图像和深度信息，还为每张图片或视频配备精确的对象分割掩模，并提供详尽的物体标注，如类别标签、边界框、抓取点。

- Jacquard：基于 ShapeNet 的一个子集构建，这是一个大型 CAD 模型数据集，提供了在模拟环境中执行抓取任务时生成的 RGB-D 图像和注释。每个场景均包含一张渲染的 RGB 图像、一个分割蒙版、两张深度图像和抓取注释。

- VR-Grasping-101：专为虚拟现实环境中的机器人抓取任务而设计，包含 101 种不同物体的高质量 RGB-D 图像、深度信息及精确抓取标注。它提供了丰富的感知数据，包括物体类别标签、边界框和抓取点，并模拟了复杂的真实世界抓取挑战。

- EGAD：进化抓取分析数据集（EGAD）包含超过 2000 个生成的对象，旨在训练和评估机器人视觉抓取检测算法。与其他机器人抓取数据集相比，EGAD 中的对象在几何形状上具有多样性，涵盖了从简单到复杂、从容易抓取到难以抓取的各种形状。相比之下，其他数据集可能在规模上有限，或者仅包含少量的对象类别。

- GraspNet-1Billion：使用真实世界的传感器采集数据，并为每个对象计算和注释抓取姿势。对象的 6D 姿势被手动注释以将抓取姿势从对象坐标投影到场景坐标。数据集包含 97,280 张 RGB-D 图像，具有超过 10 亿个抓取姿势。同时，评估系统直接报告了抓取是否通过解析计算成功，它能够在不详尽标记基本事实的情况下评估任何类型的抓取姿势。

- PartNet-Mobility：大型 3D 交互模型数据集，包含来自 46 个常见室内物体类别的 2346 个 3D 可动模型，这些模型具有超过 14,000 个标注了运动属性的可移动部件。所有模型都来自 3D Warehouse，并按照 ShapeNet 和 PartNet 的组织方式整理。数据集为每个可移动部分分配了类别特定的语义标签，并注解了 3 种类型的运动：铰链（围绕轴旋转，如门）、滑块（沿轴平移，如抽屉）和螺丝（铰链和滑块的组合，如瓶盖或旋转椅）。对于铰链和滑块接头，注解了运动限制（即角度和长度）。对于螺丝接头，除了运动限制，还注解了两个自由度是否耦合。

- RoboNet：包含大约 162,000 条轨迹的数据集，记录了 7 个机器人与数百个对象的交互视频和动作序列，涵盖不同的视点和环境，对应近 1500 万帧。该数据集以自监督方式采集，人工干预最少，旨在轻松扩展到新的机器人硬件、各种传感器和不同的采集策略。

- ACRONYM：基于物理仿真的机器人抓取规划数据集，包含 1770 万次平行夹爪抓取，涵盖 262 个不同类别的 8872 个对象，每个对象都标有从物理模拟器获得的抓取结果。涵盖日常生活中常见的各种物品类型，并包括可移动部件，以模拟真实互动场景。每个物体模型都配有详细的物理属性标注（如质量、摩擦系数）和语义分割标签，支持高质量的模拟和分析。

- BridgeData：一个专注于提升机器人泛化能力的多任务、多域操作数据集，包含 7200 个演示，涵盖 71 个不同的厨房主题任务，分布在 10 个独特环境中。该数据集通过低成本的 WidowX 250 机械臂和 Oculus Quest 2 设备采集，利用多摄像头捕捉多样化场景，支持模仿学习和泛化研究。其核心目标是验证"桥接数据假设"，即通过跨任务和跨领域的多样化数据，帮助机器人在新环境中快速学习新技能。

- AKB-48：上海交通大学发布的大规模铰接对象知识库，由 48 个类别 2037 个真实世界的 3D 铰接对象模型组成。每个对象都由一个知识图 ArtiKG 描述。AKB-48 引入了一种快速发音知识建模（FArM）管道，它可以在 10 ～ 15 分钟内为铰接对象实现 ArtiKG，大大降低了现实世界中对象建模的成本。

- BC-Z：一个大规模机器人操作任务数据集，旨在通过模仿学习实现对新任务的零样本泛化。该数据集包含来自 100 个不同操作任务的 25,877 个机器人演示，这些任务涵盖了 9 种基础技能，如推动物体和抓取放置。在每个任务场景中，机器人面前的桌子上放置 6 ～ 15 个随机姿态的家用物体。数据集还包含了 18,726 个人类视频，展示了相同任务的执行过程。

- RT-1：一个大规模机器人操作任务数据集，主要用于训练和验证机器人在真实世界中的操作能力。它包含约 13 万个机器人演示，涵盖了超过 700 种不同的语言指令，涉及多种物体操作任务，如抓取、放置、打开 / 关闭抽屉、竖直放置细长物品、推倒物品、拉出餐巾纸及打开罐子等。数据集中的任务和物体种类丰富多样，旨在提升机器人在复杂环境中的泛化能力和鲁棒性。数据主要通过 13 台机器人在 17 个月内采集，以真实世界的图像和语言指令为模态，结合了视觉和语言信息，为机器人提供丰富的语义和场景理解能力。

- Grasp-Anything：一个新的大规模语言驱动的抓取数据集，通过使用基础模型的知识覆盖日常生活中的对象。它通过提示工程生成场景描述，并利用基础模型和这些文本提示生成图像，进而自动生成和评估抓取姿势。在该数据集中，抓取姿势被表示为 2D 矩形，以确保简单性和与真实世界中的平行夹爪的兼容性。

- GAPartNet：一个具有丰富部分注释的大规模交互数据集，该数据集为物体定义了可概括和可操作的部件（GAPart），以提高机器人对跨类别对象的操作能力，并且可以转移到真实场景。通过识别和定义 27 个对象类别中的 9 个 GAPart 类，构建了一个大规模的以部件为中心的交互数据集，为 1166 个对象上的 8489 个部件实例提供了丰富的部件级注释（语义、姿势）。

- ManiSkill2：包括 20 个操作任务家族、2000 多个对象模型和 400 多万个演示帧，涵盖了静止 / 移动基础、单臂 / 双臂、刚性 / 软体操作任务，由完全动态引擎模拟 2D/3D 输入数据。它定义了一个统一的接口和评估协议，以支持广泛的算法（例如，经典的 sense-plan-act、RL 和 IL）、视觉观察（点云、RGB-D）和控制器（动作类型和参数化）。此外，它还支持快速的视觉输入学习算法，因此基于 CNN 的策略可以在常规工作站上使用 1 个 GPU 和 16 个进程以大约 2000 FPS 的速度采集样本。它实现了一个渲染服务器基础设施，允许在所有环境中共享渲染资源，从而显著减少内存使用。

- ARNOLD：ARNOLD 是一个专注于机器人语言理解与连续目标状态学习的数据集。它包含 8 种语言条件下的机器人任务，涵盖 40 种物体和 20 个场景，共有 10,080 个从连续状态空间中抽取的样本，以及 10,000 个带有语言指令的专家演示。该数据集基于 NVIDIA Isaac Sim 构建，强调连续状态的学习，更贴近真实世界的复杂性。它旨在推动机器人技术中语言指导学习的研究，帮助解决连续状态理解、精确运动控制及语言指令接地等挑战，为相关领域的算法开发提供了重要的测试基准。

- Bi-DexHands：这是一个具有两只灵巧手的模拟器，具有 20 个手动操作任务和数千个目标物体，旨在匹配基于认知科学研究的不同水平的人类运动技能。

- DexArt：涉及在物理模拟器中使用铰接对象进行灵巧操作。机器人手将为每个任务操纵不同的铰接对象。对于每个任务，不是针对特定对象进行操作，而是提供一组不同的铰接对象的训练集，目标是将策略推广到不同的铰接对象测试集上。

- ROBOTURK：一个通过众包方式采集的机器人操作任务演示数据集，旨在为机器人学习提供大规模标注数据。该数据集通过云平台和智能手机作为运动控制器，让远程用户通过实时遥操作完成一系列模拟环境中的机器人操作任务，如拾取、放置和装配等。数据集包含超过 2200 次成功的任务演示，累计时长达 137.5 小时，涵盖多种灵巧操作技能。这些演示数据以视频流、运动传感器数据和触觉反馈的形式记录，为基于模仿学习和强化学习的机器人技能学习提供了丰富的训练资源，尤其适用于多步骤任务和稀疏奖励环境下的学习挑战。

- PartManip：大规模、基于部件的跨类别物体操作数据集，旨在提升机器人在复杂真实世界场景中执行任务时的泛化能力。该数据集包含 11 个物体类别、494 个不同类型的物体和 1432 个分布在 6 类任务中的具体任务实例。这些任务设计得多样化且现实，不使用如部件分割这样的先验信息，而是采用稀疏视角点云作为输入。

- BridgeData V2：由美国加州大学伯克利分校和斯坦福大学等机构合作创建的大型机器人操作行为数据集，包含 60,096 条轨迹，覆盖 24 个环境。数据集设计用于支持大规模机器人学习研究，涵盖广泛的技能和环境变量，支持通过目标图像或自然语言指令进行任务调节。在创建过程中，数据集通过人工操作和自主采集相结合的方式，确保了数据的多源性和多样性。该数据集适用于多种机器人学习方法，旨在解决机器人技能在不同环境和任务中的泛化问题，推动机器人学习领域的研究进展。

- Open X-Embodiment：由 Google 旗下的前沿人工智能企业 DeepMind 创建的超大规模开源真实机器人数据集，汇集了来自 22 种不同机器人类型的数据。该数据集使 DeepMind 研发的 RT-2 机器人，在制造和编程方式上有了重大飞跃。Open X-Embodiment 包含 100 多万条真实机器人轨迹，涵盖 22 个机器人实例，由 60 个单独的数据集组成，采用统一的数据格式，以便于下载和使用。它覆盖了多种机器人平台和广泛的任务类型，使用 RLDS 数据格式，支持不同机器人设置的各种动作空间和输入模式。

- RH20T：由上海交通大学团队精心打造的综合性机器人操作数据集，专为推动机器人在复杂环境中的多样化技能学习而设计。该数据集以"多模态、大规模、高多样性"为核心特色，涵盖了超过 110,000 个机器人操作序列，对应 147 种不同任务，涉及 42 种基础技能，这些任务广泛覆盖了从简单抓取到复杂组装的多种场景，充分体现了任务的丰富性与复杂性。数据集不仅包含视觉信息（RGB、深度、双目红外图像），还融合了力觉、音频、关节角度等多模态数据，为机器人提供了全方位的感知输入。

- BRMData：一个面向家庭场景的双臂移动机器人操作数据集，旨在推动机器人在复杂真实环境中的操作能力。它包含 10 种多样化的家庭任务，涵盖单臂和双臂操作、桌面和移动操作，利用多视角 RGB 图像和深度感知数据，提供丰富的视觉信息。任务设计从单一物体到多物体、从非交互到人机交互、从刚性到柔性物体操作，逐步提升任务难度。同时它引入了操作效率评分（MES）这一新指标，用来综合评估机器人操作的成功率和效率。

- DROID：一个大规模的真实机器人操作数据集，旨在推动机器人在多样化环境中的操作能力。该数据集包含 76,000 条演示轨迹，相当于 350 小时的交互数据，涵盖了 86 种不同的任务类别和 564 个真实场景，这些数据由分布在全球的 18 个研究实验室在 12 个月内采集完成。DROID 数据集的特点是高度的多样性和真实性，每个片段包含同步的 RGB 相机流、深度信息、相机校准数据和自然语言指令。这些数据在多种场景（如厨房、办公室、实验室等）中采集，涉及广泛的日常物体交互，能够支持机器人在不同环境和任务中的学习和泛化能力。DROID 的开放性和高质量使其成为机器人操作研究中的重要资源，有助于开发更具鲁棒性和泛化能力的机器人策略。

- ARIO：由南方科技大学、中山大学和鹏城实验室联合创建，旨在为多用途、通用型具身智能体提供标准化的数据格式。该数据集包含约 300 万条记录，涵盖 258 个系列和 321,064 个任务，同时结合了真实世界数据和模拟数据。在创建过程中，数据集通过多平台采集、模拟生成和开源数据转换等方式构建。ARIO 数据集的应用领域广泛，主要用于提高具身智能体的鲁棒性和适应性，解决数据格式不统一、多样性不足和数据量不足等问题。

- RoboMIND：由北京创新中心人形机器人和北京大学多媒体信息处理国家重点实验室联合创建，专注于机器人操作任务。该数据集包含 55,000 条真实世界的演示轨迹，涵盖 279 个多样化任务和 61 个不同的物体类别，覆盖了家庭、厨房、工厂、办公、零售等生活服务场景，涵盖了单臂机器人、双臂机器人、人形机器人及灵巧手等多种机器人形态，任务类型从基础操作到复杂的长时序任务，轨迹长度为 200 ~ 500 个时间步。数据通过人工远程操作采集，确保了一致性和可靠性。此外，数据集包含多视角 RGB-D 图像、机器人本体状态信息、末端执行器细节及任务语言描述。通过 NVIDIA Isaac Sim 模拟器创建数字孪生场景，可低成本生成额外的训练数据。数据集中包含 5000 条失败案例，为模型改进提供了宝贵资源。

- AgiBot World：由智元机器人联合上海人工智能实验室、国家地方共建人形机器人创新中心及上海库帕思共同发布的大规模机器人数据集，旨在推动具身智能的发展。该数据集包含超过 100 万条来自 100 多个机器人的操作轨迹，覆盖五大核心领域（家居、餐饮、工业、商超和办公）中的 100 多个真实场景。数据集涵盖了从基础操作（如抓取、放置）到复杂交互（如搅拌、折叠、熨烫）的 80 余种日常生活技能。数据采集于智元自建的 4000 平方米实验基地，真实复刻了机器人在生产、生活中的典型应用需求。采集平台配备了 8 个摄像头、6 个自由度灵巧手和全身 32 个自由度的机器人，支持高精度视触觉传感器。数据采集过程中采用多级质量把控，确保数据达到工业级标准。数据集不仅包含基础操作，还涵盖长时程规划、多机器人协作等复杂任务。

2. 运动演示数据集

运动演示数据集专注于记录和提供机器人或生物体在执行运动任务时的全身运动控制的动态数据。这些数据集包含了丰富的运动模式，如行走、跑步、跳跃、爬行等，以及这些运动在不同环境和条件下的变体。通过捕捉和记录运动过程中的关键帧、关节角度、速度和加速度等信息，运动演示数据集为机器人学习如何在三维空间中移动和保持平衡奠定了基础。这些数据不仅用于训练机器人复制特定的运动模式，还用于开发能够适应不同地形和任务需求的高级运动控制算法。通过学习数据集中的示例，机器人可以提高自身在未知环境中的通过能力或执行复杂运动任务的效率。

由于当前轮式机器人和四足机器狗等机器人的全身运动控制能力大多基于强化学习算法，因此一般的运动任务并不需要构建专门的数据集进行训练。然而对于人形机器人的一些特殊任务要求，则必须使用专门的数据集进行训练。因此，运动演示数据集主要应用于人形机器人。

运动演示数据集的运动数据来源主要有 3 类：基于动捕（Motion Capture）的人体姿态数据记录、基于视频的人体姿态估计和合成数据。

基于动捕的人体姿态数据记录通过使用专业的动捕设备来捕捉演员或机器人的运动轨迹，这些设备能够精确记录关节角度、速度和加速度等数据，为机器人提供准确的运动模式。这种方法在数据集如 Human3.6M 中得到了应用，该数据集包含了 360 万帧高质量的 3D 人体姿态数据,由专业演员在受控环境中表演日常活动。该数据集还包括 2D 和 3D 的骨骼关节位置、深度图像和视频序列。

基于视频的人体姿态估计则利用计算机视觉技术,从视频中自动检测和预测人体的关节点和姿态。这种方法在数据集 Humanoid-X 的构建中得到了体现,该数据集通过从互联网和学术数据集中挖掘视频,然后使用视频字幕生成工具为视频生成动作描述,接着利用 3D 人体姿态估计技术从视频中提取人体姿态,并通过运动重定向技术将这些人体运动映射到人形机器人上,生成机器人关键点和目标关节位置。这种基于视频的方法允许在没有昂贵动捕设备的情况下,大规模地采集和分析人体运动数据,为机器人运动控制的学习提供了丰富的资源。

最后一类即通过计算机技术模拟物理世界,生成具有真实数据统计特征和特性的人工合成数据。这种方法可以生成在现实世界中难以采集的大量数据,从而为运动演示数据集的构建提供一种新的途径。

表 4-2 展示了当前常见的运动演示数据集的统计信息。

表4-2　常见运动演示数据集

数据集	年份	数据来源	数据规模	模态
Human3.6M	2014	动捕	360万帧3D人体姿态数据	2D和3D的骨骼关节位置、深度图像和视频序列
KIT Motion-Language Dataset	2016	动捕	3911个动作,6278个自然语言注释	3D的骨骼关节位置、文本
AMASS	2019	动捕	300多个主体和11,000多个运动	3D的骨骼关节位置
HumanAct12	2020	合成	1191个3D运动剪辑,总计90,099个姿态	3D的骨骼关节位置
HumanML3D	2022	动捕+合成	14,616个动作和44,970个描述	3D的骨骼关节位置、文本
Humanoid-X	2024	姿态估计	163,800个动作样本	视频、文本描述、3D人体姿态、人形机器人关键点和机器人动作序列

下面对这些数据集进行简单介绍。

- Human3.6M:一个大规模的人体运动数据集,包含 360 万帧高质量的 3D 人体姿态数据。该数据集由 11 名专业演员在受控环境中表演 15 种日常活动,如走路、坐下、站立等。数据集还包括 2D 和 3D 的骨骼关节位置、深度图像和视频序列。在数据集的构建过程中,采用了高精度的运动捕捉技术,确保了数据的准确性和一致性。此外,数据集还包含了丰富的元数据,如摄像机参数、演员的骨骼模型等,为后续的分析和应用提供了坚实的基础。

- KIT Motion-Language Dataset:由德国卡尔斯鲁厄理工学院的高性能人形技术实验室开发的大型、开放且可扩展的数据集。该数据集整合了多个运动捕捉数据库的数据,并使用统一的表示方法,使其与捕捉系统或标记集无关,从而便于处理数据。为了获得自然语言的运动注释,研究者们采用了众包方法和为这一目的特别构建的基于网络的"运动注释工具"。此外,该数据集还提出了一种基于困惑度的选择方法,选择在数据集中代表性不足或有错误注释的动作进行进一步注释,以确保注释过程的系统性。截至 2016 年 10 月 10 日,该数据集包含 3911 个动作,总时长 11.23 小时,以及 6278 个自然语言注释,包含 52,903 个单词。该数据集旨在促进人类运动与自然语言之间联系的研究,对生成人类活动的语义表示及基于自然语言输入生成机器人活动具有重要意义。

- AMASS(Archive of Motion Capture as Surface Shapes):一个大型人体运动数据库,它在一个共同的框架和参数化下统一了不同的光学标记运动捕捉数据集。AMASS 包含了超过 40 小时的运动数据,涵盖了 300 多个主体和 11,000 多个运动。这个数据集使用了 SMPL 人体模型,这是一种基于混合形状和姿态空间的生成式人体模型,可以用少量的参数来描述人体的形状和姿态。AMASS 使用了一种新的方法 MoSh++,可以将运动捕捉数据转换为由刚性身体模型表示的逼真的 3D 人体网格,这种方法适用于任意标记集,同时恢复软组织动力学和逼真的手部运动。

- HumanAct12:一个 3D 人体运动数据集,源自极坐标图像和 3D 姿势数据集 PHSPD,通过适当的时间裁剪和动作注释构建而成。这个数据集包含了 1191 个 3D 运动剪辑,总计 90,099 个姿势,这些动作被分类为 12 个主要动作类别和 34 个更细致的子类别。动作类型包括日常活动,如行走、跑步、坐下、跳跃、热身等,更细致的动作类型则包含更具体的信息，如"向左鞠躬热身""按压左腿热身"等。

- HumanML3D：一个 3D 人体动作语言数据集，它结合了 HumanAct12 和 AMASS 数据集。这个数据集覆盖了广泛的人类动作，包括日常活动（如行走、跳跃）和体育运动（如游泳、打高尔夫等）。HumanML3D 数据集由 14,616 个动作和 44,970 个描述组成，由 5371 个不同的单词组成。动作总时长为 28.59 小时。平均动作时长为 7.1 秒，平均描述长度为 12 个单词。

- Humanoid-X：由美国南加州大学等机构创建的大规模人形机器人数据集，旨在通过大量的人类视频数据促进人形机器人的学习。该数据集包含 163,800 个动作样本，涵盖多种动作类别，每个样本包含视频、文本描述、3D 人体姿态、人形机器人关键点和机器人动作序列。数据集通过从互联网和学术数据集中挖掘视频，经过视频字幕生成、人体姿态估计、动作重定向等步骤创建，主要应用于通过自然语言指令实现人形机器人的通用姿态控制，旨在提高机器人在日常任务中的通用性和可扩展性。

4.1.2　具身问答数据集

具身问答数据集的构建通常涉及以下几个关键步骤。

1）环境数据选择：首先选择合适的环境数据。这些环境既可以是合成的，也可以是真实的。接着利用仿真器来模拟这些环境，为智能体提供一个可以交互的平台。也可以不使用仿真器，直接基于环境数据执行接下来的步骤。

2）问题设计：设计问题模板，这些模板定义了问题的基本结构和类型，如位置、颜色、介词等。问题的设计需要考虑多样性，以覆盖不同的场景和物体属性。

3）问题生成：通过编程或手动方式，根据设计的问题模板生成具体的问题。这个过程涉及规则和生成方法的制定，如使用功能程序或利用大语言模型（LLM）来创建问题。

4）答案生成：对于每个问题，确定一个或多个正确答案。这涉及对仿真环境的分析，以确定物体的属性和状态，或者通过模拟智能体的探索行为来采集信息。

5）数据标注与验证：生成的问题和答案需要经过人工标注和验证，以确保其准确性和一致性。

6）测试与优化：在智能体上进行数据集测试，以评估其有效性，并根据反馈进行优化，包括调整问题难度、增加多样性或改进仿真环境。

整个构建过程需要跨学科的知识和技能，包括计算机视觉、自然语言处理、机器学习及对智能体行为的理解。通过这一过程，研究者能够创建出推动具身智能领域发展的高质量数据集。

具体而言，具身问答数据集可以分为空间推理数据集和任务规划数据集。

1. 空间推理数据集

空间推理数据集专注于提升智能体在三维空间中理解和操作物体的能力。这些数据集包含了一系列关于物体位置、方向和空间关系的查询，智能体需要通过探索环境来验证这些空间关系是否成立。空间推理数据集的用途在于训练智能体进行精确的空间定位和路径规划，这对于机器人在复杂环境中的导航和操作至关重要。这些数据集的功能包括提供丰富的空间关系信息、模拟不同的空间布局，以及评估智能体在处理空间信息时的准确性和效率。

2. 任务规划数据集

任务规划数据集提供了一个结构化的环境，让智能体能够学习如何将复杂任务分解为一系列可执行的步骤。这些数据集通常包含任务的描述、目标、约束条件及可能的行动方案，智能体通过与环境的交互来学习如何有效地规划和执行任务。任务规划数据集的用途在于训练智能体进行决策制定和资源分配，以达成特定的目标。任务规划数据集的功能包括但不限于：提供多样化的任务场景、模拟不同的环境条件，以及评估智能体在动态环境中的适应性和效率。

由于空间推理是任务规划的基础，所以一般来说，任务规划数据集会包含空间推理数据集，但空间推理数据集不一定包含任务规划数据集。

具身问答数据集与空间智能这一概念直接相关，它可以用于训练与测试智能体的空间智能。空间智能是指一个人准确感受视觉空间并将所见形象表现出来的能力，它涉及以三维空间的方式来思考，使人能够知觉到外在和内在的影像，并能重现这些影像。这种智能是人们生活和学习的基本能力，对于进行艺术、科学等活动都至关重要。

空间推理和任务规划是空间智能的两个关键组成部分，它们与空间智能的关系密切。空间推理要求智能体能够理解和推理物体之间的空间关系、它们的运动和相互作用的能力。这要求模型能够识别物体间的关系，并通过距离和方向进行推理。任务规划侧重设计出实现特定任务的策略和路径，如确定最优路径、与其他智能体协作等。这要求智能体能够基于对三维空间、空间内主体及其关系的感知，具体设计出实现特定任务的策略和路径。

3. 常见的具身问答数据集

表 4-3 提供了多个具身问答数据集的概览，列出了各数据集的发布年份和发布单位、问答类型和方式、数据来源、使用的仿真器、问题生成和答案生成方法，以及数据集规模。问答方式有以下 4 种类型。

- Active EQA（主动具身问答）：智能体通过采取探索行动收集必要的信息来回答问题。这种任务类型强调智能体的主动性，即智能体需要在环境中移动、观察并收集信息，以便更好地理解环境并回答有关问题。例如，智能体可能需要寻找特定的物体或探索未知区域以获取答案。

- Interactive EQA（交互式具身问答）：智能体需要与环境或物体进行直接交互。例如，智能体可能需要通过操作物体（如打开冰箱、移动椅子等）来获取回答问题所需的信息。这种任务类型模拟了现实世界中的交互场景，要求智能体不仅要理解问题，还要通过物理交互来获取答案。

- Episodic Memory EQA（情景记忆具身问答）：智能体需要利用情景记忆来回答问题。情景记忆是一类长期记忆，涉及对特定事件、情况和经历的回忆。在这种任务中，智能体需要回忆过去的经验或观察，以回答与之前经历相关的问题。这种任务类型有助于评估智能体处理与时间相关的信息和记忆方面的能力。

- QA only（仅问答）：一种更传统的问答任务，不涉及智能体在物理环境中的移动或交互。这种任务类型侧重于智能体对问题的理解及从给定信息中提取答案的能力。在这种任务中，智能体通常接收到的问题和相关信息是预先定义好的，智能体需要基于这些信息生成答案，而不涉及环境探索或物理交互。

表4-3　常见的具身问答数据集

数据集	年份	问答类型	问答方式	数据来源	仿真器	问题生成	答案生成	规模
EQA v1	2018	空间推理	Active EQA	SUNCG	House3D	Rule-Based	Open-ended	5000+
MT-EQA	2019	空间推理	Active EQA	SUNCG	House3D	Rule-Based	Open-ended	19,000+
MP3D-EQA	2019	空间推理	Active EQA	MP3D	MINOS	Rule-Based	Open-ended	1136
IQUAD V1	2018	空间推理	Interactive EQA	—	AI2-THOR	Rule-Based	Multi-choice	75,000+
RoboVQA	2024	任务规划、空间推理	QA only	—	—	Rule-Based	Open-ended	829,502
VideoNavQA	2019	任务规划、空间推理	Episodic Memory EQA	SUNCG	House3D	Rule-Based	Open-ended	101,000
SQA3D	2022	任务规划、空间推理	QA only	ScanNet	—	Manual	Multi-choice	33,400
K-EQA	2023	空间推理	Active EQA	—	AI2-THOR	Rule-Based	Open-ended	60,000
OpenEQA	2024	任务规划、空间推理	Active EQA/Episodic Memory EQA	ScanNet/HM3D	Habitat	Manual	Open-ended	1600+
HM-EQA	2024	空间推理	Active EQA	HM3D	Habitat	Manual	Multi-choice	500
S-EQA	2024	空间推理	Active EQA	—	VirtualHome	LLM	Binary	—
MARPLE	2024	任务规划、空间推理	Episodic Memory EQA	—	Mini-BEHAVIOR	Rule-Based	Multi-choice	—
MFE-ETP	2024	任务规划、空间推理	Interactive EQA	—	BEHAVIOR-100/VirtualHome	Manual	Open-ended	1000+
EmbSpatial-Bench	2024	空间推理	Interactive EQA/Active EQA	MP3D/ScanNet/AI2-THOR	—	Rule-Based/LLM	Open-ended	3640
EgoPlan-Bench	2024	任务规划、空间推理	Interactive EQA/Active EQA	Ego4D/EPIC-KITCHENS	—	LLM	Open-ended	4900+
Embodied City	2024	任务规划、空间推理	QA only	Manual	Unreal Engine	LLM	Open-ended	50,400
V-IRL	2024	空间推理	QA only	Google Street View/PLACE Database	—	LLM	Multi-choice	—
VSI-Bench	2024	空间推理	QA only	—	—	Rule-Based/LLM	Single-choice	5000+

表 4-3 中的"数据来源"列指明了数据集构建时所使用的 3D 环境或场景的来源，如 SUNCG、MP3D、ScanNet、HM3D 等。"仿真器"列指出了用于模拟环境或任务的仿真器，如 House3D、MINOS、Habitat 等。"问题生成"列描述了问题是如何生成的，可以是基于规则（Rule-Based）、手动（Manual）或使用大语言模型（LLM）和视觉语言模型（VLM）。"答案生成"列则说明了答案的生成方式，可以是开放式（Open-ended）、单项选择（Single-choice）、多项选择（Multi-choice）或二元选择（Binary）。下面对这些数据集进行简单介绍。

- EQA v1：具身问答的先驱，基于 SUNCG 的合成 3D 室内场景，在 House3D 模拟器中构建。它包含超过 5000 个问题，覆盖 750 多个环境，问题类型包括位置、颜色、房间颜色和介词。这些问题通过功能程序和模板生成，为智能体提供了丰富的问答场景。

- MT-EQA：在 EQA v1 的基础上扩展了单物体问答任务到多物体设置，设计了 6 种类型的问题，涉及多个物体之间的颜色、距离和大小比较。这个数据集在 588 个环境中提出了 19,287 个问题，进一步丰富了问答任务的复杂性。

- MP3D-EQA：基于 Matterport3D 数据集开发的 MINOS 模拟器，将问答任务扩展到真实的 3D 环境。它使用位置、颜色和房间颜色 3 种模板，总共在 83 个家庭环境中生成了 1136 个问题，为智能体提供了真实世界场景下的问答挑战。

- IQUAD V1：基于 AI2-THOR 构建，包含存在性、计数和空间关系 3 种问题类型。这个数据集通过预设模板生成了超过 75,000 个选择题，每个问题都与独特的场景配置相关联，要求智能体对物体的可操作性有良好的理解，并能够与动态环境进行互动。

- RoboVQA（Robot Visual Question Answering）：一个专为机器人视觉问答设计的多模态长视野推理数据集，旨在推动机器人控制程序的发展和知识从虚拟世界到现实世界的可转移性。该数据集包含 829,502 个"视频—文本"对，覆盖了 29,520 个独特的指令，为机器人提供了丰富的视觉问答场景。

- VideoNavQA：将视觉推理与导航相结合，智能体通过观看探索轨迹视频来回答问题。它在 House3D 环境中，基于 SUNCG 数据集，生成了约 101,000 个 "问题—视频" 对，涵盖 8 个类别中的 28 种问题类型，为智能体提供了丰富的视觉和导航信息。

- SQA3D：简化了问答协议，同时保留了具身场景理解的功能。它提供了基于 ScanNet 场景的数据集，包含约 33,400 个问题，旨在评估智能体对复杂室内环境的理解能力和推理能力。

- K-EQA：引入了复杂问题，要求智能体具备先验知识。基于 AI2-THOR，它包含存在性、计数、列举和比较 4 种问题类型，并通过知识图谱生成问题和计算答案，最终包含 60,000 个问题，涵盖 6000 种不同的环境设置。

- OpenEQA：首个支持开放词汇的具身问答数据集，同时涵盖情节记忆和主动探索两种情况。在 Habitat 模拟器中，人类标注者构建了超过 1600 个高质量的问题，这些问题来自 180 多个真实世界环境，为智能体提供了开放词汇和真实场景下的问答挑战。

- HM-EQA：在 Habitat 模拟器中使用 HM3D 构建，包含 267 个场景中的 500 个问题，问题类型包括识别、计数、存在性、状态和位置等。每个问题都有 4 个选择项，为智能体提供了结构化的问答场景。

- S-EQA：在 VirtualHome 中利用 GPT-4 进行数据生成，并采用余弦相似度计算来决定是否保留生成的数据，从而增强数据集的多样性。在 S-EQA 中，回答问题需要评估一组共识物体和状态，以得出一个存在性的 "是 / 否" 答案。

- MARPLE：由斯坦福大学开发的一个用于评估长时推理能力的基准数据集。该数据集通过模拟家庭环境中的智能体交互，支持视觉、语言和听觉等多模态数据，旨在测试模型在日常家庭场景中解决 whodunit（侦探小说）类型问题的能力。数据集包括多模态观察数据和智能体行为轨迹，通过 Mini-BEHAVIOR 模拟器生成。创建过程涉及多层次的规划和模拟，以生成多样化环境和智能体行为。MARPLE 主要应用于机器学习和认知科学领域，旨在解决复杂场景中的长时多模态推理问题。

- MFE-ETP：由天津大学智能与计算学部创建，是一个针对具身任务规划的多模态基础模型综合评估基准。该数据集包含 1184 个高质量测试案例，覆盖 100 个具身任务，涉及对象理解、时空感知、任务理解和具身推理等多个能力维度。数据集的创建过程结合了从 BEHAVIOR-100 和 VirtualHome 平台收集的典型家庭任务数据，并通过人工标注和设计任务指令进行精细化处理。MFE-ETP 数据集主要用于提升多模态基础模型在具身人工智能领域的任务规划能力，旨在解决模型在复杂任务场景中的性能瓶颈问题。

- EmbSpatial-Bench：由复旦大学数据科学与计算机科学学院创建的一个用于评估大型视觉语言模型（LVLM）在具身任务中空间理解能力的基准数据集。该数据集包含 3640 个多选题，覆盖 294 个对象类别和 6 种空间关系，数据来源于 MP3D、ScanNet 和 AI2-THOR 等具身 3D 场景。创建过程涉及从 3D 场景中自动提取空间关系并生成问答对。EmbSpatial-Bench 旨在解决 LVLM 在具身环境中的空间理解能力的评估问题，为具身 AI 系统的发展提供关键支持。

- EgoPlan-Bench：一个专为评估自我中心具身规划中的多模态大语言模型（MLLM）而设计的基准数据集。该数据集由腾讯人工智能实验室创建，包含从真实世界视频中提取的现实任务，涉及与数百种不同对象的交互和来自不同场景的复杂视觉观察。数据集的创建过程涉及自动提取任务目标，并构造基于这些目标的多选题。EgoPlan-Bench 旨在解决 MLLM 在实际环境中作为具身任务规划者的能力评估问题，特别是在需要复杂视觉理解和任务规划的场景中。

- EmbodiedCity：由清华大学构建的，用于评估具身智能在真实城市环境中表现的基准平台。该数据集基于北京市的一个商业区，构建了高度逼真的 3D 模拟环境，包含真实的街道、建筑、城市元素、行人和交通流量。该数据集结合历史收集的真实世界交通数据和模拟算法，模拟了行人和车辆的流动；详细构建了城市建筑的 3D 模型，并提供了完整的输入输出接口，使具身智能体能够轻松获取任务需求和环境观察，并进行决策和性能评估。该数据集旨在解决具身智能在开放户外城市环境中的感知、规划和行动能力问题。

- V-IRL（Virtual Intelligence in Real Life）：一个开源平台，旨在弥合数字世界和物理世界之间的感知差距。通过 V-IRL，智能体可以利用真实的地理空间数据和街景图像，发展出丰富的感官锚定和感知能力。这个平台不仅是开发完成各种实际任务智能体的"游乐场"，还是一个广阔的测试平台，用于衡量感知、决策和与全球范围内的真实数据交互等能力。

- VSI-Bench（Visual-Spatial Intelligence Benchmark）：旨在评估多模态大语言模型在空间认知和理解方面的能力。这个数据集包含超过 5000 个"问题—答案"对，覆盖了近 290 个真实室内场景视频。

在实际使用中，具身问答数据集一般有 3 种用途。第一种是用于训练感知模型的语义对齐能力，以塑造更好的空间感知能力；第二种是用于训练大语言模型或多模态大模型，以提高其空间智能；第三种是用于测试和评估智能体的任务规划与空间推理能力，在这种情况下，具身问答数据集等价于一种基准数据集。

4.1.3 基准数据集

基准数据集可以分为机器人导航数据集和机器人交互数据集。

1. 机器人导航数据集

机器人导航数据集专门用于评估和提升机器人在多样化环境中的自主导航能力。这些数据集详细记录了机器人在执行导航任务时的路径规划、障碍物规避，以及与环境的交互行为。机器人导航数据集的用途在于模拟真实世界中的导航挑战，如室内、室外、复杂地形等场景，以及动态变化的环境条件。通过这些数据集，研究人员可以训练机器人导航算法，使其能够更加智能地规划路径，并在未知环境中实现高效、安全的导航。此外，这些数据集还为评估不同导航策略的性能提供了标准化的测试平台，有助于推动机器人导航技术的发展和创新。

机器人导航数据集的核心功能是测试机器人的视觉语言导航（Vision-Language Navigation，VLN）能力。视觉语言导航是一个多学科交叉的研究领域，它涉及自然语言处理、计算机视觉和机器人导航等多个方面。在这个领域中，研究人员致力于开发能够理解自然语言指令并在复杂环境中进行自主导航的机器人或智能体。VLN 的目标是让一个智能的 Agent 根据自然语言指令和视觉场景探索未见过的现实环境，从而实现导航，找到具体物品等具体任务。VLN 的核心挑战在于，智能体需要综合理解复杂且多样化的视觉场景，同时对自然语言指令进行语义解析，并在不同层次和粒度上匹配视觉线索与语言信息。此外，智能体还需要在一系列候选动作中进行推理与决策，选择最优路径，以满足指令的要求。

2．机器人交互数据集

机器人交互数据集则专注于评估机器人与可操作物体、可交互对象的交互能力，包括物品的抓取与放置、物品的搬运排列、工具的开关与使用，以及与人和动物的互动等关键技能。这类数据集通过提供丰富的交互场景和任务，使机器人能够在模拟或真实环境中练习和完善这些基本技能。机器人交互数据集的用途在于模拟和分析机器人在执行日常任务时的交互行为，这对于提高机器人的自主性和灵活性至关重要。通过这些数据集，研究人员可以开发和优化机器人的交互算法，使其能够更加自然、有效地与可操作物体等进行交互，从而在服务、制造、医疗等领域中发挥更大的作用。这些数据集还为评估机器人交互系统的效率和准确性提供了重要的基准，有助于提升机器人在处理物理任务时的性能。

可以注意到，机器人交互数据集一般会包含机器人导航数据集，因为交互过程本身可能就涉及导航过程。此外，具身问答数据集在有些情况下是基准数据集的一个子集，而在其他情况下，基准数据集也可以作为具身问答数据集使用。并且大部分具身问答数据集和基准数据集都基于仿真环境构建，这是因为仿真环境提供了一个安全、可控且成本效益高的实验平台，使研究者能够在虚拟环境中进行大规模实验。但是，仿真环境中的可交换对象数字资产并不一定是仿真的，它可能由真实世界中扫描得到的点云等数据转换而来，以取得更逼真的视觉效果，缩小仿真与现实的差距。

3．常见的基准数据集

表 4-4 展示了常见的基准数据集，列出了它们的发布年份、基准类型、使用的仿真器、数字资产的数据形式、支持的智能体形式、包含的传感器类型和支持的测试任务。智能体形式包括载具（Vehicle）、无人机（Drone）和机器人（Robots）。

表4-4　常用的基准数据集

数据集	年份	基准类型	仿真器	数据形式	智能体形式	传感器类型	支持任务
CARLA	2017	导航	UE	仿真	Vehicle	RGB-D/GPS/Pose	自动驾驶/组合辅助驾驶
VLN	2018	导航	Matterport3D	仿真	Robots	RGB	语言指令/导航
CVDN	2019	导航、交互	Matterport3D	仿真	Robots	RGB	语言指令/导航/社交
TOUCHDOWN	2019	导航	—	真实	—	RGB	导航
ALFRED	2020	导航、交互	AI2-THOR	仿真	Robots	RGB/RGB-D	语言指令/导航/物体操纵
nuScenes	2020	导航	—	真实	Vehicle	RGB/Rader/LiDAR	自动驾驶/组合辅助驾驶
VLN-CE	2020	导航	Habitat	仿真	Robots	RGB/RGB-D	语言指令/导航
Vis.Room Rearr.	2021	交互	AI2-THOR	仿真	Robots	RGB	物体操纵
ManipulaTHOR	2021	交互	AI2-THOR	仿真	Robots	RGB-D	物体操纵
AVDN	2022	导航	—	真实	Drone	RGB	导航
MetaDrive	2022	导航	PyBullet	仿真	Robots	RGB-D/LiDAR	导航
ProcTHOR-10K	2022	导航、交互	AI2-THOR	仿真	Robots	RGB/RGB-D	导航/物体操纵
HomeRobot	2023	导航、交互	Habitat	真实	Robots	RGB/RGB-D	导航/物体操纵
Arnold	2023	导航、交互	Isaac Sim	仿真	Robots	RGB/RGB-D	语言指令/物体操纵
Behavior-1K	2023	导航、交互	Isaac Sim	仿真	Robots	RGB/RGB-D	导航/物体操纵
Social Navigation	2023	导航、交互	Habitat	真实	Robots	RGB/RGB-D	语言指令/导航/社交/物体操纵
Maniskill2	2023	交互	SAPIEN	仿真	Robots	RGB/RGB-D/Force/Torque/IMU	物体操纵
AerialVLN	2023	导航	UE	仿真	Drone	RGB-D	视觉语言导航
MetaUrban	2024	导航	PyBullet	仿真	Vehicle	RGB-D/LiDAR/Pose	自动驾驶/组合辅助驾驶
GRUtopia	2024	导航	Isaac Sim	仿真	Robots	RGB-D	自动驾驶/组合辅助驾驶
CityNav	2024	导航	WebGL	真实	Drone	RGB-D	视觉语言导航
V-IRL	2024	导航	—	真实	—	RGB	导航/问答/规划
EmbodiedCity	2024	导航	UE	仿真	ALL	ALL	场景理解/问答/导航/规划
ET-Plan-Bench	2024	导航、交互	—	仿真	Robots	RGB-D	导航/问答/规划
EmboDiedBench	2025	导航、交互	AI2-THOR	仿真	Robots	RGB-D	场景理解/导航/问答/规划

下面对这些数据集进行简单介绍。

- CARLA：一个为自动驾驶 / 组合辅助驾驶研究提供的开源仿真平台，包含大量仿真数据，用于开发和验证自动驾驶系统。数据集包括超过 70,000 个模拟驾驶场景，涵盖了不同的天气、光照和交通状况。每个场景提供 RGB 相机（RGB-D）、深度图、激光雷达（LiDAR）、IMU 等传感器的数据，适用于感知、路径规划和控制等领域的研究。通过人类驾驶数据提供多样化的训练样本，并支持多种场景和任务设置的生成。

- VLN：一个视觉语言导航数据集，包含来自 Matterport3D 的 10,000 条室内导航任务，每条任务都配有自然语言描述的导航指令和与之对应的多视角 RGB 图像。任务要求机器人根据语言指令从起点到终点进行导航，数据集中包括图像、导航路径和语义分割标签，用于训练和评估导航模型。

- CVDN：扩展了 VLN 任务，加入了视觉对话元素。数据集包含 14,000 多条由机器人和人类之间对话生成的导航任务，每条任务都提供了一个"问题—回答"形式的指令，指引机器人在室内环境中导航。该数据集基于 Matterport3D 构建，支持多模态模型训练以用于理解自然语言和视觉信息的结合。

- TOUCHDOWN：专注于机器人在动态环境中的视觉语言导航任务。该数据集包含 4000 多个城市和自然环境场景，每个场景都带有详细的图像、自然语言指令和路径信息。任务要求机器人根据自然语言指令从起点导航到目标位置，场景中涵盖了复杂的地理元素，如交通信号、行人、障碍物等。该数据集提供了超过 100,000 条任务实例，适用于多模态学习和机器人导航的研究。

- ALFRED：一个室内视觉语言任务数据集，涵盖 4000 多个家庭环境任务，包括物品的拾取、放置和移动等操作。每个任务配有多步骤的自然语言指令，数据集提供 RGB 图像、深度图，以及机器人状态和目标信息，适用于机器人在家庭环境中的自主任务执行研究。

- nuScenes：一个自动驾驶 / 组合辅助驾驶数据集，提供了 1000 个场景的图像、激光雷达点云、深度图和 IMU 数据。每个场景包含多个传感器的信息，涵盖了车辆、行人、交通信号等动态元素。数据集包含车辆轨迹和交通标志等注释，适用于自动驾驶算法的多任务训练，如目标检测、轨迹预测和路径规划。

- VLN-CE：VLN 任务的扩展，提供了包含超过 14,000 条自然语言导航任务的数据集，每条任务配有多视角的图像和对应的导航指令。该数据集的任务包含从室内到室外的多种环境，支持机器人根据连续的语言指令完成实时导航。VLN-CE 适用于多模态学习和强化学习模型的训练，尤其是在复杂的动态环境中进行导航与避障。

- Vis.Room Rearr.：一个专为视觉理解和室内空间重排任务设计的数据集，包含超过 5000 个房间重排任务。每个任务要求机器人通过视觉输入理解房间布局，并根据指令重新安排家具或其他物品。数据集包括 RGB 图像、深度图和物体位置数据，任务描述涵盖了房间布置、家具类别和空间变换等，旨在提升机器人在复杂室内环境中的空间理解与操作能力，适用于物体识别、场景重排和强化学习任务的研究。

- ManipulaTHOR：一个专为机器人操作任务设计的数据集，包含多个室内场景，如厨房、客厅等，提供大约 10,000 个任务实例。每个任务涉及机器人执行抓取、放置和其他操作任务。数据集包括 RGB 图像、深度图以及物体的状态信息，并配有详细的自然语言指令。这些任务挑战了机器人在复杂室内环境中的视觉理解和精确操作能力，适用于机器人视觉、强化学习和多模态交互研究。

- AVDN：一个面向多智能体协作导航的数据集，包含超过 20,000 个多智能体任务实例，涉及室内和户外环境的导航任务。每个任务包括来自多个智能体的数据，包括视觉输入、路径规划、协作任务等。数据集支持多种智能体协作任务，如避障、路径选择等，适用于多智能体系统的训练和评估。该数据集特别关注如何通过视觉输入和多模态反馈优化多智能体的协作与决策。

- MetaDrive：一个面向自动驾驶 / 组合辅助驾驶的强化学习数据集，包含超过 50,000 个驾驶场景，涵盖了城市道路、交叉路口、信号灯等多种复杂交通场景。每个场景都配有 RGB 图像、激光雷达、车辆状态信息等多模态数据，支持自动驾驶算法的训练与评估。MetaDrive 特别适合多任务学习和强化学习，通过提供不同驾驶任务可帮助研究人员开发高效的自动驾驶策略。

- ProcTHOR-10K：一个室内操作任务数据集，包含约 10,000 个任务实例，重点关注机器人在复杂室内环境中的任务执行。每个任务都涉及物体的抓取、放置和操作，场景设置包括厨房、办公室和家庭等。数据集提供了 RGB 图像、深度图、机器人轨迹数据，以及物体状态信息，特别适合操作任务的视觉理解和强化学习算法的训练，涵盖了丰富的物体交互和室内导航场景。

- HomeRobot：一个专为家用机器人设计的数据集，包含超过 20,000 个家庭场景任务。该数据集提供了家居环境中的多种任务实例，包括清洁、物品搬运和协助任务。每个任务都配有 RGB 图像、深度图和机器人行为轨迹数据，适用于机器人在家庭环境中的自适应学习和多模态协作研究。HomeRobot 数据集涵盖了各种家具布局和家庭场景，旨在推动家庭机器人在复杂环境中的行为识别与执行能力的提升。

- Arnold：面向机器人路径规划和动态控制任务的强化学习数据集，包含大约 15,000 个任务实例。每个任务包括机器人从起点到终点的多步骤行动，以及动态避障和路径选择的训练数据。数据集提供了 RGB 图像、深度图和机器人位置信息，支持机器人在动态环境中自我学习和行为优化，适用于路径规划和强化学习算法的研究。

- Behavior-1K：一个针对机器人行为学习的大规模数据集，包含 1000 个不同的行为任务。每个任务都涉及机器人在复杂环境中的行为选择，包括导航、抓取、搬运和交互等。该数据集提供了 RGB 图像、深度图、语音指令和机器人传感器数据，适用于机器人行为学习和多模态强化学习任务。Behavior-1K 的任务具有高度的多样性，涵盖了室内和户外不同场景下的任务执行。

- Social Navigation：专注于机器人与人类和其他机器人之间的社交互动，包含超过 10,000 个路径规划任务。任务要求机器人在室内和户外环境中与人类和其他机器人进行互动，避开障碍物并选择最优路径。该数据集提供 RGB 图像、激光雷达数据以及任务指令，支持多模态学习和多智能体协作研究，特别是它能在人类与机器人共存的环境中优化路径选择和行为决策。

- Maniskill2：一个机器人操作技能数据集，包含超过 25,000 个操作任务。任务包括物体抓取、移动、拼接、旋转等，数据集提供 RGB 图像、深度图和机械臂的动作轨迹信息。每个任务都配有详细的自然语言指令，指导机器人完成操作。Maniskill2 适用于机器人在动态环境中的操作和物体交互能力的训练，特别适合工业和家庭服务机器人。

- AerialVLN：聚焦空中导航任务，特别适合无人机和空中机器人的视觉语言导航。该数据集中包含大约 15,000 个空中导航任务，每个任务配有自然语言描述和无人机的飞行轨迹。任务涵盖了多种空中环境，包括城市、乡村和山区，且每个任务提供的视觉输入包括 RGB 图像、深度图和 IMU 数据，特别适合强化学习和视觉导航任务的研究。

- MetaUrban：一个针对城市环境机器人任务设计的数据集，包含 10,000 多个高密度城市环境的模拟数据。该数据集包含大量的城市街区、道路、建筑物及人群等场景，提供了详细的 RGB 图像、激光雷达点云及交通信息。每个任务都配有自然语言指令，要求机器人根据这些指令执行导航、避障或物体抓取等任务，特别适合智能城市中的多模态学习与机器人自适应导航研究。

- GRUtopia：一个面向城市机器人导航的多模态数据集，包含了超过 40,000 个导航任务实例。该数据集覆盖了多种虚拟城市环境，场景包含不同的街道布局、建筑物和障碍物，且每个任务都有自然语言描述与对应的路径信息。主要用于训练机器人在复杂城市环境中的导航能力，并融合了多种感知输入，如 RGB 图像、深度图和传感器数据，适用于视觉导航和路径规划任务。

- CityNav：一个城市级别的导航数据集，包含 32,637 条自然语言描述的任务和 5850 个地理对象，使用了真实城市的 3D 点云数据。任务要求机器人根据描述的路径在城市环境中进行导航，数据集通过标注的轨迹提供了一个基于地图的基线方法，用于开发导航和路径规划模型。

- V-IRL：一个为视觉逆强化学习任务设计的数据集，包含超过 30,000 个任务实例。数据集提供多个环境的图像数据，每个任务都包括视觉输入、动作演示和奖励标签，支持机器人通过逆向推理进行自我学习。特别适合视觉感知和决策制定的强化学习任务，涵盖了导航、目标追踪和动作选择等任务，旨在提高机器人在复杂环境中的自主学习能力。

- EmbodiedCity：该数据集主要应用于具身智能的评估和训练，旨在解决具身智能在开放户外城市环境中的感知、规划和行动能力问题。数据集的显著特点在于其高度真实的 3D 城市环境，不仅包含建筑物和街道的精细建模，还模拟了动态元素，如车辆和行人的行为。此外，数据集涵盖了多种 EmbodiedAI 任务，如场景描述、问答、对话、视觉语言导航和任务规划，这些任务全面覆盖了感知、推理和决策 3 个关键方面。该数据集构建了一个 2.8 千米 ×2.4 千米的北京区域的 3D 模型，包括约 200 栋建筑和 100 条街道，总长度约 50 千米。此外，还包括了 6000 多个城市元素，如街道家具、植被和城市设施，以增强城市模拟的真实性。

- ET-Plan-Bench：由华为提出的一个面向具身任务规划的基准测试平台，专门用于评估 LLM 在具身任务规划中的应用能力。该基准测试平台包含一系列可控且多样化的具身任务，这些任务在难度和复杂性上有所不同，旨在评估 LLM 在具身任务理解中的两个关键维度——空间（关系约束、目标对象的遮挡）和时间及因果关系（环境中行动序列的理解）。通过使用多源模拟器作为后端模拟器，ET-Plan-Bench 能够为 LLM 提供即时的环境反馈，使 LLM 能够与环境动态交互，并根据需要重新规划。

- EmboDiedBench：一个基准测试平台，旨在评估视觉驱动的具身智能体。它在 4 种环境中设置了 1128 个多样化测试任务，涵盖从高级语义任务（如家庭任务）到涉及原子动作的低级任务（如导航和操作）。EmboDiedBench 精心策划了 6 个子集，用于评估智能体的关键能力，如常识推理、复杂指令理解、空间感知、视觉感知和长期规划能力。

4.2 机器人训练数据集的基本规范

如上一节所述,基准数据集一般不参与具身智能模型的训练,具身智能模型或机器人学习用的训练数据集可以是演示数据集或具身问答数据集。前者用于小脑的训练,后者用于大脑的训练,二者一起可以用于端到端模型的训练。本书重点关注用于机器人训练的数据,因此本节将基于机器人训练数据集,设计相应的基本架构规范和基本指标规范。

4.2.1 机器人训练数据集的基本架构规范

机器人训练数据集的基本架构规范是确保数据一致性、可靠性和可用性的关键,对开发稳健且通用的机器人操作策略至关重要。通过标准化数据集基本架构,可以提升数据集的通用性和互操作性,促进不同公司或研究机构间的数据共享和开源。此外,统一的数据集基本架构有助于对数据质量进行客观、全面的判断,进而实现规范化的数据管理,推动规模化数据集的建设。这样的规范可以解决业内数据集标准不一、数据质量参差不齐、数据通用性和复用性差等问题,从而提升数据集的实用性和有效性。

机器人训练数据集的基本架构规范如图 4-2 所示。它对机器人训练数据的来源、数据流和数据采集端点的功能和内容进行了描述,用于指导数据集的构建和规范数据集内部的数据描述格式。该规范同样适用于真实世界采集的数据和仿真环境生成的数据,无论是采集人员还是仿真人员,都可以参考此规范来构建数据集,从而便于不同数据集格式之间的相互转换。

1. 数据集构建规范

如图 4-2 所示,机器人训练数据集的构建需要满足以下条件。

- 机器人训练数据集的数据源是单个或多个机器人。
- 机器人训练数据集的数据流来自机器人在真实环境或仿真环境中执行不同任务的执行过程。
- 机器人训练数据集的数据流包含不同类型的数据,如型号数据、场景数据、任务数据、执行数据等。
- 机器人训练数据集的采集端点负责接收数据流,并在采集完成后添加采

集 / 提交的人员 / 单位信息和许可协议信息作为整个数据集的标签。

● 机器人训练数据集的数据结构需要进行金字塔结构化。

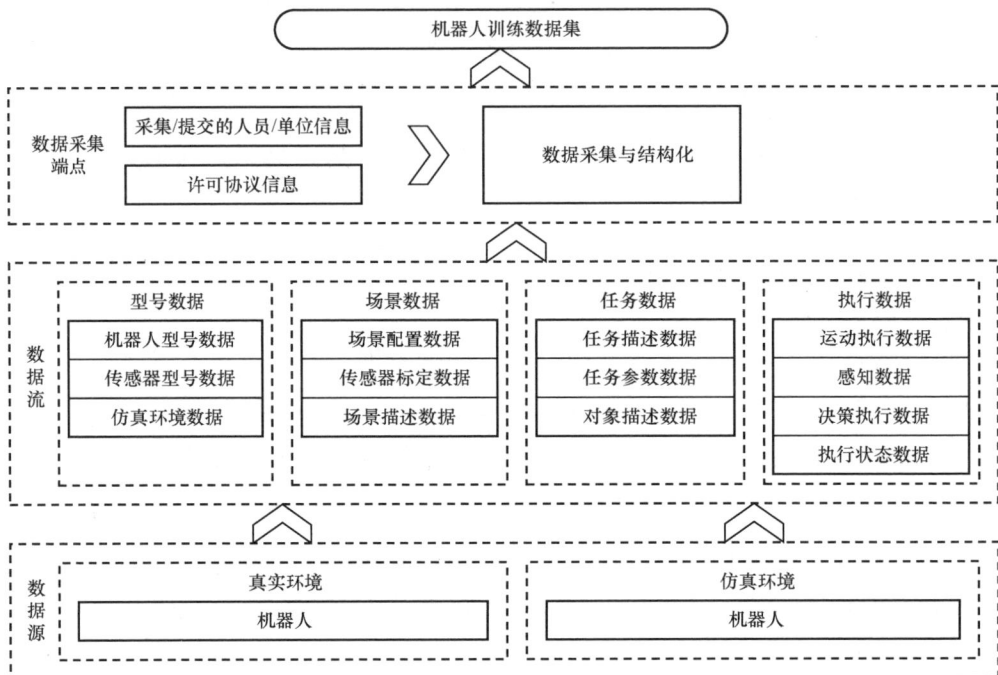

图 4-2   机器人训练数据集的基本架构规范

数据结构化指将采集得到的数据按金字塔结构层级进行整理，其结构化规则并非固定不变的，而要根据实际数据采集情况而定。例如，可按不同机器人型号将机器人型号作为或设计为顶层，按不同场景将场景数据作为第二层，按不同任务将任务数据作为第三层，按不同执行次数将执行数据作为第四层；也可以按不同场景将场景数据作为顶层，按不同机器人型号将型号数据作为第二层，按不同任务将任务数据作为第三层，按不同执行次数将执行数据作为第四层。

2. 数据描述格式规范

机器人训练数据集的基本架构应尽可能包含有用的训练数据类型，以最大兼容后续的模型训练要求。下面列出了机器人训练数据集应当包含的数据类别和相应的数据描述格式的基本规范。

（1）型号数据

● **机器人型号数据**

◆ 机器人硬件型号名称与版本数据：使用字符串或结构化格式描述。

◆ 机器人软件型号与版本数据：使用字符串或结构化格式描述。

◆ 机器人描述文件数据：使用 URDF 文件格式或其他机器人描述格式记录的机器人描述文件。

● **传感器型号数据**

◆ 机器人传感器型号名称与版本数据：使用字符串或结构化格式描述机器人使用了哪些传感器、传感器的型号和版本。

◆ 机器人各类传感器数量与状态数据：使用整型数字描述机器人各型号传感器的数量，使用字符串或标识符描述各传感器的状态（正常 / 异常）。

● **仿真环境数据（可选）**

◆ 仿真环境软件平台与版本数据：使用字符串或结构化格式描述仿真环境软件平台的型号和版本。

◆ 仿真环境硬件平台数据：使用字符串或结构化格式描述仿真环境硬件平台的构成，如 CPU 型号、GPU 型号、内存型号等。

（2）场景数据

● **场景配置数据**

◆ 机器人所处场景的分类数据：使用字符串、标识符或结构化格式描述的场景分类，如室内 / 室外、草地 / 沙地、白天 / 黑夜、光照条件、天气状况等。

◆ 机器人所处场景的地图数据：遵循某一标准格式绘制的地图数据，如栅格地图、特征地图、点云地图、概率地图等。

● **传感器标定数据**

◆ 机器人各传感器的内参标定数据：遵循各类传感器的内参标定数据格式。

◆ 机器人各传感器的外参标定数据：遵循各类传感器的外参标定数据格式。

- **场景描述数据（可选）**
  - ◆ 机器人所处真实环境下场景的静态可交互对象的描述数据：以坐标或文本或结构化格式等记录的柜子、门窗、沙发等静态可交互对象的位姿和状态。
  - ◆ 机器人所处真实环境下场景的动态可交互对象的描述数据：以坐标或文本或结构化格式等记录的人员、车辆、其他机器人等动态可交互对象的位姿和状态。
  - ◆ 机器人所处仿真环境下场景的建模数据：遵循使用的仿真环境软件平台的格式规范。

（3）任务数据

- **任务描述数据**
  - ◆ 机器人接收任务的内容数据：使用字符串、标识符或结构化格式描述的任务内容，如"把苹果放进冰箱""任务 A""Move <Object> to <Place>"等。
  - ◆ 机器人接收任务的分类数据：使用字符串或标识符描述的任务分类，如拾取、摆放、排序、按压等。

- **任务参数数据**
  - ◆ 机器人本体与各关节的初始位姿与状态数据：遵循机器人本体与各关节的原始数据格式规范。
  - ◆ 机器人各传感器的初始状态数据：遵循机器人各传感器的原始数据格式规范。

- **对象描述数据（可选）**
  - ◆ 机器人需操作的对象的属性描述数据：使用字符串、标识符或数字描述的操作对象的类别，如形状、材料、刚体 / 柔体、大小尺寸等。
  - ◆ 机器人需操作的对象的状态描述数据：使用字符串或标识符描述的操作对象的状态，如静止 / 运动、干燥 / 潮湿、竖立 / 倒伏等。
  - ◆ 仿真环境下机器人需操作的对象的描述数据：遵循使用的仿真环境软件平台的格式规范。

（4）执行数据

- 运动执行数据
    - ◆ 机器人本体的运动数据：使用结构化格式描述的带时间戳的机器人本体的运动数据，如不同时刻的位置、速度、角度等。
    - ◆ 机器人肢体的运动数据：使用结构化格式描述的带时间戳的机器人肢体的运动数据，如不同运动关节在不同时刻的位置、速度、受力、偏转角度等。
    - ◆ 遥操作运动数据（可选）：使用结构化格式描述的带时间戳的遥操作运动数据，如遥操作人员在不同时刻的位置、速度、角度等，遥操作人员运动关节在不同时刻的位置、速度、受力、偏转角度等。
- 感知数据
    - ◆ 机器人感知数据：带时间戳的遵循机器人各传感器的原始数据格式，如各类标准的 RGB、深度、红外、点云、IMU、触觉、超声传感数据格式。
    - ◆ 内部状态感知数据（可选）：机器人内部的带时间戳的各类传感器的数据，遵循机器人内部的各类传感器的原始数据格式，如资源占用变化数据、温度变化数据、通信资源占用变化数据。
    - ◆ 外部感知数据（可选）：遵循机器人外部的带时间戳的各类传感器的原始数据格式，如视觉动作捕捉数据遵循视觉动作捕捉数据格式、遥操作感知数据遵循遥操作感知数据格式。
- 决策执行数据（可选）
    - ◆ 机器人的推理源数据：使用结构化格式描述的推理源信息，如大模型版本信息、部署方式（在线 / 离线）、推理延迟。
    - ◆ 机器人的推理过程数据：使用字符串、代码或结构化格式描述的带时间戳的机器人的推理过程。
    - ◆ 机器人的决策结果数据：使用字符串、标识符或结构化格式描述的带时间戳的机器人的决策结果。
- 执行状态数据（可选）
    - ◆ 机器人在执行任务过程中的状态变化数据：使用结构化格式描述的

带时间戳的执行状态变化，如"抬起左臂""原地踏步""蹲下"等。

- ◆ 机器人在执行任务完成后的结果判断数据：使用字符串或标识符描述的执行结果，如"任务执行成功""任务执行失败"等。
- ◆ 仿真环境执行参数数据：每次执行时的仿真环境各项参数，如仿真的帧率和仿真环境域随机化参数数据，遵循使用的仿真环境软件平台的格式规范。

4.2.2　机器人训练数据集的基本指标规范

机器人训练数据集的基本指标规范用于对采集到的数据质量进行兜底，从而确保训练数据的可靠性和可用性。该基本指标规范应当被视为采集数据的质量下限，低于该基本指标规范的数据应当被视为不可用。

1. 数据采集的空间指标规范

● 空间运动分辨率

机器人本体和各关节在采集数据时的空间运动分辨率要求如下。

- ◆ 机器人本体在空间运动中的空间分辨率应小于或等于 0.01 m。
- ◆ 机器人各关节在空间运动中的空间分辨率应小于或等于 0.1 mm。

● 空间运动角分辨率

机器人本体和各关节在采集数据时的空间运动角分辨率要求如下。

- ◆ 机器人本体在空间运动中的角分辨率小于或等于 0.5°。
- ◆ 机器人各关节在空间运动中的角分辨率小于或等于 0.1°。

● 空间感知分辨率

机器人空间感知传感器在采集数据时的空间感知分辨率要求如下。

- ◆ 机器人在空间中的 2D 视觉感知分辨率应大于或等于 200 万像素。
- ◆ 机器人本体在空间中的 2D 视觉感知的可视角度应大于或等于 45°。
- ◆ 机器人末端执行器在空间中的 2D 视觉感知（若有）的可视角度应大于或等于 45°。

● 空间运动精度

机器人本体和各关节在采集数据时的空间运动精度要求如下。

- ◆ 机器人本体在空间运动中的正常运动中的定位误差应小于或等于 0.5 m。

- ◆ 机器人各关节在空间运动中的定位误差应小于或等于 1 mm。
- ◆ 机器人本体在空间运动中的正常运动中的角误差应小于或等于 3°。
- ◆ 机器人各关节在空间运动中的角误差应小于或等于 1°。

- **空间感知精度**

机器人空间感知传感器在采集数据时的空间感知精度要求如下。

- ◆ 机器人本体在感知范围 0.5 m 内的 3D 深度估计误差应小于或等于 2 cm。
- ◆ 机器人本体在感知范围 20 m 内的 3D 点云密度（若有）应大于或等于 10 点 /m²，角度分辨率误差应小于或等于 0.5°。
- ◆ 机器人末端执行器在感知范围 0.5 m 内的 3D 深度估计（若有）误差应小于或等于 2 cm。

2．数据采集的时间指标规范

- **时间长度**：机器人单次数据采集实例的时间长度应大于或等于 0.5 s。
- **时间分辨率**：机器人部分数据采集时间分辨率要求如下。
  - ◆ 机器人本体运动数据采集的时间分辨率应小于或等于 1 ms。
  - ◆ 机器人各关节运动数据采集的时间分辨率应小于或等于 1 ms。
  - ◆ 机器人各传感器数据采集的时间分辨率应小于或等于 1 ms。
- **时间精度**
  - ◆ 系统时间同步误差：数据采集设备的系统时间与当地标准时间的误差应小于或等于 1 s。
  - ◆ 采集延迟时间：机器人所有数据的采集延迟时间应小于或等于 50 ms。
  - ◆ 采样时间偏移（同步）误差：各数据应以对齐的采样点进行采集，机器人所有数据的采样点时间偏移误差应小于或等于 1 ms。
  - ◆ 采样时间漂移（震荡）误差：各数据应以稳定的采样周期进行采集，机器人所有数据的采样点时间漂移误差应小于采样周期的 10%。

3．其他感知数据的采集指标规范

- 触觉传感器（若有）阵列的单点压力检测阈值应小于或等于 5 g，空间定位精度误差应小于或等于 0.5 mm。
- 声学传感器（若有）频率响应范围须覆盖 20Hz ～ 20kHz，信噪比应大于或等于 70 dB，采样率应大于或等于 44.1 kHz。

- 温度传感器（若有）需在 -20℃～ 80℃工作范围内保持 ±0.5℃测量精度，热响应时间应小于或等于 3 s。

4.3   人形机器人数据采集规范

人形机器人因其与人类相似的运动与操作能力，已成为具身智能时代最具代表性的机器人形态。具身智能软件能够赋予人形机器人类似人类的空间理解、推理反思、自我学习和决策执行能力，是实现通用人工智能的关键技术之一。

受到自然语言大模型和多模态大模型近期进展的启发，产业界和学术界普遍认为多模态技术和强化学习是实现具身智能的关键技术路径，数据是模型训练和评估的基础，因此对人形机器人的具身模型而言，数据采集与整理显得尤为重要。

人形机器人结构复杂，包含多种传感器、执行器和复杂的计算平台，这给人形机器人的数据采集与整理带来了诸多挑战。例如，传感器数据的同步、执行器和计算系统的实时性，都需要在数据采集过程中予以考虑。此外，尽管人形机器人产业近年来逐渐兴起，但系统研发仍处于发展阶段，缺乏统一的数据采集规划和标准。这导致关键零部件和核心软件的数据采集可能无法满足模型训练和软件开发的需求，因此，即便在人形机器人发展的初期，为数据采集与处理提供规范和指导也显得尤为重要。

由于人形机器人核心零部件众多且计算系统复杂，很难为每个零部件制定详细的数据采集规范。因此，读者需要的是一套结构清晰、能够指导数据采集实践的规范，这套规范应将人形机器人本体、数据采集与处理及数据应用紧密结合。具体而言，数据采集规范应涵盖以下几个方面。

1）人形机器人采集数据的数据源。

2）人形机器人采集数据的类型。

3）人形机器人采集数据的接口。

4）人形机器人采集数据的预处理方式。

为此，本节将引入人形机器人数据采集模型，详细介绍该模型涉及的数据采集原则和方法。我们希望读者通过这一模型能够从概念层面深入理解人形机器人数据采集系统及其核心组件，并能够基于该模型设计和实现面向实际应用的人形机器人数据采集系统。

4.3.1　人形机器人数据采集模型

人形机器人数据采集的对象涵盖人形机器人本体的传感器设备、执行器硬件、计算硬件及人形机器人的任务程序，这些组件共同构成了人形机器人的核心架构。

人形机器人的数据采集发生在人形机器人的应用环境中，这些环境可能包括工业生产线、家庭服务场景、医疗护理场所等。采集的数据不仅用于优化人形机器人的性能，还支持其在各种复杂场景中的自主决策和任务执行。因此，数据采集的质量和效率直接影响人形机器人的实际应用效果。

人形机器人数据采集模型介于人形机器人本体数据源与数据应用之间，抽象与归纳人形机器人数据应用涉及的数据类型与数据采集接口。人形机器人数据采集模型包括数据类型、数据接口类型和预处理方式，如图4-3所示。

1. 数据类型

人形机器人数据采集涵盖多种类型的数据，根据数据的用途和来源，可以将数据类型分为以下几类。

（1）参数数据

参数数据用于描述人形机器人本体结构、传感器内外结构和执行器结构。这些数据是机器人设计、仿真和调试的基础，具体包括如下参数。

- 人形机器人双臂参数：包括关节数量、关节类型（旋转关节或平移关节）、关节运动范围、关节扭矩、关节速度等。
- 人形机器人双腿参数：包括腿部结构、关节数量、步态参数（如步长、步频）、支撑腿和摆动腿的运动参数等。
- 人形机器人双手（灵巧手）参数：包括手指数量、关节自由度、抓取能力、传感器分布等。
- 传感器设备内部参数（内参）：如摄像头的分辨率、焦距和光圈，麦克风的灵敏度和频率响应，压力传感器的量程和精度等。
- 传感器设备外部参数（外参）：如传感器的安装位置、朝向、与机器人的相对位置关系等。

- 执行器设备内部参数：如电机的型号、功率和效率，舵机的扭矩和转速，液压缸的压力和流量等。

- 执行器设备外部参数：如执行器的安装位置、连接方式、与机器人的相对位置关系等。

人形机器人 数据应用	模型训练	系统开发	系统调试	系统验证

数据预处理 方式	异常数据处理	标准化数据格式	质量评估	数据标注

数据接口 类型	传感器与执行器的数据通信接口	人形机器人远程控制接口	人形机器人参数与配置数据接口

	参数数据	环境与计算系统 状态数据	本体状态数据	配置数据
数据类型	人形机器人双臂参数	传感器采集的图像数据	灵巧手传感器和执行器数据	人形机器人手、臂和腿的执行器配置
	人形机器人双腿参数	传感器采集的点云数据	人形机器人惯性传感器数据	人形机器人手、臂和腿的传感器配置
	人形机器人双手参数	传感器采集的人机语音交互数据	人形机器人臂和腿传感器数据	环境传感器配置
	传感器设备内参与外参	人形机器人环境感知程序数据	人形机器人臂和腿执行器数据	人形机器人软件配置
	执行器设备参数	计算硬件状态数据	人形机器人位置与运动状态估计程序数据	计算系统配置

人形机器人 本体数据源	人形机器人传感器设备	人形机器人执行器	人形机器人计算系统	人形机器人任务程序

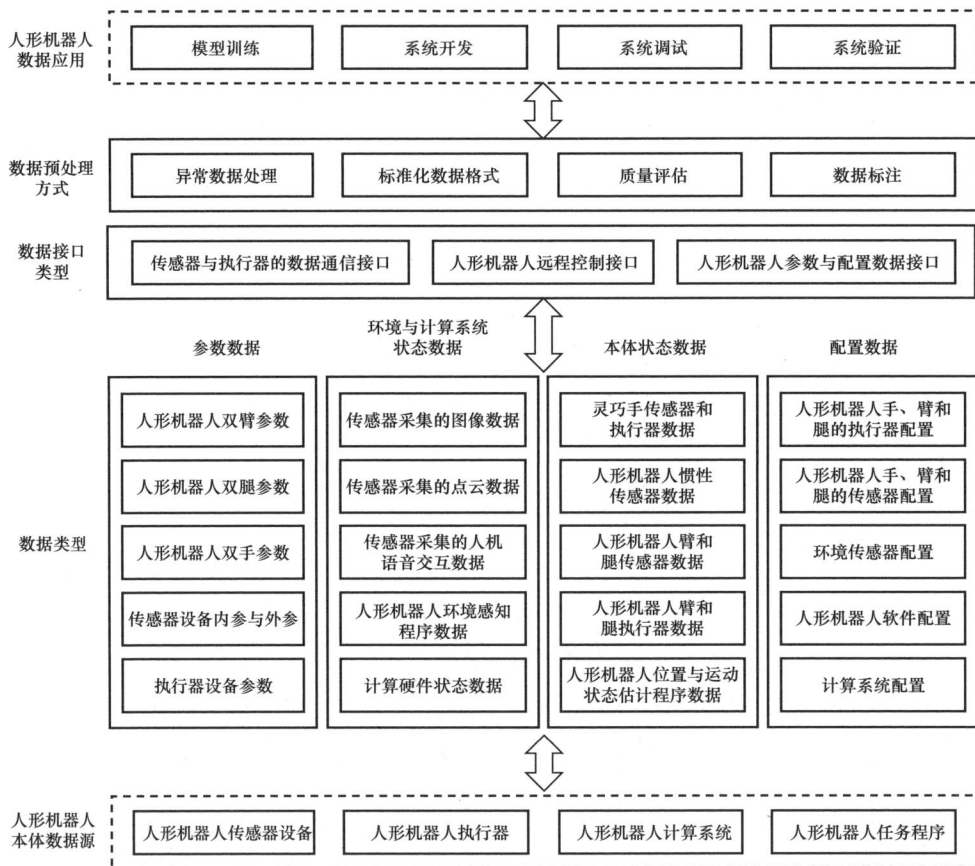

图 4-3   人形机器人数据采集模型

（2）环境与计算系统状态数据

这类数据用于描述人形机器人运行的外部环境状态，以及机器人软件运行的内部环境状态。

- 传感器采集的图像与点云数据：如摄像头采集的 RGB 图像、深度相机采集的深度图像和点云数据，用于环境感知和建图。

- 传感器采集的人机语音交互数据：如麦克风采集的语音指令、语音识别结果，用于语音交互和自然语言处理。
- 人形机器人环境感知程序数据：如物体检测、目标跟踪、路径规划等模块的输出数据，用于机器人的自主决策。
- 计算硬件状态数据：如 CPU 的利用率、GPU 的负载、内存的使用情况、温度传感器的读数等，用于监控和优化计算系统的性能。

（3）本体状态数据

这类数据用于描述人形机器人本体及其组成模块的实时状态。

- 灵巧手传感器数据：如手指关节的角度、力矩传感器的读数、触觉传感器的接触信息等。
- 灵巧手执行器数据：如执行器的指令、反馈信号、控制算法的参数等。
- 人形机器人惯性传感器数据：如加速度计、陀螺仪、磁力计的读数，用于机器人的姿态估计和运动控制。
- 人形机器人臂和腿传感器数据：如关节角度、关节速度、关节扭矩等。
- 人形机器人臂和腿执行器数据：如执行器的指令、反馈信号、控制算法的参数等。

（4）配置数据

配置数据用于设置机器人硬件与软件的工作模式，确保机器人在不同任务和环境中能够正常运行。

- 人形机器人手、臂和腿的执行器配置：如执行器的初始位置、工作范围、控制模式等。
- 人形机器人手、臂和腿的传感器配置：如传感器的采样率、分辨率、触发条件等。
- 环境传感器配置：如摄像头的曝光时间和焦距调整、麦克风的增益设置等。
- 人形机器人软件配置：如机器人的工作空间、任务目标、安全区域等。
- 计算系统配置：如计算硬件的资源分配、任务调度策略、软件模块的加载顺序等。

2. 数据接口类型

人形机器人的数据接口是连接机器人本体、传感器、执行器、计算系统及外部控制设备的关键部分。这些接口确保了数据的高效传输和交互，从而支持机器人的感知、决策和执行功能。根据不同的数据应用需求，人形机器人的数据接口可以分为以下几类。

（1）传感器与执行器的数据通信接口

该类接口用于实现机器人内部各部件之间的数据传输及与外部设备的通信，以下是常见的数据通信接口。

- 以太网接口：用于高速数据传输，支持机器人与外部计算设备或网络的连接。
- USB 接口：用于连接外部传感器、存储设备或调试工具。
- CAN 总线接口：广泛应用于工业控制和汽车电子，支持机器人内部各部件之间的可靠通信。

（2）人形机器人参数与配置数据接口

该类接口用于设置和调整机器人硬件与软件的工作模式。

- 串口接口：用于配置传感器、执行器和计算硬件的参数。
- 网络接口：通过以太网或 Wi-Fi 进行远程配置和参数更新。
- 配置文件接口：支持通过文件系统加载和保存配置数据。

（3）人形机器人远程控制接口

该类接口用于实现对人形机器人的远程操作和监控。

- VR/AR 接口：通过虚拟现实或增强现实设备实现对机器人的远程操作。
- 语音控制接口：通过语音识别技术实现对机器人的语音指令控制。
- 无线通信接口：支持通过 Wi-Fi、蓝牙或蜂窝网络进行远程控制。

3．数据预处理方式

为了保证采集数据的质量，确保其能够有效地服务于人形机器人的系统开发、模型训练、系统调试与验证，需要对采集的数据进行预处理。数据预处理的目的是保证数据的完整性、一致性和准确性，从而提高数据的可用性和价值。数据预处理步骤包括但不限于以下措施。

（1）异常数据处理

异常数据是指在数据集中明显偏离正常范围的值，这些值可能由传感器故障、数据传输错误或环境干扰而产生。处理异常数据是数据预处理的重要环节，具体措施如下。

- 识别离群点：通过统计方法（如 Z-score、IQR）或机器学习算法（如 Isolation Forest）检测数据中的离群点。
- 修正错误数据：对检测到的异常值进行修正，如进行插值或替换为邻近值。
- 消除冗余数据：去除重复或高度相似的数据点，以减少数据冗余。
- 填补缺失数据：使用插值、均值填充或基于模型的预测方法填补缺失的数据点。
- 过滤噪声：应用滤波算法（如低通滤波器、高通滤波器）去除数据中的噪声，提高数据的清晰度和可用性。

（2）标准化数据格式

数据格式的标准化是确保数据一致性的关键步骤，具体措施如下。

- 统一数据格式：将所有数据转换为统一的格式，如将图像数据统一为 RGB 格式，将传感器数据统一为浮点数格式。
- 统一数据单位：确保所有数据使用一致的单位，如将所有距离数据单位转换为米，将所有角度数据单位转换为弧度。
- 统一命名规则：制定并遵循一致的命名规则，确保数据的可读性和可管理性。
- 数据对齐：对多源数据进行时间戳对齐，确保不同传感器数据在时间上的一致性。

（3）质量评估

质量评估是对数据预处理后的综合评估，以确保数据满足使用标准。具体措施如下。

- 数据完整性检查：验证数据是否完整，是否存在缺失或不完整的记录。
- 数据一致性检查：验证数据是否在逻辑上一致，如传感器数据是否符合物理规律。
- 数据准确性评估：通过与已知标准或参考数据进行对比，评估数据的准确性。
- 数据质量报告：生成数据质量报告，记录数据的统计信息、异常点数量、处理方法等，为后续的数据使用提供参考。

（4）数据标注

数据标注是在采集的原始数据上增加额外信息，将数据转换为可供机器学习模型训练和评估的结构化数据。具体措施如下。

- 目标检测标注：在图像或视频数据中标注目标对象的位置和类别。
- 语义分割标注：对图像中的每个像素进行分类标注，以实现对不同物体和背景的区分。
- 语音标注：对语音数据进行转录和标注，包括语音识别、情感分析等任务。
- 行为标注：对人形机器人的行为数据进行标注，如动作序列、任务执行结果等。
- 多模态数据标注：对融合了图像、语音、文本等多种模态的数据进行综合标注，以支持多模态模型的训练。

4.3.2   人形机器人数据要求

1. 数据内容要求

为了确保人形机器人数据采集的完整性和一致性，数据内容需要满足以下详细要求。这些要求涵盖了传感器数据、执行器数据、软件数据、参数数据和配置数据，确保数据的标准化和可用性。

（1）传感器数据

采集的传感器数据包括环境传感器采集的图像和点云数据，人形机器人本体中手、臂和腿执行机构的传感器数据及语音交互数据。这类数据应包含以下几方面的内容。

- 时间戳：数据采集的具体时间，用于同步和追踪数据的时间序列。
- 传感器设备类型：传感器的具体类型，如"RGB 摄像头""深度摄像头""力矩传感器""麦克风"等。
- 传感器设备在人形机器人本体的标识：传感器在机器人本体上的位置或标识符，如"左臂摄像头""右手力矩传感器""头部麦克风"等。
- 传感器数据格式：数据的具体格式，如 RGB 图像、点云数据、音频文件、浮点数数组等。

- 传感器的数据：实际的传感器数据，如图像文件、点云数据、音频文件、力矩值等。

（2）执行器数据

采集的执行器数据包括人形机器人本体中手、臂和腿的执行器的数据。这类数据应包含以下几方面的内容。

- 时间戳：数据采集的具体时间，用于同步和追踪数据的时间序列。
- 执行器设备类型：执行器的具体类型，如电机、舵机、液压缸等。
- 执行器设备在人形机器人本体的标识：执行器在机器人本体上的位置或标识符，如左腿电机、右手舵机等。
- 执行器数据格式：数据的具体格式，如角度值、扭矩值、电流值等。
- 执行器的数据：实际的执行器数据，如关节角度、扭矩值、电流值等。

（3）软件数据

人形机器人软件数据包括人形机器人软件提取的环境状态、本体位置和运动状态等数据。这类数据应包含以下几方面的内容。

- 时间戳：数据采集的具体时间，用于同步和追踪数据的时间序列。
- 软件模块标识：产生数据的软件模块的唯一标识符，如环境感知模块、运动控制模块、语音交互模块等。
- 软件数据的格式：数据的具体格式，如 JSON 格式、二进制文件、文本文件等。
- 软件模块产生的数据：实际的数据内容，如环境状态描述、本体位置坐标、运动速度、语音转文字结果等。

（4）参数数据

人形机器人参数数据包括人形机器人传感器与执行器的内部参数与外部参数，以及表述人形机器人本体中手、臂和腿的结构参数数据。这类数据应包含以下几方面的内容。

- 数据版本：参数数据的版本号，用于追踪数据的更新和历史记录。
- 更新时间：参数数据最后更新的时间戳，确保数据的时效性。
- 硬件类型（可选）：相关硬件的类型，如机械臂、灵巧手、传感器等。
- 硬件标识（可选）：硬件的唯一标识符，用于区分不同的硬件组件。

- 参数类型：参数的具体类型，如关节角度、传感器分辨率、执行器扭矩等。
- 参数数据：参数的具体数值，如 $180°$、$1024×768$、$50\,N \cdot m$ 等。

（5）配置数据

人形机器人配置数据涉及人形机器人计算系统配置、执行器和传感器配置，以及算法和软件配置。这类数据应包含以下几方面的内容。

- 数据版本：配置数据的版本号，用于追踪数据的更新和历史记录。
- 更新时间：配置数据最后更新的时间戳，确保数据的时效性。
- 硬件类型：相关硬件的类型，如计算平台、传感器、执行器等。
- 硬件标识：硬件的唯一标识符，用于区分不同的硬件组件。
- 软件版本：相关软件的版本号，如操作系统 v1.0、环境感知程序 v2.1 等。
- 软件编号：软件的唯一编号，用于区分不同的软件模块。
- 配置数据：具体的配置参数，如传感器采样率、执行器控制模式、算法参数等。

2. 数据接口要求

人形机器人数据采集接口用于指定采集传感器数据、执行器数据、软件中间结果数据和硬件状态数据的通信协议、传输带宽、数据传输可靠性要求。

（1）数据通信协议

宜采用高带宽、低错误率与高稳定性的有线网络（如以太网、USB）、无线网络（如 Wi-Fi、5G）或高速串口（如 RS485、CAN 总线）等数据传输协议中的一种，用于传输传感器数据、控制器数据、软件状态数据和计算系统状态数据。

（2）数据传输带宽

根据具体应用场景的需求，确定数据传输带宽。例如，对于高分辨率图像或点云数据，建议采用高传输带宽；对于实时控制信号，可以降低带宽要求。

（3）数据传输可靠性

数据传输的可靠性越高越好，确保数据传输过程中不出现丢包、错包等现象。对于关键数据，建议采用冗余传输机制。

（4）数据格式

在实际应用中，人形机器人数据采集范围不限于单一数据类型。同类型多笔数据，其格式须保持一致。保存格式应契合使用场景，优先选用常见格式，如 XML、JSON、HDF5 等。数据格式中的字符编码格式须进行统一形式化描述，保障数据在不同系统间交互的顺畅及质量要求。

4.3.3　人形机器人数据采集质量与安全要求

1. 数据采集质量要求

数据质量是确保人形机器人系统高效运行和可靠性的关键因素。数据采集时应提供数据质量检查和分析功能，并采用相应的安全和质量保障机制，以保护数据采集和传输的安全性和完整性。

（1）数据采集的完整性

定义：数据应包含数据规则要求的所有必要元素，确保数据的完整性。

措施：数据采集软件应具备完整性检查功能，确保数据在采集过程中不丢失任何关键信息。

（2）数据采集的准确性

定义：数据应真实反映其所描述的实体，确保数据的准确性。

措施：数据采集软件应具备数据校验功能，通过比对已知标准或参考数据，验证采集数据的准确性。

（3）数据采集的一致性

定义：数据应与其他特定上下文中使用的数据无矛盾，确保数据的一致性。

措施：数据采集软件应具备数据一致性检查功能，确保不同来源的数据在格式、单位和命名规则上保持一致。

（4）数据采集的时效性

定义：数据应能在发生变化后及时更新，确保数据的时效性。

措施：数据采集软件应具备实时数据更新功能，确保数据的及时性和动态性。

（5）数据采集的可访问性

定义：数据应在需要时能被安全访问，确保数据的可访问性。

措施：数据采集软件应具备数据访问控制功能，确保只有授权用户才能访问数据。

（6）数据采集的可追溯性

定义：应能够对采集数据进行定位溯源，确保数据的可追溯性。

措施：数据采集软件应具备数据溯源功能，记录数据的采集时间、来源和处理过程，以便在需要时进行追溯。

2．数据采集安全控制

数据安全是确保人形机器人系统合规运行和用户隐私保护的关键。数据安全控制对象为生物识别数据，指用于唯一识别个人生理或行为特征的数据，包括但不限于人形机器人采集的含有人的图像、声音、指纹等数据。数据采集安全控制应遵循以下原则。

（1）数据保密性

定义：个人数据的处理应采用适当的技术或组织措施，防止未经授权或非法访问，同时避免意外丢失、破坏或损坏。

措施：采用加密技术、访问控制和数据备份机制，确保数据的保密性和完整性。

（2）目的限定性

定义：个人数据的收集和处理应以明确、合法的用途为限，不得将数据用于与既定目的不符的其他用途。

措施：明确数据使用目的，并在数据采集和处理过程中严格遵循既定目的。

（3）数据最小化

定义：处理的个人数据应严格限制在与处理目的相关且必要的范围内，不得过度收集无关数据。

措施：在数据采集过程中，仅收集与处理目的直接相关的数据，避免收集无关信息。

（4）存储限制

定义：个人数据的存储期限应符合处理目的所需的最短时间要求，超过必要期限的数据应予以删除或匿名化处理。

措施：设定数据存储期限，并在数据不再需要时进行删除或匿名化处理，确保数据的存储合规性。

第 5 章　具身智能的真实世界数据采集技术

真实世界数据采集（Real-world Data Collection）技术可以分为遥操作类（Teleoperation）数据采集技术和示教类（Teaching）数据采集技术。如图 5-1 所示，它们还可以被进一步细分为多种具体的数据采集技术。本章将对这些技术进行详细介绍。

需要注意的是，就当前的具身智能而言，这些采集到的数据主要用于模仿学习模型的训练，因此本章中讨论的所有数据采集技术，本质上都是在对人类演示数据进行采集，它们所构建的数据集均属于 4.1.1 节介绍的演示数据集。

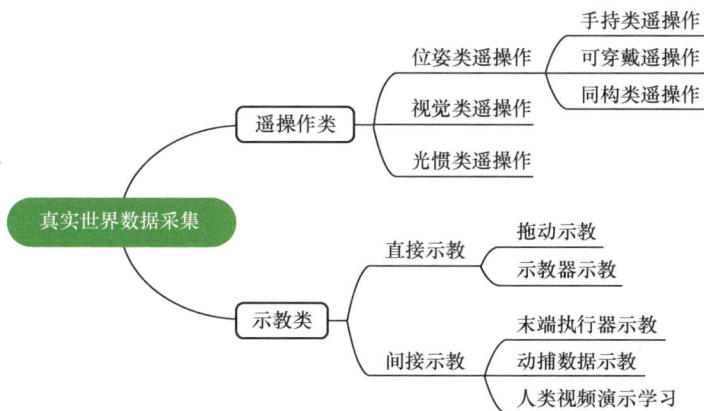

图 5-1　真实世界数据采集方法的分类

5.1　遥操作类数据采集技术

遥操作或称为遥操作机器人学（Telerobotics），是指人类操作员从远处远程控制机器人或机械系统的一种方式。前缀"Tele"意味着远距离操作，允许操作员从远程位置操纵机器人的动作。遥操作的发展历史可以追溯到 20 世纪中叶，以下是其主要发展阶段。

1. 早期概念与初步应用

- 19 世纪末：美国科学家尼古拉·特斯拉（Nikola Tesla）在 1898 年发明了无线遥控船，这是早期遥操作的一个重要里程碑。特斯拉的发明中包含一个操作者通过杠杆控制船舵的机制，它通过灯光反馈船的位置和状态。

- 20 世纪 40 年代中期：在美国阿贡国家实验室，R. Goertz 的团队开发了第一个机械主从操作器，用于核材料的远程处理。这些操作器最初是机械的，后来发展为电机械伺服系统。

2. 技术发展与应用扩展

- 20 世纪 50 年代：电机械伺服系统的出现使得遥操作技术能够更广泛地应用于核材料处理、深海探索等领域。

- 20 世纪 70 年代：遥操作技术开始在空间探索中得到应用，如航天飞机的远程操作臂系统。同时，遥操作车辆的使用开始普及。

- 20 世纪 90 年代：随着微处理器技术的进步和编程语言的发展，遥操作技术得到了进一步的发展。互联网的出现使得通过网络进行遥操作成为可能，但也带来了时延和数据包丢失的问题。

3. 现代技术与应用深化

- 21 世纪初：力反馈和触觉反馈技术的引入显著提升了遥操作的交互性和真实感。这些技术使得操作者能够通过触觉反馈感知远程环境，从而更精确地控制机器人。

- 2010—2022 年：这一时期，力反馈技术在遥操作系统中得到了广泛应用，显著提升了操作者与远程环境或机器人系统的交互性能。

- 2022 年以后：遥操作领域的研究重点转为创建更具沉浸感的体验、克服技术障碍、加强人机协作及拓展应用领域，特别是在医疗干预和危险环境中的应用。同时，具身智能领域的技术发展促使遥操作方法在数据采集领域大规模应用。

在机器人数据采集领域，遥操作方法可以具体分为以下 3 类：位姿类遥操作（Pose Based Teleoperation）、视觉类遥操作（Visual Based Teleoperation）、光惯类遥操作（Optical-inertial Teleoperation）。下面分别对它们进行介绍。

5.1.1 位姿类遥操作技术

位姿类遥操作是指人类操作员通过可直接记录位姿数据的遥操作设备远程控制机器人。这些设备可将位姿信号转换为机器人的位姿控制信号。在遥操作设备中，位姿类遥操作设备最为丰富，它可以是简单的遥控手柄，也可以是手套、动捕服或外骨骼等可穿戴设备，还可以是与机器人构成主从结构的同构遥操作机器人。因此，可以将位姿类遥操作技术进一步细分为手持类遥操作、可穿戴遥操作和同构类遥操作。

1. 手持类遥操作

手持类遥操作（Handle Based Teleoperation）设备一般结构设计简单，获取到的位姿数据和转换得到的控制信号稳定度高，便于集成到系统，能够为遥操作提供一种直接且易于使用的控制方式。但很多情况下手持类遥操作不能直观地表达操作意图，更适合简单环境下的数据采集工作。

下面是一些典型的手持类遥操作数据采集方案的介绍。如图 5-2 所示是使用 Xbox 手柄、UMI 和 Switch 手柄遥操作控制松灵 PiPER 机械臂的方案演示。松灵 PiPER 机械臂是松灵机器人全自研的六轴轻量级机械臂，以轻量化设计、精准操控和超大工作半径为特点。其采用了铝合金骨架搭配树脂外壳，整机重量 4.2 kg，可承载 1.5 kg 负荷，可实现 ±0.1 mm 的重复定位精度，拥有 626 mm 的工作半径，可以在复杂环境中实现多方向的自由运动。PiPER 适配 Python 开发环境，兼容 ROS 1 和 ROS 2，并提供 URDF 模型，支持基于 Gazebo、Issac Sim 仿真。

较高的通用性、较低的开发难度和较低的价格使得松灵 PiPER 机械臂受到了开发者的欢迎，出现了很多第三方的遥操作方案。使用 Xbox 手柄、UMI 和 Switch 手柄进行松灵 PiPER 机械臂的遥操作控制具有成本低、开发难度小、操作难度低的优势。这些手持类遥操作设备一般具有较好的人体工程学设计和出色的使用体验，接口规范且易开发。这些设备通过直观的控制方式和高度的兼容性，使得操作者能够轻松地控制机械臂，实现精准的动作执行，同时支持快速响应和动态调整。

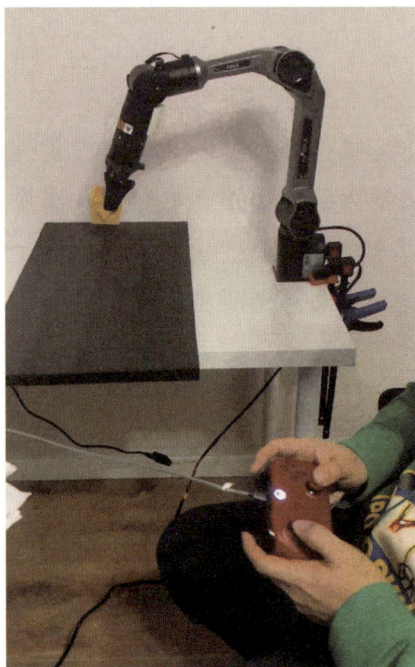

（a）使用Xbox手柄进行遥操作

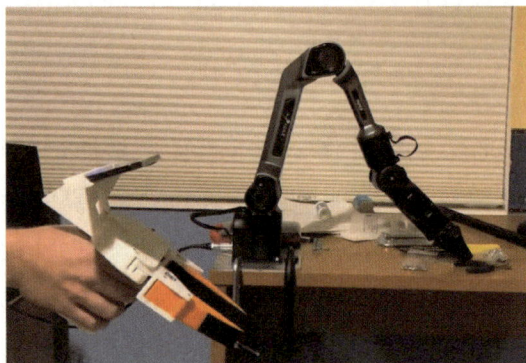

（b）使用UMI进行遥操作

（c）使用Switch手柄进行遥操作

图 5-2   使用 Xbox 手柄、UMI 和 Switch 手柄遥操作控制松灵 PiPER 机械臂 [①]

2．可穿戴遥操作

可穿戴遥操作（Wearable Teleoperation）设备能够捕捉操作者的位姿信号，并将这些信息转换为对机器人的控制指令。这种类型的遥操作提供了更高的直观性和自然性，因为它允许操作者通过自己的身体动作来直接控制机器人。例如，可穿戴的上肢外骨骼可以直观地遥控拟人机械手，使机器人能够作为操作员的"化身"在危险环境中工作，人机界面的运动兼容性和直观性直接影响遥操作的质量。这种可穿戴设备通常用于需要精确控制和高度灵活性的任务中，如手术操作或复杂的装配任务。

下面介绍一些典型的可穿戴遥操作数据采集方案。图 5-3 展示了上海交通

---

① 图分别源自 https://www.bilibili.com/video/BV1Mm6HYQECs、https://www.bilibili.com/video/BV18skGYYEBw 和 https://www.bilibili.com/video/BV1Yy6WYaELw。

大学和上海人工智能实验室共同提出的 AirExo 可穿戴遥操作设备。AirExo 的设计动机源于机器人全身操作领域的研究空白和实际应用需求。在人类的日常生活中，除了手部操作，手臂的其他部分（如前臂、肘部）也经常被用于完成各种任务，如用前臂托住物体或用肘部关闭冰箱门。然而，机器人是否能够有效地学习和执行这种全身操作仍然是一个未被探索的领域。全身操作需要精确控制机器人的关节姿态，并且通常涉及与环境的广泛接触，这对机器人来说是一个挑战。AirExo 旨在通过低成本、便携且适应性强的外骨骼系统，帮助机器人通过模仿人类的全身操作来学习复杂的任务。

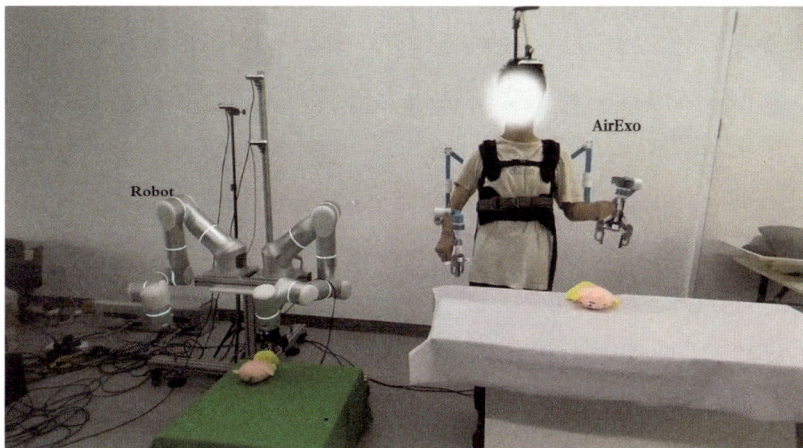

图 5-3　使用 AirExo 遥操作设备控制 UR5 机械臂[①]

AirExo 具有以下特点和创新之处。

- 低成本与开源设计：AirExo 的总成本约为 600 美元，主要通过 3D 打印技术制造，降低了硬件成本。同时，其设计开源，便于社区共享和改进。

- 高度适应性：AirExo 可以快速适配多种机器人（如 Flexiv Rizon、UR5、Franka Emika Panda 和 KUKA LBR IIWA 7 R800 等），只需要调整部分组件的尺寸即可。

- 便携性和穿戴性：AirExo 体积小、重量轻，通过背心式设计将重量均匀分布在操作者背部，减轻手臂负担，提高操作灵活性。

---

① 图源自 https://airexo.github.io。

- 高精度运动捕捉：采用高精度角度编码器（分辨率为 0.08°），能够实时捕捉关节运动，确保机器人控制的精确性。
- 野外演示数据采集：AirExo 不仅可以用于遥操作数据采集，还可以在自然环境中采集野外演示数据，为机器人学习提供丰富的数据来源。

AirExo 的使用步骤如下。

1）硬件组装：根据目标机器人的规格，调整 AirExo 的尺寸并进行组装。所有结构组件均可通过 3D 打印完成，组装过程简单，无需专业工具。

2）校准：将机器人手臂置于特定位置（如完全伸展状态），将 AirExo 与机器人姿态对齐，记录关节位置和编码器读数。校准过程简单直观。

3）遥操作：操作者穿戴 AirExo，通过其关节运动控制机器人完成各种任务。AirExo 可将操作者的动作实时转换为机器人关节位置指令，从而实现精确控制。

4）野外演示数据采集：在没有机器人的情况下，操作者穿戴 AirExo 完成任务，记录动作数据。这些数据可以用于训练机器人，使其能够在复杂环境中学习和适应人类的操作方式。

5）数据融合与训练：将遥操作数据和野外演示数据结合，用于训练机器人的操作策略。通过这种数据融合方式，机器人能够学习到更高效、更鲁棒的操作策略。

通过实验验证，AirExo 在以下几个方面展现出显著优势。

- 高效的数据利用：在"Gather Balls"任务中，它仅使用 10 个遥操作演示数据和 100 个野外演示数据训练的策略，其表现与使用 50 个遥操作演示数据训练的策略相当，甚至在某些指标上更优。这表明 AirExo 能够显著提高数据利用效率，降低对昂贵遥操作数据的依赖。
- 鲁棒性提升：在"Grasp from the Curtained Shelf"任务中，使用 AirExo 的野外学习框架训练的策略在抓取和扔物体阶段的成功率显著提高，即使在存在干扰（如不同背景、视觉干扰物）的情况下，策略依然表现出良好的鲁棒性。
- 任务完成率和成功率提高：实验结果表明，使用 AirExo 训练的策略在任务完成率和成功率方面表现出色。例如，在"Gather Balls"任务中，使用 AirExo 训练的策略在成功率和碰撞率等指标上均优于其他方法。

● 多阶段任务优化：在多阶段任务中，AirExo 训练的策略能够更好地优化各个阶段的动作，提高整体任务的成功率。例如，在"Grasp from the Curtained Shelf"任务中，使用 AirExo 训练的策略在抓取和扔物体阶段的成功率显著提高。

需要指出的是，研发人员认为 AirExo 是一种同构类遥操作系统，而不是一种可穿戴遥操作设备。在本书中，由于其显而易见的特性，为了不引起读者混淆，依然将其归类为可穿戴遥操作设备。个中差别，请读者自行判断。

总的来说，AirExo 通过低成本、便携且适应性强的设计，为机器人全身操作的学习提供了一种高效的数据采集和训练方法。

如图 5-4 所示，大象机器人推出的穿戴式数据采集器 myController S570 是一款创新的便携外骨骼设备，它具备便携式穿戴、精准动作捕捉和高度开源等特性。这款设备不仅适用于数据采集、遥操作、端到端应用开发等场景，而且可以与多种机器人结合使用，包括人形、轮式等机器人，从而在教育培训中拓宽教学科研实践，促进知识技能的传播与掌握。

图 5-4　穿戴式数据采集器 myController S570

myController S570 的设计目标是成为一个通用多功能平台，支持科研和教育，具有可编程性与扩展性，以及技术创新与知识传播的能力。它的 6 个自由度与两组不同臂展的设计，使其能够在各种工作环境中执行复杂的运动控制，如精准定位和路径规划。

具体来说，myController S570 具备以下特性。

- 精准感知：具备 12 个自由度的高灵活性，可精准模拟人类手臂运动。不仅能精准记录运动信息，还可对环境参数进行有效采集。全部关节内置 4096 位高精度磁编码器传感器，掉电能保存绝对位置。具备 100 Hz 的数据采样率，确保采集到的数据完整、准确且高质量。

- 模块化设计：采用轻量化设计理念，单臂自重不足 800 g，减轻长时间穿戴负担，确保使用者能轻松驾驭，长时间使用无明显疲劳感。机身结构清晰明了，方便后续的升级与维护工作，还能根据不同用户的个性化需求进行定制化配置。可适配各种复杂多变的应用场景，为用户提供量身定制的解决方案。支持 USB、无线网络（OTA 固件支持）、蓝牙等多种连接方式，用户可根据不同应用场景灵活选择。

- 交互便捷：全面兼容 Python 和 ROS 两大主流开发环境。配备 2 英寸显示屏与定制软件，能够实时反馈设备状态与数据信息。可直观了解设备运行情况，及时调整操作策略。双臂末端均配备握把，集成两个按钮与一个摇杆。这种设计让控制与交互变得直观，使用者能轻松实现各种操作指令的下达，便捷地调控设备状态。

- 通用性：该设备适配大象机器人自家的产品，也可用于其他类型机器人的数据采集，提供了一个低成本、高灵活性的解决方案。

3. 同构类遥操作

同构类遥操作（Isomorphic Teleoperation）是指在两个完全相同的机器人之间实时复现动作。这需要将一台机器人设置为主控（操作员）设备，另一台机器人设置为从属设备。由于两台机器人的动力学结构完全相同，遥操作的控制和动作复现难度大大降低，并且这允许操作员更直观和直接地控制机器人的动作。

下面介绍两个同构类遥操作数据采集方案。Mobile ALOHA 由斯坦福大学开发，如图 5-5 所示。其设计动机源于当前机器人学习领域的两大挑战。

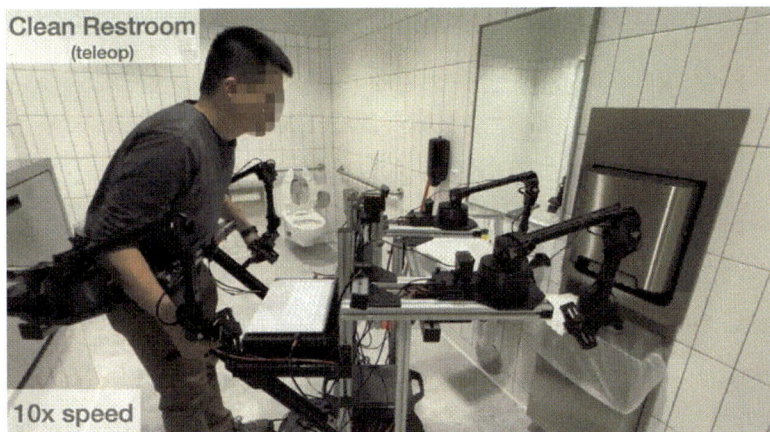

图 5-5　同构类遥操作系统 Mobile ALOHA

- 硬件成本与可及性：现有的双臂移动操作机器人（如 PR2 和 TIAGo）价格昂贵，通常超过 20 万美元，且需要额外的硬件和校准才能实现遥操作。这使得许多研究实验室难以负担和使用。
- 学习方法的局限性：尽管模仿学习在机器人操作领域取得了显著进展，但大多数研究集中在桌面操作任务上，缺乏对需要全身协调（移动性和灵巧操作）的任务的支持。例如，将重锅放入橱柜、使用电梯等任务需要机器人同时具备移动能力和双臂协调能力。

为了克服这些挑战，Mobile ALOHA 设定了如下设计目标。

- 低成本：开发一个低成本的全身遥操作系统，用于数据采集，使得更多研究实验室能够负担得起。
- 全身遥操作：支持对机器人全身（包括双臂和移动基座）的实时控制，以完成复杂的移动操作任务。
- 高效学习：通过模仿学习，使机器人能够使用少量演示数据（如 50 次任务演示）来自主完成复杂任务。
- 通用性：系统能够适应多种任务和环境，从简单的桌面操作到复杂的移动操作。

Mobile ALOHA 具备如下特点和创新。

- 低成本设计：Mobile ALOHA 的总成本为 3.2 万美元，包括车载电源和计算设备。这一成本远低于现有的工业机器人。

- 全身遥操作：系统基于 ALOHA 扩展，增加了移动基座和全身遥操作界面。操作员可以通过物理连接的方式控制机器人的双臂和基座。
- 稳定性和移动性：选择 AgileX Tracer AGV 作为移动基座，支持高达 1.6 m/s 的移动速度，同时具备良好的稳定性和负载能力。
- 便携性和自主性：系统配备 1.26 千瓦时的电池，支持长时间自主运行，无需外部电源。

Mobile ALOHA 的使用过程如下。

1）组装：基于 AgileX Tracer AGV，安装两个 ViperX 300 机械臂，形成双臂移动操作平台。配备 1.26 千瓦时的电池和搭载 NVIDIA 3070 Ti 的笔记本电脑，用于数据采集和推理。

2）遥操作设备：操作员通过物理连接的方式控制机器人的双臂和基座，同时佩戴遥操作设备（如手柄）进行操作。

3）任务选择与遥操作：选择需要学习的任务，如"擦拭洒出的酒""烹饪虾仁"等。操作员通过全身遥操作设备完成任务，系统记录双臂关节位置和基座速度。最终将采集到的移动操作数据与静态 ALOHA 数据集结合，形成联合训练数据。

Mobile ALOHA 在数据采集方面具备如下优势。

- 数据效率：仅需要 20 ～ 50 次任务演示即可学习复杂的移动操作任务，显著减少了数据采集成本。
- 任务多样性：Mobile ALOHA 能够完成多种复杂任务，包括烹饪、清洁、使用电梯等。系统能够适应不同的任务和环境，支持从简单的桌面操作到复杂的移动操作任务。
- 易用性：系统设计简单直观，操作员无需复杂的培训即可使用。用户可以通过少量的练习快速掌握遥操作技能。例如，在"擦拭洒出的酒"任务中，用户在 5 次尝试后即可接近专家水平。

Mobile ALOHA 是一个低成本、高性能的双臂移动操作系统，通过全身遥操作和联合训练方法，显著提高了机器人在复杂移动操作任务中的性能和数据效率。它不仅降低了硬件成本，还通过模仿学习实现了高效的任务学习和自主执行，为机器人在家庭和工业环境中的应用提供了新的可能性。

加州大学伯克利分校提出的 GELLO（General Framework for Building Low-cost and Intuitive Teleoperation Systems for Robotic Manipulation）遥操作系统如图 5-6 所示。它是一个通用、低成本、直观的遥操作系统框架，专为机器人操作臂设计。

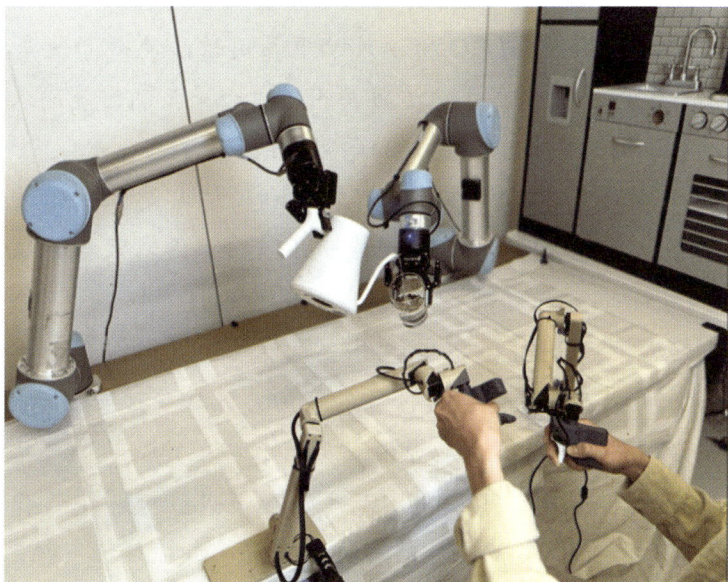

图 5-6　使用 GELLO 遥操作设备控制 UR5 机械臂 [1]

GELLO 的核心原理是利用与目标机器人臂相同的运动学结构来构建一个小型、成本低廉的控制器设备。这个设备允许用户通过直接操纵控制器来控制目标机器人臂，从而实现直观的遥操作。GELLO 的设计目标是降低采集高质量人类演示数据的门槛，以支持模仿学习等机器人学习技术。GELLO 具有以下几个特性。

- 低成本实现：GELLO 使用 3D 打印部件和经济型伺服电机，使得整个系统的构建成本非常低，每个设备的物料清单成本不到 300 美元。这大大降低了遥操作系统的门槛，使得更多的研究者和教育机构能够负担得起，从而参与到遥操作技术的研究中。
- 运动学等效结构：GELLO 被设计为目标机器人臂的缩小版，二者具有

---

① 图源自 https://wuphilipp.github.io/gello_site。

相同的运动学结构。这种设计使用户能够直接控制 GELLO 操纵器，就像直接控制目标机器人臂一样，提高了操作的直观性和精确性。

- 关节正则化：GELLO 通过添加简单的机械组件（如弹簧或橡皮筋）来对抗重力，帮助设备保持自然姿态，这有助于用户更好地感知机器人的动力学特性，从而提高遥操作的可靠性和效率。

- 易于构建和使用：GELLO 的设计注重易用性，使得即使是没有专业背景的用户也能够快速上手。这种易用性对于采集高质量的人类演示数据至关重要，因为它减少了用户的学习曲线。

- 开源和可访问性：GELLO 的所有软件和硬件都是开源的，这意味着研究社区可以自由访问、修改和扩展 GELLO 系统，促进了技术的共享和创新。

- 广泛的适用性：GELLO 不仅适用于简单的单臂操作，还具有执行复杂的双手协调和接触丰富操作任务的能力。这种多功能性使得 GELLO 能够适应各种不同的遥操作场景和任务需求。

- 用户研究验证：通过广泛的用户研究，GELLO 证明了其在可靠性和效率方面相比其他成本效益高的遥操作系统（如虚拟现实控制器和 3D 空间鼠标）具有优势。

总的来说，GELLO 通过其创新的设计和实现，为遥操作系统领域带来了一种新的、低成本、直观且易于使用的解决方案，有助于推动机器人学习和遥操作技术的发展。

上海人工智能实验室提出的人形机器人遥操作系统名为 HOMIE（Humanoid Loco-Manipulation with Isomorphic Exoskeleton Cockpit），如图 5-7 所示。它结合了人形机器人的全身运动控制和低成本的同构外骨骼硬件系统，使单个操作员能够精确且高效地控制人形机器人完成复杂的行走和操作（Loco-Manipulation）任务。HOMIE 系统由两部分组成：人形机器人运动控制策略（Loco-Manipulation Policy）和同构外骨骼硬件系统（Isomorphic Exoskeleton Hardware System）。系统的核心目标是实现人形机器人的全身遥操作，使操作员能够像控制自己的身体一样控制机器人，完成包括行走、下蹲、抓取和搬运等复杂任务。其中同构遥操作部分硬件系统设计如下。

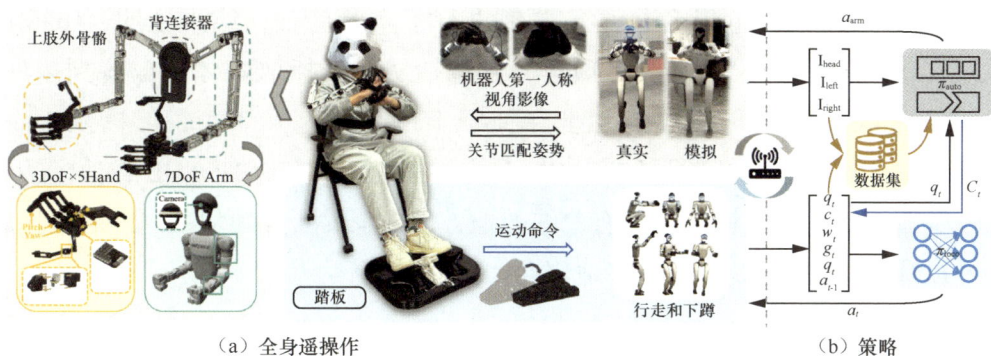

（a）全身遥操作 （b）策略

图 5-7 人形机器人同构外骨骼遥操作系统 HOMIE[①]

- 同构外骨骼手臂：同构外骨骼手臂与人形机器人的手臂具有相同的自由度（7DoF），能够精确映射操作员的手臂动作到机器人上。它采用 3D 打印技术制造，使用轻质且坚固的材料，确保结构强度的同时减轻重量；通过伺服电机连接到外骨骼的各个关节，实现高精度的角度控制。它为 Unitree G1 和 Fourier GR1 两种人形机器人设计了适配的外骨骼，确保与机器人的关节一一对应。

- 运动感应手套：手套能够捕捉手指的运动，提供多达 15 个自由度的精细控制，适用于多种灵巧手。手套通过霍尔效应传感器和钕磁铁捕捉手指关节角度，实现手指动作的精确映射。手套可以直接连接到外骨骼上，也可以单独使用，具有很高的通用性。

- 踏板：用于控制机器人的行走和蹲姿命令，解放操作员的双手，使其能够同时控制机器人的上半身动作。踏板通过高精度的旋转电位器将踏板压力变化转换为电信号，用于控制机器人的线速度、角速度和高度调整。

HOMIE 系统支持高达 200 Hz 的姿势采集频率，显著高于基于视觉的方法，确保了控制的流畅性和精确性。HOMIE 通过同构外骨骼和运动感应手套，直接映射操作员的动作到机器人，避免了逆运动学求解带来的误差。其硬件系统成本低（仅 500 美元），且操作简单，易于部署。通过 HOMIE 收集的数据可以用于模仿学习，进一步提升机器人的自主操作能力。

---

① 图源自 https://homietele.github.io。

HOMIE 在真实世界和仿真环境都进行了实验验证，结果证明，HOMIE 系统能够稳定、高效地完成多项任务，包括从低处抓取物体并放置到多处、机器人之间的物品传递、推动坐在椅子上的人、打开烤箱门，以及 Loco-Manipulation 等任务，证明了 HOMIE 系统的有效性。然而 HOMIE 在地形适应性、手套设计和力反馈上仍然有欠缺的地方，未来的研究须解决这些问题，进一步提升 HOMIE 系统的性能和适用性。

5.1.2   视觉类遥操作技术

视觉类遥操作（Visual Based Teleoperation）是指使用视觉传感技术（如摄像头）捕捉操作员的动作，然后将这些动作转换为控制命令来操纵机器人的过程。这种方法利用计算机视觉技术直接将人类动作映射到机器人动作上，使操作人员能够轻松且直观地控制机器人系统，适用于成本较少和对精度要求不高的场景。下面是一些典型的视觉类遥操作数据采集方案的介绍。

图 5-8 展示了 NVIDIA 与 CMU 开发的一个低成本、基于视觉的灵巧机器人"手—臂"遥操作系统 DexPilot，旨在通过观察裸手动作来控制高度复杂的机器人系统。DexPilot 的设计动机是提供一种低成本、无需标记物或手套的遥操作解决方案，利用机器视觉、优化技术、运动生成和 GPU 计算的进步，实现对高度复杂机器人的精确控制。DexPilot 具体的特点和创新如下。

- 低成本硬件：使用 4 个 Intel RealSense 深度相机和两块 NVIDIA GPU，结合深度学习和非线性优化技术，构建了一个小型化、高灵活性的遥操作系统。
- 无需标记物或手套：完全基于视觉的遥操作，无需手套或标记物，减少了系统的物理尺寸和对操作员的干扰。
- DART 手部跟踪：使用 DART（Dense Articulated Real-time Tracking）技术，通过匹配手部模型与输入点云来实现连续的手部姿态和关节角度跟踪。
- 深度神经网络：结合深度学习网络，为 DART 提供手部姿态和关节角度的先验信息，增强跟踪的鲁棒性和准确性。
- 运动生成与控制：通过 RMP（Riemannian Motion Policy）和扭矩级阻抗控制器，实现手臂和手部的实时运动控制。

● 运动重定向：开发了一种新的运动重定向方法，将人类手部关节映射到
Wonik Robotics Allegro 的手部关节，保留了手部的灵活性和精确抓取能力。

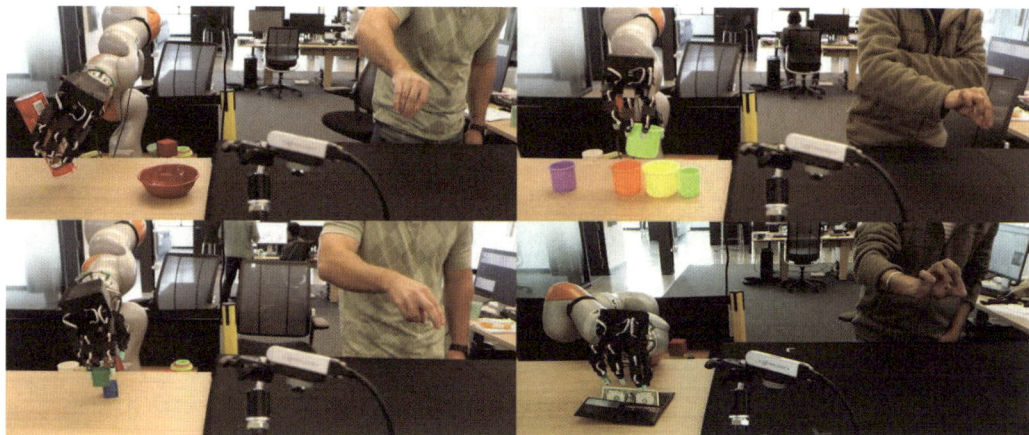

图 5-8 视觉类遥操作系统 DexPilot

DexPilot 的使用过程如下。

1）机器人系统硬件搭建：使用 KUKA LBR IIWA 7 R800 机器人手臂和
Wonik Robotics Allegro 手部，手部配备 Syntouch BioTac 触觉传感器。

2）人类操作区域设置：设置一个黑色布料覆盖的桌子，配备 4 个校准和时
间同步的 Intel RealSense D415 RGB-D 相机，用于捕捉操作员手部的动作。

3）数据采集第一阶段：操作员佩戴带有彩色标记的手套，通过深度学习网
络（GloveNet）生成手部姿态和关节角度的注释数据。

4）数据采集第二阶段：在第一阶段生成的注释数据基础上，直接对裸手的
点云数据进行处理，实现无需手套的遥操作。

5）遥操作手部跟踪：使用 DART 技术实时跟踪操作员的手部姿态和关节
角度。将操作员的手部关节角度映射到机器人手部关节，通过优化算法实现精
确控制。利用 RMP 生成手臂的运动轨迹，并通过扭矩控制器实现精确的运动
控制。

DexPilot 在实验中体现了一定的优势。

● 任务成功率：DexPilot 在多种任务中表现出色，包括从钱包中取钱、打
开茶叶盒、旋转花生酱罐头盖等复杂任务，成功率高达 80% 以上。

- 数据效率：系统能够快速适应多种任务，仅需少量训练即可实现高效操作。

- 灵活性和精确性：DexPilot 展示了从精确抓取到力量抓取的能力，支持多指操作和复杂的手部运动。

- 任务多样性：系统能够完成从简单的抓取和放置到复杂的多阶段任务，如打开茶叶盒并从中取出茶包。

- 适应性：DexPilot 能够适应不同操作员的风格和习惯，支持多种任务的执行。操作员通过少量的练习即可掌握系统操作，完成复杂任务。操作员无须佩戴手套或标记物，减少了使用负担。

加州大学圣地亚哥分校与 NVIDIA 联合开发的 AnyTeleop 视觉类遥操作系统如图 5-9 所示。AnyTeleop 的设计动机源于当前视觉类遥操作系统的局限性。现有的视觉类遥操作系统通常针对特定的机器人模型或部署环境设计，难以扩展到新的机器人或环境。此外，这些系统大多仅支持单一的"现实"（如仅限于现实世界或特定模拟器），并且通常只能在单个操作员和单个机器人之间进行操作。这些限制使得大规模数据采集和机器人教学变得困难。

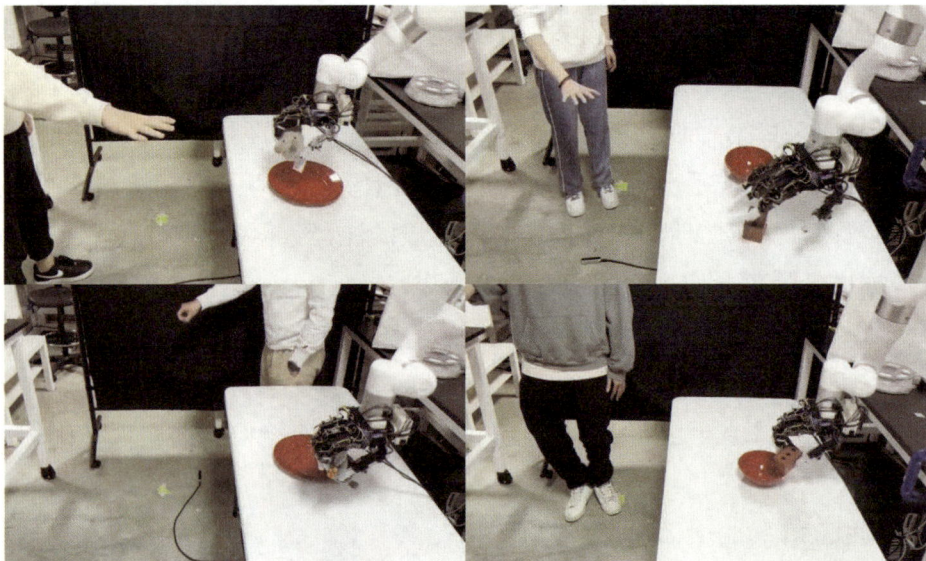

图 5-9   视觉类遥操作系统 AnyTeleop[①]

---

① 图源自 https://yzqin.github.io/anyteleop。

因此，AnyTeleop 的设计目标是开发一个统一且通用的遥操作系统，能够支持多种机器人手臂和灵巧手模型、多种现实环境（如模拟器和现实世界）、多种相机配置及多操作员协作。AnyTeleop 的主要特点和创新之处如下。

- 通用运动重定向库：开发了一个高性能的运动重定向模块，能够将人类动作实时映射到机器人动作，而无须依赖学习模型。该模块仅依靠机器人的运动学模型（URDF 文件）即可适应新机器人。

- 无学习的碰撞检测：基于 CUDA 的几何查询实现碰撞检测，无需学习模型，能够实时生成无碰撞的机器人运动轨迹。

- 基于 Web 的可视化工具：开发了一个兼容标准浏览器的 Web 可视化工具，支持远程操作和多操作员协作。操作员可以通过浏览器实时查看操作环境，通过手势控制机器人。

- 模块化设计：系统采用模块化设计，定义了清晰的输入输出接口，使得各个模块（如手部检测、运动重定向、运动生成）可以独立开发和优化，同时保持系统的整体性和通用性。

- 支持多相机融合：通过多相机检测结果融合，解决了手部自遮挡问题，并通过自校准过程自动计算相机之间的相对旋转关系，无需外部标定。

- 支持协作任务：系统支持多操作员协作，允许多个操作员分别控制多个机器人完成协作任务，如物体传递等。

AnyTeleop 的使用步骤如下。

1）硬件准备：根据需要选择合适的相机配置（如单 RGB 相机或多 RGB-D 相机）。

2）系统安装：通过 Docker 进行容器化部署。

3）手部检测与校准：启动相机并捕捉操作员的手部动作。系统自动进行多相机校准，计算相机之间的相对旋转关系，获取准确的手部形状参数。

4）遥操作：操作员通过手势控制机器人，系统实时检测手部姿态并转换为机器人控制指令。操作员通过 Web 浏览器实时查看操作环境，支持多视图显示。

5）任务执行：操作员根据任务需求选择合适的机器人模型和操作环境（如现实世界或模拟器），从遥操作中采集数据，用于后续的模仿学习或强化学习任务。

通过实验验证，AnyTeleop 在多个方面展现出显著的优势。

- 性能提升：在现实世界任务中，AnyTeleop 在 10 个任务中的 8 个任务上优于或等同于专门针对特定硬件设计的遥操作系统。在模拟环境中，AnyTeleop 采集的平滑且无碰撞的演示数据能够显著提升模仿学习的性能，成功率达到基线系统的 1.5 倍以上。

- 通用性与灵活性：AnyTeleop 支持多种机器人模型和现实环境，能够快速适应新的机器人和任务，而无须重新设计或训练模型。系统支持多操作员协作，能够实现复杂的协作任务，如人机交接，这在以往的视觉类遥操作系统中尚未实现。

- 多相机融合：在多相机配置下，AnyTeleop 能够显著减少手部自遮挡问题，提升遥操作的准确性和稳定性。实验表明，使用多相机配置时，任务完成时间更短，错误率更低。

- 远程协作能力：通过 Web 可视化工具，AnyTeleop 支持远程操作和多操作员协作，即使操作员不在同一物理位置，也能高效完成任务。这种设计为大规模数据采集和分布式协作提供了便利。

AnyTeleop 是一个高度通用、灵活且高性能的视觉遥操作系统，适用于多种机器人模型、现实环境和任务场景。它通过模块化设计和无学习的运动重定向模块，实现了快速适应新机器人和环境的能力。

需要注意的是，AnyTeleop 不仅可以用于真实世界数据采集，也可以用于仿真环境下的数据生成（虚拟遥操作），因此具有较好的通用性。

纽约大学开发的一种名为 Dexterous Imitation Made Easy（DIME）的基于学习的框架，可高效地实现灵巧操作，如图 5-10 所示。该框架通过模仿学习，利用单目 RGB 相机采集人类操作员的手部动作，并将其映射到机器人手上，从而实现复杂灵巧操作任务的高效学习。该方法通常是基于视觉类遥操作的数据采集技术实现的，其主要特点和创新之处有如下几点。

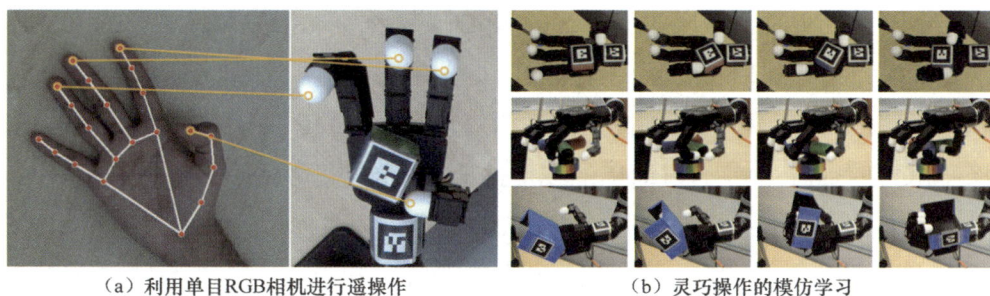

（a）利用单目RGB相机进行遥操作　　　　　（b）灵巧操作的模仿学习

图 5-10　视觉类遥操作系统 DIME[①]

- 低成本、易用的演示采集：DIME 仅需一个单目 RGB 相机即可采集人类操作员的手部动作，无需复杂的多相机系统或昂贵的定制设备（如 CyberGlove）。通过使用现成的手部姿态检测器（如 MediaPipe Hands），DIME 能够实时估计指尖位置，并将其重新映射到机器人手上，从而实现快速、低成本的演示采集。其演示采集过程简单，无须对操作员进行大量训练，每次演示采集时间仅需 100 s 左右。

- 高效的模仿学习框架：DIME 结合了模仿学习和强化学习的优势，支持在仿真环境中使用强化学习微调（如 DAPG 算法），以及在真实机器人上直接使用非参数化的最近邻方法。在仿真环境中，DIME 通过将演示数据与强化学习进行结合，能够快速训练出鲁棒性强的灵巧操作策略。在真实机器人上，DIME 利用非参数化的最近邻方法（如 INN 和 VINN），能够高效地利用少量演示数据，快速完成任务。

- 跨平台兼容性：DIME 支持在仿真环境（如 MuJoCo）和真实机器人（如 Allegro Hand）环境中学习和执行任务，证明了其在不同平台上的适用性和灵活性。DIME 的框架、预采集的演示数据及学习算法公开发布后，将有利于其他研究者复现和进一步研究。

使用 DIME 框架进行数据采集的步骤如下。

1）设置单目 RGB 相机：将单目 RGB 相机对准人类操作员的手部，确保操作员的手部动作能够被清晰地捕捉到。

2）实时手部姿态检测：使用 MediaPipe Hands 等现成的手部姿态检测器，

---

① 图源自 https://nyu-robot-learning.github.io/dime。

从 RGB 图像中实时估计操作员手部的 2.5D 关键点，如指尖位置。

3）指尖位置映射：将检测到的 2D 指尖位置重新映射到机器人手的 3D 坐标系中。由于 RGB 相机无法提供绝对深度信息，DIME 将指尖位置映射到一个固定高度的平面上，并通过简单的线性插值来校准映射关系。

4）机器人控制：将映射后的 3D 指尖位置作为目标位置，通过逆运动学求解器计算机器人关节角度，并利用 PD 控制器驱动机器人手指到达目标位置。

5）实时反馈与调整：在控制机器人手的过程中，通过实时反馈机制，操作员可以根据机器人手的实际动作调整自己的手势，以确保演示的准确性和高质量。

6）数据记录：在演示过程中，记录机器人的关节角度、目标指尖位置及物体的状态（如位置和旋转角度），这些数据将用于后续的模仿学习。

DIME 相比其他方法的优势如下。

- 低成本与易用性：相比传统的多相机系统或定制的手套（如 CyberGlove），DIME 仅需一个单目 RGB 相机，大大降低了硬件成本和使用门槛。操作员无须经过复杂的专业训练即可快速上手，使得演示采集过程更加高效和便捷。

- 高效的数据利用：DIME 通过模仿学习和强化学习的结合，能够高效地利用少量演示数据训练出高性能的灵巧操作策略。在仿真环境中，DIME 能够在两天内训练出成功的策略；在真实机器人上，DIME 利用非参数化方法能够直接利用少量演示数据实现任务的高效执行。

- 灵活性与兼容性：DIME 不仅支持在仿真环境中进行学习，还能够在真实机器人上直接执行任务，具有良好的跨平台兼容性。这种灵活性使得DIME 能够适应不同的研究和应用场景。

- 鲁棒性与适应性：在仿真环境中，DIME 通过强化学习微调能够训练出对物体质量和几何形状变化具有更强鲁棒性的策略。在真实机器人上，DIME 凭借非参数化方法能够快速适应不同的任务和环境，即使在演示数据有限的情况下也能表现出良好的性能。

- 开源与可扩展性：DIME 的开源框架为其他研究者提供了便利，使得他们能够快速复现和进一步研究。这种开源性也为未来的扩展和改进提供了基础。

5.1.3 光惯类遥操作技术

光惯类遥操作（Optical-inertial Teleoperation）是一种复杂的方法，它结合光学运动捕捉系统和惯性测量单元（IMU）来远程控制机器人。这种方法利用了可穿戴遥操作技术和视觉类遥操作技术的优势，以实现对操作员动作更准确、可靠和连续的跟踪。由于价格高昂，光惯类遥操作最早仅有限应用于影视和游戏制作领域，近年来才逐渐扩展到了机器人数据采集领域。典型的光惯类遥操作系统有运动捕捉系统、基于虚拟现实的遥操作系统，以及其他形式的集成。

下面是一些典型的光惯类遥操作数据采集方案的介绍。如图 5-11 所示，Bunny-VisionPro 是一个由香港大学和加州大学圣地亚哥分校联合开发的实时双臂灵巧操作的遥操作系统，旨在通过虚拟现实（VR）头显和低成本触觉反馈设备，实现对高自由度（DoF）双臂机器人的精确控制。Bunny-VisionPro 的设计动机是开发一个低成本、高性能的遥操作系统，能够实时控制复杂的双臂机器人，同时提供沉浸式的操作体验。Bunny-VisionPro 的特点和创新如下。

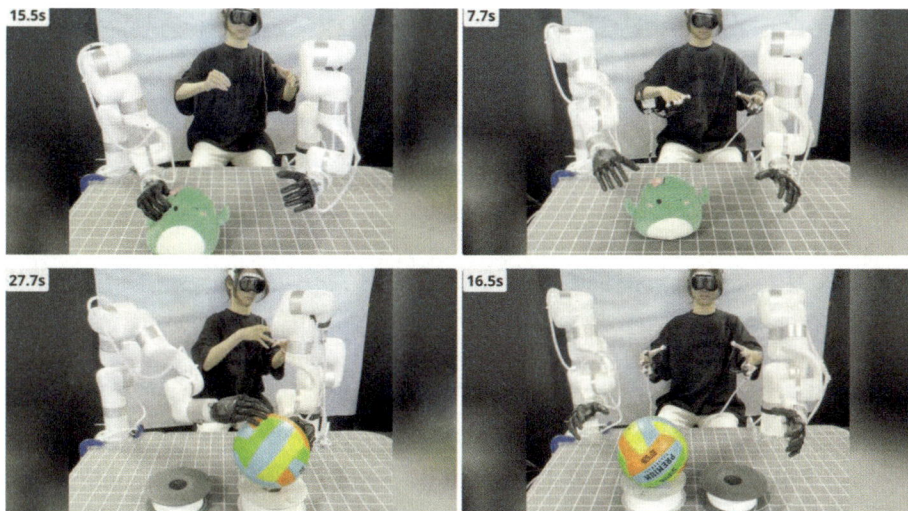

图 5-11 光惯类遥操作系统 Bunny-VisionPro[①]

● **低成本触觉反馈**：使用 Eccentric Rotating Mass（简称 ERM 振动马达，每个成本约 1.2 美元），通过 VR 头显为操作员提供触觉反馈，增强沉浸感。

---

① 图源自 https://dingry.github.io/projects/bunny_visionpro。

- 高自由度机器人控制：支持双臂和灵巧手的实时控制，适用于复杂的多阶段任务。
- 模块化设计：系统由手部运动重定向、臂部运动控制和触觉反馈 3 个模块组成，支持灵活扩展。
- 手部运动重定向：通过优化算法将人类手指运动映射到机器人手部关节，支持实时处理环状关节（如四连杆结构）。
- 臂部运动控制：结合逆运动学（IK）、碰撞避免和奇点管理的优化目标，确保机器人臂的实时运动控制。
- 触觉反馈系统：通过处理机器人手部的触觉信号，将触觉反馈实时传递给操作员，增强操作的直观性和安全性。

Bunny-VisionPro 的使用过程如下。

1）机器人系统硬件搭建：使用两台 UFactory xArm-7 机器人手臂，每台配备一个 6 个自由度的 Ability Hand，形成一个 24 个自由度的双臂灵巧操作平台。

2）VR 头显：使用 Apple Vision Pro 捕获操作员的手部和腕部姿态。

3）触觉反馈设备：在操作员的手指上佩戴配备 ERM 振动马达的指套，通过 VR 头显提供触觉反馈。

4）演示采集：操作员通过 VR 头显控制机器人完成任务，系统记录手部姿态、机器人运动和触觉信号。对采集到的数据进行时间戳对齐和降采样，用于后续的模仿学习。

5）遥操作执行：将操作员的手指姿态实时转换为机器人手部的关节命令。根据操作员的腕部姿态计算机器人臂的关节轨迹，同时避免碰撞和奇点。处理机器人手部的触觉信号后，通过振动马达反馈给操作员，增强操作的直观性。

Bunny-VisionPro 的实验具有如下优势。

- 成功率和效率：在 Telekinesis 基准测试中，Bunny-VisionPro 在 10 个任务中的 9 个任务上的表现优于或等同于现有系统，平均成功率提高 11%，任务完成时间缩短 45%。
- 长时任务优势：在多阶段、长时任务中，Bunny-VisionPro 的优势尤为明显。例如在"准备咖啡"任务中，完成时间显著缩短。
- 空间泛化：在模仿学习中，Bunny-VisionPro 采集的演示数据在空间泛化任务中的表现优于现有系统，成功率提高 14%。

- 新物体泛化：在处理未见过的物体时，Bunny-VisionPro 的数据使策略的泛化能力提高 26%。
- 触觉反馈的有效性：在未经过训练的操作员中，触觉反馈显著提高了任务成功率，尤其是在需要精确控制的任务中。操作员报告称，触觉反馈增强了机器人与物体交互的感知，减少了因视觉遮挡导致的错误操作。

Bunny-VisionPro 是一个高性能、低成本的双臂灵巧遥操作系统，通过实时控制、碰撞避免和触觉反馈技术，显著提升了操作的精确性和安全性。它不仅在复杂的双臂任务中表现出色，还为模仿学习提供了高质量的演示数据，支持复杂任务的学习和泛化。

HATO（Hands-Arms Tele-Operation）的数据采集系统是加州大学伯克利分校开发的名为 "Learning Visuotactile Skills with Two Multifingered Hands" 的研究工作的一部分，旨在通过模仿学习实现双臂多指手的灵巧操作技能，如图 5-12 所示。该方法通过整合视觉和触觉数据，利用人类演示来训练机器人完成复杂的双臂任务。HATO 具有如下主要特点和创新之处。

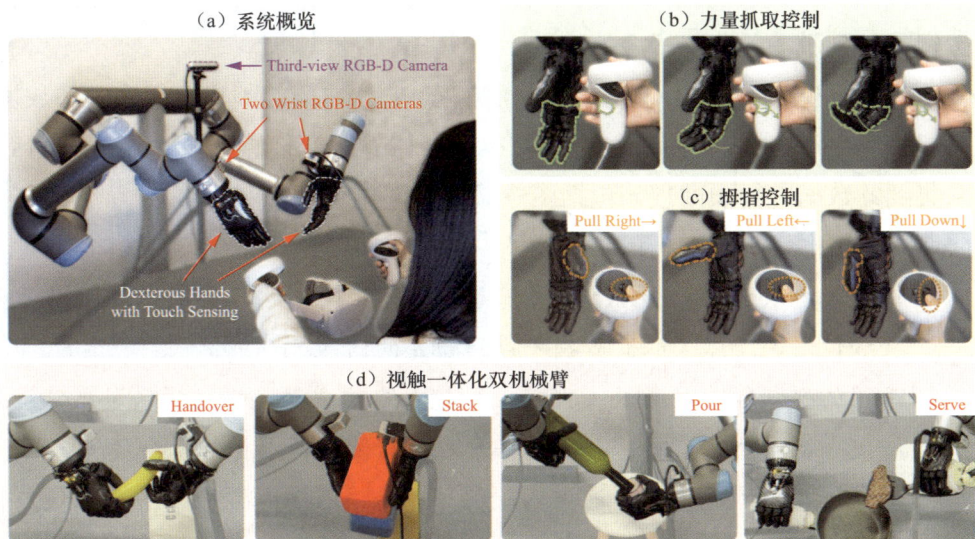

图 5-12　光惯类遥操作系统 HATO[①]

---

① 图源自 https://toruowo.github.io/hato。

- 高硬件适应性：研究者将原本用于假肢的 Psyonic Ability Hand 重新设计用于研究，这些手配备了丰富的触觉传感器，能够提供触觉反馈，这对于完成复杂任务至关重要。

- 低成本系统：开发了一种基于商用虚拟现实（VR）硬件的低成本双臂多指手遥操作系统，通过 Meta Quest 2 平台实现从操作员动作到机器人控制的高效映射。

- 丰富的多模态数据采集：系统集成了来自多个摄像头（包括手腕安装的两个摄像头和一个第三视角摄像头）的 RGB-D 图像数据，以及手指上的触觉传感器数据，为机器人提供了丰富的感知信息。

- 高效的数据采集和处理：HATO 系统支持多模态数据的可靠采集、处理和存储，为后续的策略学习提供了高质量的数据基础。

HATO 的数据采集步骤如下。

1）硬件设置：安装两个 UR5e 机械臂，并在其末端安装 Psyonic Ability Hand。在每个手上安装 6 个触觉传感器，并在手腕位置安装 RGB-D 摄像头。

2）遥操作系统设置：使用 Meta Quest 2 平台，通过控制器捕捉操作员的手臂和手指动作。将控制器的运动映射到机械臂的末端执行器位置，并将控制器的按钮映射到手的关节位置。

3）数据采集：启动 HATO 数据采集流程，以 10 Hz 的频率记录多模态数据，包括机械臂和手的本体感知状态、RGB-D 图像、触觉传感器读数及控制命令。对采集到的数据进行预处理，包括图像尺寸调整、数据归一化等。

HATO 相比其他方法具有如下优势。

- 低成本和易用性：HATO 系统基于商用 VR 硬件构建，成本低且易于设置和使用，降低了双臂多指手操作研究的门槛。

- 丰富的感知能力：集成了视觉、触觉和本体感知数据，提供了比传统方法更丰富的感知信息，有助于机器人更好地理解和操作复杂环境。

- 任务适应性和鲁棒性：通过实验验证了系统在多种复杂任务中的适应性和鲁棒性，特别是在需要高精度控制和多指协调的任务中表现出色。

- 开源和可扩展性：研究者计划开源所有硬件和软件系统，并公开采集的数据集，便于其他研究者复现和扩展研究。

如图 5-13 所示，由斯坦福大学开发的 DexHub 和 DART（Dexterous Augmented Reality Teleoperation，现实增强灵巧遥操作）旨在通过增强现实（AR）和云托管的仿真环境，实现大规模的机器人数据采集，并推动机器人学习的互联网化。该技术的开发者认为，构建通用机器人系统的一个关键瓶颈是缺乏多样化和高质量的数据，现有的数据采集方法存在以下局限性。

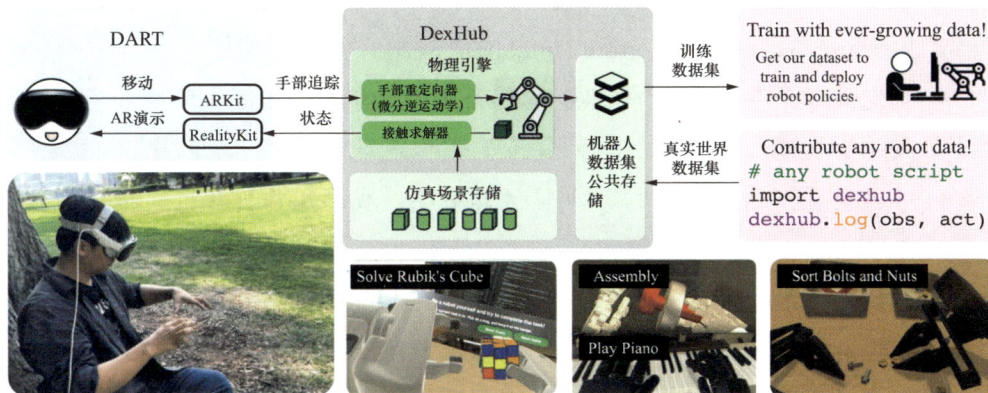

图 5-13　光惯类遥操作系统 DexHub 和 DART[1]

- 硬件和环境要求：真实世界的数据采集需要复杂的机器人硬件和环境设置，难以大规模扩展。
- 操作疲劳：频繁的环境重置和重复任务导致操作员疲劳，降低数据采集效率。
- 数据适用性有限：真实世界的数据在策略训练方法上存在局限性，如强化学习难以直接应用于真实世界数据。
- 数据共享不足：数据通常存储在本地或私有云中，难以共享和扩展。

相比以上不足，DexHub 和 DART 具备如下特点和创新。

- 增强现实（AR）渲染：利用 Apple 的 RealityKit，将仿真环境中的机器人和场景以逼真的 AR 对象形式叠加到操作员的真实环境中。这种本地渲染方式显著减少了网络延迟，提高了实时性。
- 低延迟通信：通过 gRPC 实现 AR 设备与云托管仿真之间的低延迟、异步双向数据传输。与传统方法相比，DART 的网络数据包大小缩小到原

① 图源自 https://dexhub.ai/project。

来的 1/1000 以下。

- 云托管仿真：基于 AWS Elastic Container Registry（ECR）动态启动仿真实例，降低用户设置成本，同时保持与本地托管相当的低延迟。
- 手部跟踪与映射：利用 Apple 的 ARKit 跟踪手部和腕部关键点，通过微分逆运动学（Differential IK）将操作员的手部运动映射到机器人上。
- 预设计机器人和场景：支持多种机器人和末端执行器，包括 Franka Research 3、UR5、Unitree Humanoid Series 等。
- 自定义场景导入：用户可通过在线门户上传自定义仿真环境和资产，扩展平台功能。
- 一键重置：通过单击按钮重置仿真环境，减少操作员疲劳，提高数据采集效率。
- 即时任务切换：快速切换不同任务和仿真环境，减少重复任务带来的疲劳。
- 任务多样性：DART 支持从简单物体操作到复杂灵巧操作的广泛任务，如抓取小物体、将杯子挂在架子上、解开魔方等。

DexHub 和 DART 的使用步骤如下。

1）硬件搭建：使用 Apple Vision Pro 等 AR 设备，通过 RealityKit 渲染仿真环境。用户通过 DART 应用程序连接到云托管的仿真环境，无需本地设置。

2）数据采集：用户从 DART 支持的任务列表中选择任务，或导入自定义任务。通过 AR 设备实时操作机器人，完成任务并采集数据。任务完成后，用户通过单击按钮重置环境，准备下一次数据采集。所有采集的数据自动存储在 DexHub 数据库中，用户可以随时下载或共享。通过数据增强和随机化策略，将仿真数据训练的策略迁移到真实世界。

DexHub 和 DART 的优势如下。

- 数据采集效率：DART 的数据采集效率比真实世界遥操作高出 2.1 倍，显著缓解操作员的物理和认知疲劳。
- 视觉反馈：DART 的 AR 渲染方式减少了网络延迟，提高了数据采集效率。与传统方法相比，DART 在视觉反馈上表现出更高的性能。
- 控制接口：DART 的手部跟踪控制方式与传统机械双倍控制相当，但更轻便，减少了操作员的疲劳。

- 策略迁移：DART 采集的数据训练的策略能够零样本迁移到真实世界，并在多种视觉干扰下表现出更强的鲁棒性。仿真环境中的数据增强策略（如背景随机化、光照变化）显著提高了策略的泛化能力。
- 数据存储：所有通过 DART 采集的数据自动存储在 DexHub 数据库中，支持公开访问和共享。DexHub 提供 API，允许用户上传和下载数据，支持大规模数据采集和共享。

DexHub 和 DART 通过增强现实和云托管仿真，为机器人数据采集提供了一个高效率、低疲劳的平台。DART 的设计不仅提高了数据采集效率，还通过数据增强和仿真技术提高了策略的泛化能力。DexHub 的数据共享功能为机器人学习提供了持续增长的数据资源，为实现互联网规模的机器人数据采集奠定了基础。

5.2 示教类数据采集技术

示教（Teaching）类数据采集是指人类操作员执行一项任务或一系列任务，然后以示教数据指导机器人执行类似任务。示教类数据采集方法又可以分为两类：直接示教（Direct Teaching）和间接示教（Indirect Teaching）。

5.2.1 直接示教技术

直接示教又称手把手示教。这种示教方法的优点是操作直观，适合简单的示教任务，并且无需额外的硬件设备，成本较低。但缺点是示教效率低，适用的场景有限。直接示教的具体实现方式包括拖动示教和示教器示教。

1. 拖动示教

拖动示教是指操作员通过手动物理牵引，操纵机器人的关节或末端执行器到期望位置的方法。这些位置随后被记录下来并存储为一系列机器人稍后可以再现或学习的动作数据。这种技术可以直观地为机器人编程，操作员可以直接迅速地让机器人记录下工作点位，对于需要精确定位或需要按顺序执行复杂动作的任务尤其有用。

　　当前主流的机器人拖动示教控制方法可以分为两类。第一类是在机器人本体关节处安装力矩传感器，配合控制器中的算法，检测出用户施加在该处的外力信息的拖动示教。此种方法的系统复杂性较高，且有成本方面的增加。第二类是基于力矩控制的零力平衡，即借助机器人的动力学模型的拖动示教。不同于传统的基于位置的拖动示教方法，这种方法不需要在机器人本体上增加额外的力矩传感器，因此零力控制方法对操作员更加友好。

　　当前，拖动示教已被广泛应用于各类工业机械臂和协助机械臂的使用中，已成为机器人厂商提供的基本功能服务。

　　2．示教器示教

　　示教器示教是一种用于工业机器人编程和操作的方法，它允许操作员通过手持示教器（Teach Pendant）对机器人进行直接控制或编程。操作员可以通过示教器上的按钮、旋钮或触摸屏等，引导机器人执行任务，如移动到特定位置或执行特定动作。这种技术可以实时控制机器人或录制动作序列以供将来重复执行。示教器示教技术简化了机器人编程过程，提高了生产效率，并允许机器人在没有复杂编程知识的情况下执行任务，被广泛应用于自动化生产线和工业制造领域。

　　就使用过程而言，示教器示教技术和手持类遥操作技术类似，但实际上它们仍有不同。示教器示教技术适用于编程设置和需要精确控制的场合，操作员与机器人是直接的、近距离的交互。而手持类遥操作技术适用于注重灵活性和安全性的场合，操作员对机器人是远程、实时的控制。更直观的区别是，示教器通常是遵循机器人厂家规范制造的配套专用设备，而手持类遥操作设备通常是第三方制造的通用设备，二者遵循的接口规范和通信数据都是不同的。

　　由于直接示教技术相对简单，适用范围有限，且在具身智能领域应用不多，本书不再对其做更详细的介绍。

5.2.2　间接示教技术

　　在间接示教技术中，操作员不再直接操作整个机器人，而是通过其他间接方法产生示教数据。在具身智能数据采集领域，通常存在 3 种间接示教方法：末端执行器示教、动捕数据示教和人类视频演示学习。

1. 末端执行器示教

末端执行器示教是指操作员通过控制机器人的末端执行器（如夹爪、工具头）来完成示教任务。例如，在焊接机器人中，操作员可以手动调整焊枪的位置和姿态进行示教，而无须操作整个机器人。

由斯坦福大学提出的 UMI 将末端执行器示教这一思路在具身智能数据采集领域进行了扩展，提出将末端执行器改造为一种通用操纵接口（Universal Manipulation Interface），以支持人类单独手持进行数据采集。由于相比使用整个机器人采集数据，单独使用末端执行器可以很方便地在各类开放环境中进行数据采集，因此该技术也被称为开放环境（In-the-wild）数据采集技术。UMI 的结构与使用示例，如图 5-14 所示。

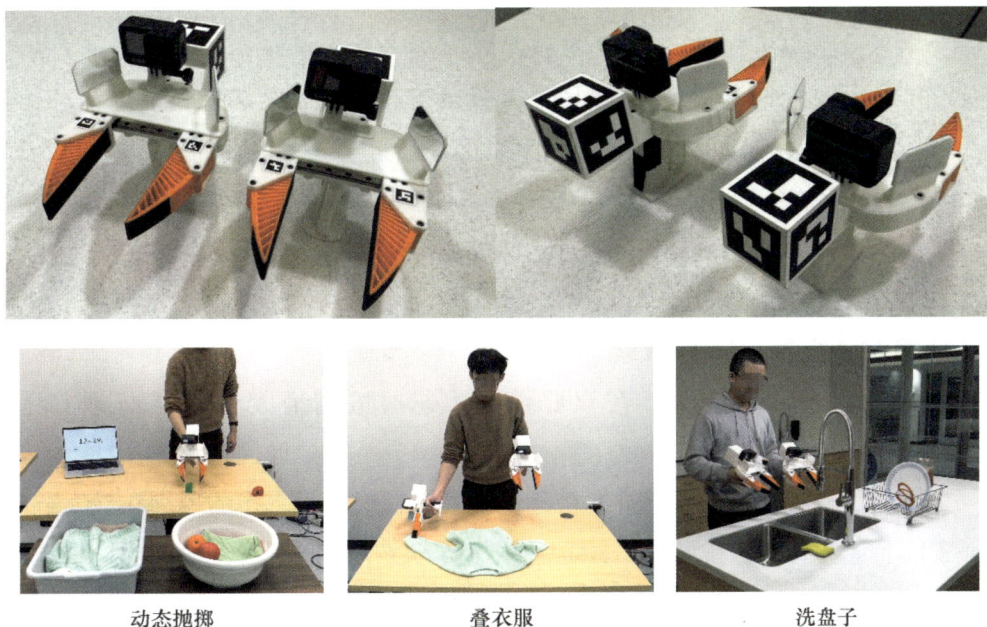

动态抛掷　　　　　　　叠衣服　　　　　　　洗盘子

图 5-14 UMI 的结构与使用示例 [①]

传统遥操作方法存在硬件成本高昂、依赖专业操作人员，以及数据采集环境局限于实验室等缺点。此外，现有的手持式夹具能够采集的数据在动作多样性（Action Diversity）和可转移性（Transferability）之间难以实现平衡，且数

---

① 图源自 https://umi-gripper.github.io。

据采集受限于简单抓取或准静态操作。UMI 旨在通过低成本、便携式的手持式夹具和精心设计的界面，将开放环境的人类演示技能直接转移到可部署的机器人策略中。

UMI 具有如下特点和创新。

- 手持式夹具：使用 3D 打印的平行夹爪，配备 GoPro 相机作为唯一的传感器和记录设备。通过 Fisheye 镜头增加视野范围（FoV），提供更丰富的视觉上下文。在夹爪两侧安装镜子，提供隐式立体视觉（Implicit Stereo），增强深度感知。利用 GoPro 内置的 IMU（惯性测量单元）进行视觉—惯性 SLAM（VIO），实现快速运动下的精确跟踪。
- 硬件无关性：采集的数据和训练的策略能够直接部署到不同机器人平台上，无须针对特定机器人进行调整。通过推理时间延迟匹配（Inference-time Latency Matching），可以处理不同传感器的观察和执行延迟，确保训练和部署时的时间一致性。通过使用相对轨迹表示动作，避免对全局坐标系的依赖，从而增强策略的泛化能力。
- 本地数据采集：仅需手持夹具和 GoPro 相机，无需外部摄像头或复杂的设备。数据以标准化的 MP4 文件形式记录，便于共享和分布式数据采集。

UMI 的使用过程如下。

1）时间同步（可选）：在双臂任务中，通过扫描滚动二维码同步两个 GoPro 相机的内部时钟。

2）夹爪校准（可选）：记录夹爪开合视频，校准夹爪手指的最小和最大宽度。

3）环境建图：在新场景中，通过缓慢移动夹爪扫描环境，构建用于 SLAM 的地图。

4）演示任务：演示者在相同场景中重复执行目标任务，GoPro 相机记录视频。演示结束后，将视频上传至云端并转换为训练数据集。

在使用训练数据集训练得到模型后，可将模型策略部署回 UMI。

- 硬件适配：将 UMI 夹爪和相机安装到机器人上，确保与数据采集时的配置一致。
- 延迟校准：测量并校准相机、机器人和夹爪的观察和执行延迟。

- 策略执行：加载训练好的策略模型，根据实时观察生成动作指令，并补偿硬件延迟以实现精确控制。

UMI 在数据采集任务中体现了其优势。在 12 个小时内，3 名演示者在 30 个不同环境中采集了 1400 个演示数据。在"杯子排列"任务中，UMI 夹爪的数据采集速度是传统遥操作的 3 倍以上，接近人类手部演示的 50%。在"动态投掷"任务中，UMI 夹爪的数据采集速度是人类手部演示的 64%，而传统遥操作无法成功完成此任务。

UMI 框架通过精心设计的手持式夹具和策略接口，实现了从 In-the-wild 人类演示到可部署机器人策略的高效转移。它不仅能够处理复杂的动态、双臂协同和长时域任务，还通过大规模开放环境数据采集显著提高了策略的泛化能力。UMI 的便携性和低成本设计使其适合大规模分布式数据采集，为机器人操作技能的快速开发和部署提供了一种新的解决方案。

上海人工智能实验室的研究人员认为，UMI 虽然降低了成本，但依赖于特定硬件（如 Weiss WSG-50 夹爪），限制了其在不同机器人平台上的适用性。并且 UMI 系统依赖于开源 SLAM 算法（如 ORB-SLAM3），这增加了部署和校准的复杂性，降低了用户体验。因此他们开发了一种名为 FastUMI（Fast Universal Manipulation Interface）的新型机器人操作数据采集与策略学习框架。该框架旨在简化机器人操作任务的数据采集过程，并通过硬件无关的设计提高系统的可扩展性和易用性。Fast-UMI 的结构与使用示例如图 5-15 所示。

FastUMI 具有如下特点和创新。

- 硬件解耦设计：FastUMI 包含手持设备和机器人安装设备两部分，通过在机器人夹爪上附加与手持设备相同的指尖扩展部件，确保人类演示和机器人执行之间的视觉一致性。该设计兼容 5 种主流夹爪模型（如 xArm 夹爪和 Robotiq 2F-85），并可扩展到其他夹爪类型。

- 简化数据处理：使用 Intel RealSense T265 相机直接获取末端执行器的 6 个自由度（6DoF）姿态，避免了复杂的 SLAM 部署和校准。通过 GoPro 相机的鱼眼镜头捕捉宽视角图像，简化了硬件设置，消除了多相机配置的需求。使用机器人操作系统（ROS）作为中间件，协调多个传感器的数据采集，确保数据的时间同步。提供数据转换工具，将原始数据转换为适合模仿学习模型的格式，简化了数据处理流程。

- 用户体验优化：FastUMI 的设计允许用户快速安装和配置系统，无需复杂的校准或机械调整。通过标准化的接口设计，用户可以轻松调整机器人安装设备的长度和角度，以适应不同的机器人平台。

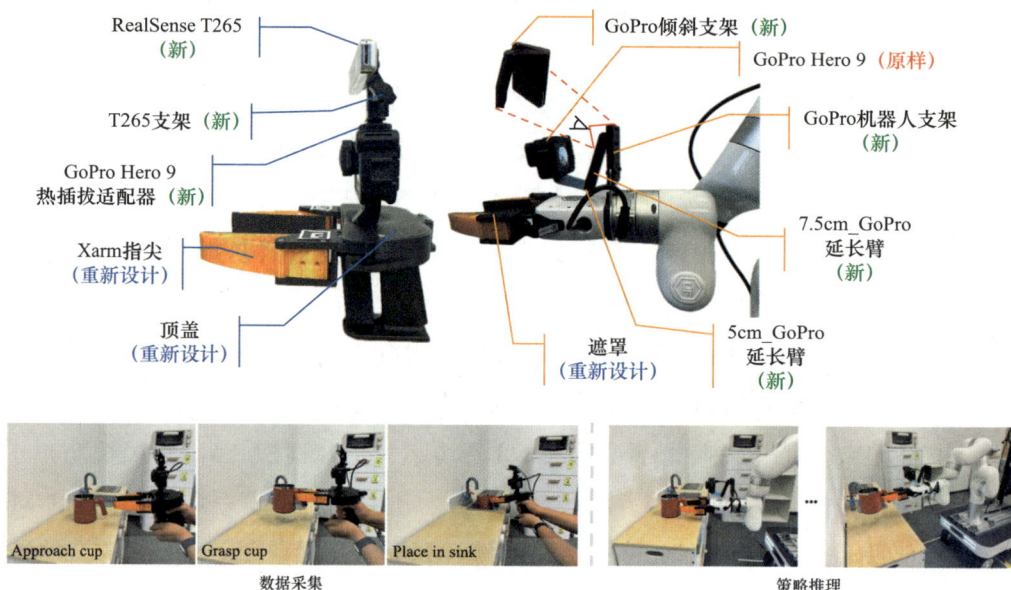

图 5-15　FastUMI 的结构与使用示例 [①]

FastUMI 的数据采集过程如下。

1）设备准备：启动 GoPro 节点、T265 节点和夹爪宽度计算节点，确保所有传感器数据正常发布。

2）执行数据采集：人类操作员使用手持设备执行目标任务，数据采集节点实时记录所有传感器的同步数据。

3）数据转换：数据采集完成后，运行数据转换节点，将原始数据转换为适合模仿学习模型的格式。

FastUMI 相比 UMI 体现了一定的优势。通过与运动捕捉（MoCap）系统的对比测试，T265 传感器的平均位置误差为 0.0237 m，表明其能够为机器人操作

---

① 图源自 https://fastumi.com。

任务提供足够准确的姿势估计。FastUMI 简化了数据采集和部署流程，显著降低了用户在硬件配置和数据处理上的工作量。FastUMI 为机器人操作任务提供了一个高效、易用的数据采集和策略学习框架。它解决了现有系统在硬件依赖和复杂设置方面的局限性，为机器人学习研究提供了一个强大的工具。

UMI 开创的数据采集方式迅速引起了相关机器人厂商的重视并推出了相应的产品。如图 5-16 所示，松灵机器人的 Pika 数据采集方案是一款面向具身智能领域的通用数据采集系统，旨在通过轻量化、高精度和多模态的设计，为机器人数据采集提供高效、便捷的解决方案。

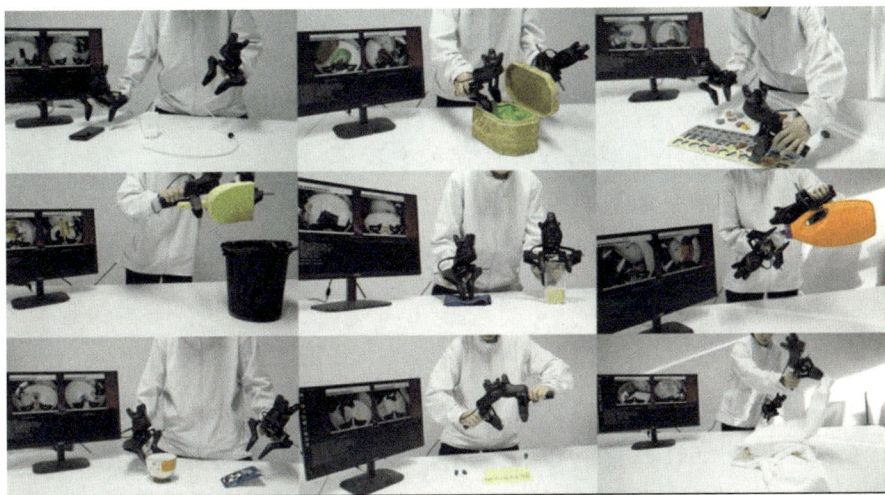

图 5-16　松灵机器人的 Pika 数据采集方案使用示例

Pika 的核心特点如下。

- 轻量化与便携性：Pika 采用手持夹持设计，重量仅为 550 g（采集夹爪）和 690 g（末端执行夹爪），便于操作人员长时间使用，减轻疲劳感。设计上支持夹爪更换，未来将进一步拓展采集的可能性，降低成本。
- 高精度多模态数据采集：集成 200°鱼眼相机、双目深度相机、IMU、高精度编码器等多种传感器，能够全面采集 6 个自由度位姿数据、深度信息、视觉信息及夹持信息。支持毫米级空间定位，位姿精度最高可达 ±1.5 mm，适用于桌面、白墙、低光照等弱纹理场景。
- 创新设计与通用性：采用人体工学夹持设计，适应不同手掌大小，支持刚性与柔性夹取需求，拓展数据采集的通用性。模块化设计支持与多种机器人平台兼容，加速具身智能体的任务训练与数据迁移。

- 全流程协同与高效输出：采集器和执行器采用同源同构设计，确保从数据采集到模型推理的全流程协同。实现数据的高效实时输出，无需后续处理与同步，显著提升任务响应速度与执行效率。

Pika 的应用场景与优势如下。

- 复杂环境适应性：Pika 定位基站支持室外工作，仅需 12 V 供电，续航可达 30 小时，适用于户外、野外地形或受限空间等复杂场景。
- 高性价比：相比传统动捕设备，Pika 大幅降低了设备重量和成本，同时提升了数据采集效率。
- 开放性与二次开发：支持 ROS 1、ROS 2 和 URDF 二次开发，未来还将适配柔性夹爪、触觉传感器等更多方案。

Pika 数据采集方案通过其轻量化设计、高精度多模态采集能力和全流程协同特性，为具身智能领域的数据采集提供了高效、便捷的解决方案，具有强大的产品竞争力和广泛的适用性。

2. 动捕数据示教

动捕数据示教是指操作员穿戴动作捕捉设备（如数据手套、动作捕捉服），系统记录操作员的动作并作为机器人的示教数据。例如，在舞蹈机器人中，操作员可以通过动作捕捉系统示教舞蹈动作。

图 5-17 展示了用户使用诺亦腾（Noitom）Perception Neuron 动作捕捉系统生成数字人运动数据的画面。该运动数据可以作为机器人示教类数据，用于机器人的控制模型学习。

Perception Neuron 动作捕捉系统系列是诺亦腾公司在动作捕捉领域的核心产品之一，广泛应用于影视制作、动画设计、虚拟现实（VR）、增强现实（AR）、游戏开发、体育训练、康复医疗等领域。

Perception Neuron 系列包括多个不同级别的产品，可以满足不同用户的需求。

- PN 3：入门级惯性动作捕捉系统，适合小型动画工作室和游戏开发团队。它包含全身 17 个节点的无线惯性传感器、全身绑带、传感器充电盒及便携箱。

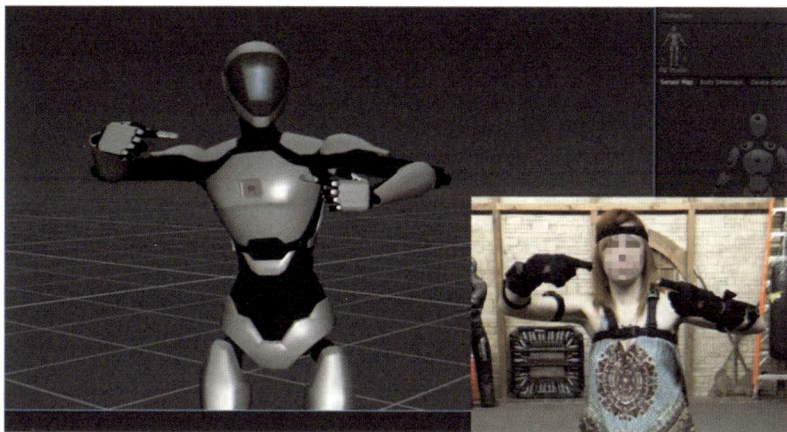

图 5-17 Perception Neuron 动作捕捉系统使用示例[①]

- PN 3 Pro：高级惯性动作捕捉系统，支持手指动作捕捉，具有更高的数据质量和更小的传感器尺寸。它包含全身 17 个节点的无线惯性传感器、双手动捕手套、全身绑带、动捕压缩服、传感器充电盒及高强度安全箱。
- PN Studio：旗舰级产品，支持纯惯性模式和光惯混合模式，适用于影视预演、虚拟演唱会、虚拟拍摄等高级应用场景。它最多支持 1000 m² 内的 5 人全身加手指的动作捕捉，以及 20 个道具的实时追踪。

Perception Neuron 系列的主要特点如下。

- 高精度与低延迟：Perception Neuron 系列采用先进的传感器标定方式和算法，能够提供高精度的动作捕捉数据，延迟小于 20 ms。
- 无线穿戴：传感器通过 2.4G 射频实现无线连接，提升了穿戴的稳定性和灵活性。
- 抗磁干扰：即使在复杂的磁场环境中，系统也能保持稳定的性能。
- 支持多人同场：支持多套设备同场使用，满足多人动作捕捉的需求。
- 软件支持：配备自主研发的配套软件 Axis Neuron，支持多种主流 3D 设计软件和插件，如 Unity、Unreal Engine 等。

Perception Neuron 系列的主要应用场景包括影视特效与动画制作（用于捕捉演员的动作，生成逼真的动画角色）、虚拟现实与增强现实、游戏开发、体育训练与康复医疗、人体工学评估等。

① 图源自 https://www.noitom.com.cn。

相比传统的光学动作捕捉系统，Perception Neuron 系列成本更低，易于普及。无线设计和小型传感器使得系统可以在多种环境中使用，不受场地限制；并且提供了直观的软件界面和简化的校准流程，方便用户快速上手。Perception Neuron 系列动作捕捉系统以其高精度、低延迟、无线穿戴和抗磁干扰等特点，成为动作捕捉领域的热门选择，其在具身智能数据采集领域也受到了各类研发机构的关注。

由斯坦福大学开发的 DexCap 如图 5-18 所示。它是一个便携式、可扩展的运动捕捉系统，旨在为灵巧操作任务采集高质量的人类手部运动数据，并支持机器人通过模仿学习实现类似人类的灵巧操作。DexCap 的设计动机是开发一个便携式、鲁棒性强的运动捕捉系统，能够在真实环境中快速、高效地采集高质量的人类手部运动数据，同时支持机器人通过模仿学习实现灵巧操作。DexCap 的特点和创新如下。

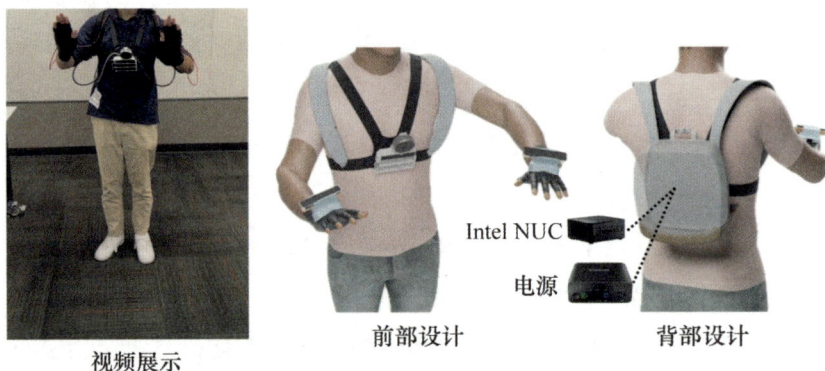

Intel NUC
电源

视频展示　　前部设计　　背部设计

图 5-18　用于灵巧操作的动捕系统 DexCap[①]

- 便携式设计：DexCap 包括一个可穿戴的相机背心、两个手套上的 SLAM 相机和一个胸腔上的 RGB-D LiDAR 相机，总重量仅 1.8 kg，支持 40 min 的连续数据采集。
- 高精度运动捕捉：使用电磁场（EMF）手套捕捉手指关节位置，结合 SLAM 技术实时跟踪手腕的 6 个自由度姿态，即使在视觉遮挡情况下也能保持鲁棒性。

①　图源自 https://dex-cap.github.io。

- 3D 环境记录：通过 RGB-D LiDAR 相机记录操作环境的 3D 点云数据，为机器人学习提供丰富的视觉信息。

- 数据重定向：通过逆运动学（IK）将人类手部运动数据映射到机器人手上，确保指尖位置一致。同时，将 RGB-D 数据转换为点云格式，对齐到机器人操作空间。

- 点云基础的模仿学习：采用基于扩散模型的策略学习算法，能够处理高维动作空间，适用于双臂灵巧操作任务。

- 人类在环修正：提供实时人类修正机制，允许操作员在机器人执行任务时进行干预，纠正错误行为，并将修正数据用于策略微调。

DexCap 的使用过程如下。

1）穿戴设备硬件搭建：操作员穿戴配备相机和传感器的背心和手套，背心上的 LiDAR 相机用于记录环境，手套上的 SLAM 相机用于跟踪手腕姿态。

2）校准：在数据采集开始前，将所有相机安装在背心上进行校准，建立统一的世界坐标系。随后，将手套上的相机安装到手套上，开始数据采集。

3）数据采集处理：操作员在真实环境中执行任务，系统实时记录手部运动和环境信息。将 RGB-D 数据转换为点云格式，并对齐到机器人操作空间。

4）动作重定向：使用 IK 将人类手部运动映射到机器人手上，确保指尖位置一致。

5）人类在环修正：在机器人执行任务时，操作员可以通过 DexCap 提供的修正机制实时调整机器人的动作，并且可以将修正数据与原始数据结合，对机器人策略进行微调，提高任务成功率。

DexCap 在实验中体现了优势。它能够在各种真实环境中快速采集高质量的 3D 手部运动数据，支持复杂任务的学习。例如，在"海绵抓取"和"球采集"任务中，仅使用 30 min 的人类演示数据，机器人策略的成功率分别达到 85% 和 60%。通过点云基础的模仿学习，DexCap 采集的数据能够直接用于训练机器人策略，无需额外的机器人硬件数据。在"包装"任务中，使用 DexCap 数据训练的策略在训练对象上达到了 70% 的成功率，并在未见过的对象上达到了 40% 的成功率。在复杂任务（如"剪刀剪切"和"茶水准备"）中，人类在环修正显著提高了任务成功率。例如，在"剪刀剪切"任务中，经过 30 次人类修正后，成功率从 0% 提高到 45%；在"茶水准备"任务中，成功率从 30% 提高到 65%。

总的来说，DexCap 是一个便携式、高精度的运动捕捉系统，能够为机器人灵巧操作任务采集高质量的人类手部运动数据。通过数据重定向和点云基础的模仿学习，DexCap 支持机器人直接从人类数据中学习复杂任务，并通过人类在环修正机制进一步提高性能。DexCap 的便携性和鲁棒性使其成为未来大规模灵巧操作数据采集和机器人学习研究的重要工具。

动捕数据示教与使用动捕设备进行遥操作的区别是：动捕数据示教通过采集和处理人类动作数据来训练机器人模型，该示教类数据不能精确对应机器人运动，不一定能保证采集到的数据的可用性。例如，动捕示教类数据的范围可能超过了机器人的工作空间，从而导致数据不可用，除非模型在学习过程中有相应的处理技巧。而动捕设备遥操作是一种实时控制方式，直接将人类的动作数据映射到机器人上，采集到的机器人运动数据不会超出机器人的合理数据范围。因此，数据采集人员应当根据后续的数据使用方式选择合适的数据采集技术。

3．人类视频演示学习

人类视频演示学习（Learning by Human Video Demonstrations）是一种新兴的机器人学习方法，旨在通过模仿人类行为来完成复杂任务，而无需手动编程或大量的机器人数据采集。这种方法的核心是利用人类视频演示作为知识来源，使机器人能够理解并执行任务，同时具备良好的泛化能力。因为无需大规模的机器人数据采集，该技术可能比使用机器人进行专家演示更经济。在该技术领域，当前较为前沿的技术有 GRH、MimicPlay、GR-2 和 HuDOR。下面以 GR-2 和 HuDOR 为例介绍人类视频演示学习的基本理念和方法。

字节跳动公司推出的 GR-2（Generative Robot 2.0）是一种创新的机器人大模型，通过模仿人类的学习方式来处理复杂任务，具备强大的泛化能力和多任务通用性。GR-2 的学习过程分为两个主要阶段：预训练和微调。

1）预训练阶段。如图 5-19 所示，GR-2 在预训练阶段观看了多达 3800 万个互联网视频片段，这些视频涵盖了家庭、户外、办公室等多种日常场景，总共有超过 500 亿个标记（Token）。这些数据来自公开的学术数据集。通过观看这些视频，GR-2 学习人类的日常行为模式和世界的动态变化，从而获得对复杂环境的理解能力。这一阶段的目标是让模型掌握关键的时间动态和语义信息，为后续的任务学习打下基础。预训练使 GR-2 能够生成视频，预测未来画面的变化。例如，当输入一帧图片和语言指令时，GR-2 可以预测后续的视频画面。

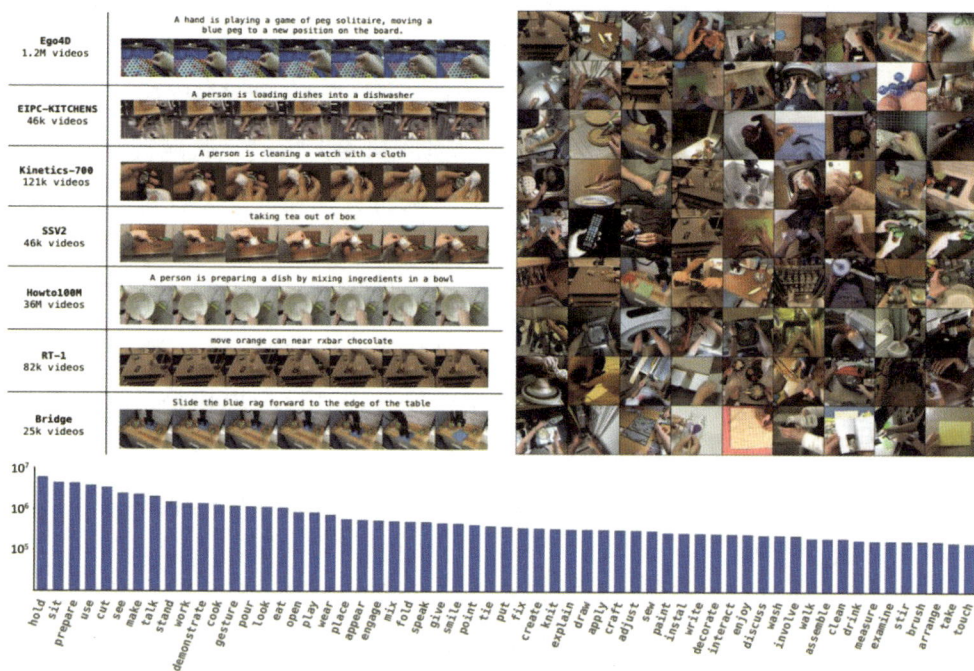

图 5-19　GR-2 在预训练阶段观看的视频数据信息统计

2）微调阶段。在微调阶段，GR-2 使用了 4 万条机器人轨迹数据进行训练。微调阶段的目标是让 GR-2 能够根据输入的画面和语言指令，不仅预测视频画面的变化，还能输出相应的动作轨迹。这一阶段进一步提升了 GR-2 的动作预测和视频生成能力。通过微调，GR-2 能够无缝衔接"运动想象"和"运动执行"两个任务。例如，模型不仅能预测插花的画面，还能输出手部的三维运动轨迹。

GR-2 具备如下技术特点。

- 多任务学习能力：GR-2 在超过 100 个任务中实现了平均成功率 97.7%，展现出卓越的多任务学习能力。

- 泛化能力：GR-2 在新的、未见过的场景中表现出色，包括新的背景、环境、物体和任务。

- 视频生成与动作预测：GR-2 能够通过输入图片和语言指令预测未来的视频，并生成相应的动作轨迹。
- 与大语言模型协作：GR-2 能够与大语言模型结合，完成复杂的长任务，并与人类进行互动。

在测试中，GR-2 能够进行端到端的物体拣选，准确抓取包括透明、反光、柔软物体在内的多种物体，能够处理家庭和办公环境中的多种任务，如插花、整理桌面等。GR-2 通过模仿人类的学习过程，利用大规模互联网视频数据进行预训练，再通过机器人轨迹数据进行微调，从而实现强大的多任务学习和泛化能力。这一创新的学习方式为机器人的智能决策和自主操作开辟了新的可能性。

图 5-20 展示了纽约大学提出的一个名为 HuDOR（Bridging the Human-to-Robot Dexterity Gap through Object-Oriented Rewards）的流程示例。HuDOR 用于从人类视频中直接学习机器人的灵巧操作任务，其核心思想是通过人类视频中的物体运动轨迹来生成奖励信号，从而指导机器人学习任务。该框架不需要额外的机器人遥操作数据或人类干预，仅使用单个视频即可完成学习。具体流程包括以下几个步骤。

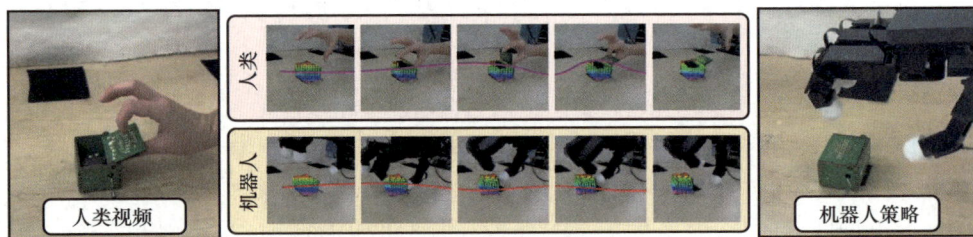

图 5-20   HuDOR 方法流程示例

1）数据收集与预处理。

- 硬件设置：使用 Kinova JACO 6 自由度机械臂和 Allegro 16 自由度四指手，通过两个 RealSense RGB-D 相机进行校准和视觉数据收集；使用 Meta Quest 3 VR 头显收集人类手部姿势估计。
- 数据收集：使用 VR 头显记录人类手部姿势，同时使用 RGB-D 相机记录操作场景。通过 ArUco 标记计算 VR 坐标系与机器人坐标系之间的相对变换。将人类手部姿势从 VR 坐标系转换到机器人坐标系，生成机器人的初始轨迹。

● 数据对齐：将手部姿势和视觉数据按时间戳对齐，生成同步的数据对。通过逆运动学模块，将手部姿势转换为机器人的关节命令。

2）初始轨迹重放。将人类手部姿势通过坐标变换和逆运动学映射到机器人上，生成初始轨迹。

3）在线强化学习。

● 奖励函数设计：使用预训练的点跟踪算法（如 Co-Tracker）跟踪物体上的关键点。计算人类视频和机器人轨迹中物体运动轨迹的相似度。提取物体的初始分割掩码，跟踪关键点的运动轨迹。计算物体的质心运动和平均平移 / 旋转。奖励函数通过计算人类轨迹和机器人轨迹之间的负均方根误差（RMSE）来衡量匹配程度。

● 残差策略学习：使用强化学习算法（如 DrQ-v2）学习一个残差策略，以优化初始轨迹。残差策略的输入包括人类手部姿势（重映射到机器人坐标系）、当前机器人手部位置的变化、跟踪点的质心和物体运动轨迹。通过残差策略调整机器人的动作，逐步优化轨迹。

4）在线学习与优化。在线学习过程中，机器人通过与环境的交互不断积累经验。残差策略通过强化学习逐步调整，以更好地适应任务需求。通过物体运动轨迹匹配奖励函数，机器人能够逐步学习人类的灵巧操作方式。

HuDOR 在 4 个任务上验证了效果，包括面包抓取、卡片滑动、音乐盒开启和纸张滑动。HuDOR 在所有任务中的表现均优于离线方法和基于图像的奖励函数。例如，在音乐盒开启任务中，HuDOR 的成功率为 60%，而基于图像的奖励函数的成功率仅为 10%。在纸张滑动任务中，HuDOR 将纸张平均滑动了 17.3 cm，而其他方法仅能滑动 16.1 cm。

HuDOR 通过从人类视频中提取物体运动轨迹，设计了基于轨迹匹配的奖励函数，从而指导机器人学习灵巧操作任务。该方法在多个任务中展示了优越的性能，并具有一定的泛化能力。然而，它仍存在一些局限性，如仅支持场景内视频，需要预先指定适合探索的动作维度，在单次尝试中无法纠正错误，只能在下一次尝试中改进等。未来需要进一步扩展其适用范围和鲁棒性。

5.3　本章小结

　　限于篇幅，还有部分数据采集技术未能在本章详细介绍，如用于灵巧手数据采集的遥操作外骨骼系统 ACE、用于人形机器人数据采集的视觉类遥操作系统 HumanPlus、用于人形机器人数据采集的光惯类遥操作系统 OmniH2O 和 Mobile-TeleVision。需要注意的是，以上技术分类不是绝对的，一个数据采集系统可以综合使用以上多种采集技术（如 HOMIE 是可穿戴遥操作和同构类遥操作的集成）。综合来看，不同真实世界数据采集方法各有优缺点，它们之间的比较可以参考表 5-1。在实践中，人们需要根据采用的技术路线、采集效率和成本等，综合选择最优的数据采集方法。

表5-1　不同真实世界数据采集方法比较

类别			数据质量	成本	操作员要求	采集效率	数据多样性	设备依赖度	机器人兼容性
遥操作类数据采集	位姿类	手持类	中	低	低	低	低	低	中
		可穿戴	高	中	中	中	高	高	中
		同构类	中	中	中	中	中	高	中
	视觉类		中高	中高	中	中	中	中	中
	光惯类		高	高	高	中	高	高	中
示教类数据采集	直接示教		低	低	低	低	低	无	低
	间接示教	末端执行器示教	中高	中低	低	高	高	高	高
		动捕数据示教	中高	中高	中高	中	高	高	中
		人类视频演示学习	中	低	低	高	高	无	高

第 6 章　具身智能的仿真环境数据生成技术

仿真环境数据生成（Simulation Environment Data Generation）是指用户在仿真环境中采集与机器人交互相关的数据。从仿真环境中生成的数据是对真实世界采集到的数据的重要补充。相比真实世界数据采集，仿真环境数据生成具有以下 3 个优势。

- 数据多样。在仿真环境中，用户可以快速生成多样化的数据，包括不同的场景、任务、机器人型号及其相应的参数和条件，从而极大提高数据多样性。而且仿真环境不受物理世界的限制，可以模拟如重力变化、摩擦力变化等在真实世界中难以实现的条件。

- 安全可控。一方面，由于不需要担心实际操作中可能对人员或设备造成的伤害，用户可以在仿真环境中模拟各种复杂或极端的条件；另一方面，仿真环境数据生成可以轻松重复获得一致和可靠的数据集，这对于算法的测试和验证至关重要。另外，在仿真环境中，可以隔离特定的变量来研究其对机器人行为的影响，这在真实世界中很难做到。

- 低成本。仿真环境可以大幅降低数据采集的成本。一方面，在仿真环境中不需要进行物理硬件的购置和维护，减少了因物理损坏而产生的成本；另一方面，仿真环境可以轻松构建多机器人协作等复杂的场景，这在真实世界中可能成本高昂或难以部署。另外，由于可以精确访问到模拟的内部状态和参数，仿真环境中的数据通常更容易进行标注，从而减少了相应的标注成本。

然而，仿真数据在实际使用中会遭遇真实差距（Reality Gap）的问题。在模型训练中，该不该使用仿真数据，使用的量级和使用比例是多少，仍是学术界在研究的问题。尽管如此，仿真环境数据生成仍然是具备相当价值的研究方向。

6.1 机器人仿真平台简介

6.1.1 仿真平台的特性

仿真平台也称为仿真环境或仿真器，是一种软件系统或工具，它用于模拟真实世界中的物理系统、过程或环境。通常来说，一个合格的仿真平台需要具备以下关键特性。

- 虚拟建模：仿真平台能够创建真实世界对象、系统或环境的虚拟模型，这些模型可以是机器人、机械部件、电子系统或整个工厂生产线。
- 物理引擎：仿真平台通常包含物理引擎，用于模拟重力、碰撞、摩擦和其他物理现象，以提供逼真的物理行为。
- 传感器模拟：仿真平台可以模拟各种传感器，如摄像头、雷达／激光雷达（LiDAR）和触觉传感器，以提供与真实世界相似的感知数据。
- 控制与交互：仿真平台允许用户通过编程或图形界面与模拟系统进行交互，例如，通过发送控制命令来操纵虚拟机器人。
- 实时性：许多仿真平台提供实时或近实时的仿真，这对于需要快速反馈的应用（如机器人控制）至关重要。
- 可编程性：仿真平台通常支持多种编程语言，允许用户根据需要定制仿真环境和行为。
- 可扩展性：仿真平台可以设计为可扩展的，以适应不同规模和复杂性的仿真任务。
- 数据采集：仿真平台可以用于采集仿真过程中的数据，这些数据可以用于分析、测试和机器学习。

6.1.2 仿真平台的发展

在过去 10 年中，现代仿真平台的发展可以大致分为两个方向。

1．追求更真实的视觉渲染

这一方向主要受到影视和游戏行业需求的驱动。在这个方向上，仿真平台着力通过集成先进的图形工具，实现仿真场景的真实感渲染。例如，广泛应用于跨平台游戏开发的 Unity 引擎，它支持 2D 和 3D 场景搭建，适用于多种操作系统和平台；由 Epic Games 公司开发的 Unreal Engine 以高质量的图形渲染和物理引擎著称，常用于开发高质量的 3D 游戏；而电子游戏开发商 Crytek 推出的 CryEngine 以先进的图形和物理模拟技术闻名，适用于开发高视觉保真度的游戏。具备真实视觉渲染能力的仿真平台能够提供更高质量的视觉数据，有助于提高训练得到的模型的视觉泛化能力。然而，这类仿真平台往往不能提供足够真实的动力学模拟效果，限制了其在机器人仿真领域的使用。

2．追求更真实的动力学模拟

这一方向主要受到科研机构研究需求的推动。在这个方向上，仿真平台着力通过集成先进的动力学解算工具，实现仿真场景的真实动力学模拟。例如，DeepMind 开源的 MuJoCo 专注于模拟多关节系统及其与环境的交互，为机器人动作仿真、生物力学研究等提供快速准确的动力学仿真；NVIDIA 推出的 PhysX 框架是游戏引擎 Unity 和 Unreal 采用的物理引擎，尤其是最新的 PhysX 9，提供了更精确的动力学模拟；仿真平台 Gazebo 同样专门设计了动力学引擎，可以为机器人仿真提供逼真的动力学模拟。然而，这类仿真平台早期大多忽略真实视觉渲染的效果，难以满足逐渐兴起的具身智能领域的需求。

随着近年具身智能的兴起，不少仿真平台已经开始尝试结合真实的视觉渲染与动力学模拟。例如，NVIDIA 推出的 Isaac 系列平台结合了其在游戏渲染和机器人动力学仿真的优势，能够为机器人提供较好的仿真环境；借助于更真实的动力学模拟能力，游戏引擎 Unity 也逐渐在机器人仿真中得到广泛使用。随着技术的进步，仿真平台的发展将为机器人仿真提供更好的支持。

6.1.3　常见的机器人仿真平台

1．MuJoCo

MuJoCo（Multi-Joint Dynamics with Contact）的设计初衷是为了更精确地模拟复杂的多关节系统与环境之间的相互作用，特别强调了对接触动力学的处理能力。它在机器人动作仿真、生物力学研究等多个领域展现出了卓越的能力。MuJoCo 的核心优势在于其高效的求解器，能够快速计算出高精度的动力学模型，即使是在处理大规模的关节系统时也能保持流畅的性能。MuJoCo 通过高效的 C 语言 API 和内置的 XML 编译器，提供了高性能的运行时模拟模块和交互式可视化工具，支持 OpenGL 渲染。

MuJoCo 具有以下几个突出的特性。

- 高性能仿真：MuJoCo 采用高度优化的算法，能够实现快速、稳定的物理仿真，特别适合需要大量迭代的机器学习任务。
- 精确的接触建模：引擎能够准确模拟各种复杂的接触情况，包括摩擦、碰撞等，这对于机器人抓取和操作任务至关重要。
- 灵活的模型定义：使用 XML 格式定义模型，允许用户方便地描述复杂的机械结构和环境。
- 丰富的 API：提供 C 语言 API，同时支持 Python 等多种编程语言的绑定，方便不同背景的研究者使用。
- 可视化工具：内置 OpenGL 渲染引擎，支持实时 3D 可视化，有助于直观理解和调试仿真结果。
- 广泛的应用支持：从简单的刚体动力学到复杂的机器人控制，MuJoCo 都能提供有力支持。

MuJoCo 最初由 Roboti LLC 公司开发，2021 年被 DeepMind 收购后免费提供，并于 2022 年 5 月开源。查看 MuJoCo 代码库可搜索 GitHub 上的 deepmind/mujoco 存储库。

2. Unity

Unity 最早是一个跨平台的游戏开发引擎，近几年逐渐被用于机器人仿真。它由 Unity Technologies 公司开发，于 2005 年首次发布。它专注于 2D 和 3D 游戏，以及交互式内容的开发，支持在超过 20 个不同的目标平台进行部署，其中最受欢迎的平台包括 PC、Android 和 iOS 系统。Unity 提供了一套完整的工具包，用于设计和构建游戏，包括图形、音频和关卡构建工具，减少了对外部程序的依赖。

Unity 引擎的主要特点如下。

- 跨平台支持：Unity 能够部署到多种平台，包括 PC、移动设备、游戏主机、增强现实和虚拟现实平台。
- 易于使用：Unity 以其用户友好的界面和丰富的教学文档而受到初学者和独立游戏开发者的欢迎。
- 图形和音频工具：Unity 提供了一套完整的工具集，用于游戏设计，包括图形和音频处理。
- 网络功能：Unity 支持多人游戏和网络功能，允许开发者创建在线游戏体验。
- 地形引擎和动态阴影：Unity 提供了地形引擎和动态阴影等高级特性，增强了游戏的视觉效果。
- 免费和高级许可证：Unity 为个人和教育用途提供免费许可证，同时为专业和商业用途提供高级许可证。
- 社区支持：Unity 拥有一个庞大的开发者社区，提供丰富的资源和支持。

Unity 引擎的发展历史可以追溯到 2002 年，它由丹麦程序员 Nicholas Francis 与 Joachim Ante 和 David Helgason 共同开发。自 2005 年首次发布以来，Unity 经历了多次更新和改进，逐渐成为业界应用最广泛的游戏引擎之一。如今，Unity 不仅用于游戏开发，还广泛应用于电影、汽车、建筑等行业。

3．PyBullet

PyBullet 是一个基于 Python 的实时物理仿真库，它最初由 Erwin Coumans 开发，并于 2016 年发布。它是基于 Bullet Physics 引擎的 Python 接口，提供了丰富的功能来模拟多体动力学、碰撞检测、软体动力学等物理现象。PyBullet 提供了简单的直接渲染器，以及对 VR 设备的支持，使得用户可以进行高级的渲染和交互。它以易用性、高性能和跨平台特性，在科学计算和机器学习领域受到欢迎。自发布以来，PyBullet 经历了多次更新和改进，不断增加新功能和优化性能，以满足用户在机器人仿真和机器学习方面的需求。

PyBullet 的主要特点如下。

- 多物理引擎支持：支持刚体、柔体动力学仿真，提供精准的碰撞检测和动态模拟。
- 机器人控制仿真：支持加载 URDF（统一机器人描述格式）、SDF（仿真描述格式）和 MJCF（MuJoCo 描述格式）等文件，可模拟机器人运动控制，如关节操作、路径规划和任务执行。

- 强化学习支持：内置环境支持，适用于强化学习场景，如机器人的步态学习和物体抓取等，与深度学习框架兼容，支持分布式训练。

- 快速部署：轻量级，简单易用，几行代码即可运行仿真，支持图形界面（GUI）和无界面模式。

- 多平台兼容：可运行于 Windows、Linux 和 macOS 系统，支持 CPU 和 GPU 加速。

PyBullet 的应用领域广泛，包括机器人研究与开发、强化学习、游戏开发、工业仿真、教育与科研等。它允许用户快速实现复杂的物理和机器人仿真，并将研究成果或开发成果应用于实际问题。

4．Isaac Sim

Isaac Sim，原为 NVIDIA 开发的机器人仿真平台，经历了从 Isaac Gym 到 IsaacGymEnvs，再到 OmniIsaacGymEnvs 的发展过程。最初，Isaac Gym 作为一个基础的仿真平台，只支持 3D 模型的导入，并没有提供 3D 设计的操作平台，但随着时间的发展，它逐渐成熟。在 preview 4 版本，Isaac Gym 将 AI 算法的接口和算法库单独拿出来，形成了 IsaacGymEnvs 项目。随后，NVIDIA 公司不断加大在机器人 AI 平台领域的投入，推动了 Isaac Gym 项目向 OmniIsaacGymEnvs 的升级，加强了 3D 设计的操作界面，并融入了元宇宙概念，即 Omniverse。最终，NVIDIA 将多个项目合并，形成了 Isaac Sim，它不仅是一个仿真平台，更是 NVIDIA 元宇宙技术平台的一个阶段性汇总。

Isaac Sim 集成了多种先进技术，提供了一个高性能、高保真的仿真环境，支持机器人模型和传感器的模拟，以及与 ROS 2 的无缝集成，为机器人算法的开发和测试提供了一个强大的工具。Isaac Sim 的核心功能如下。

- 基于物理的仿真：提供高度精确的物理仿真环境，模拟现实世界中的物理现象，如重力、摩擦力、碰撞等。

- 生成式 AI 集成：集成生成式 AI 技术，允许开发者利用 AI 生成复杂的场景和环境，加速数据集的生成并提高机器人在现实世界中的适应性和鲁棒性。

- 模块化设计：采用模块化设计，使得开发者可以根据项目需求灵活选择和组合不同的模块。

- 高性能计算支持：优化以在 NVIDIA 的高性能计算平台上运行，如 NVIDIA DGX 和 NVIDIA OVX，处理大规模的仿真任务，并实时渲染复杂的 3D 场景。

- 与 ROS 2 的无缝集成：基于开源的 ROS 2 框架构建，简化了开发流程，并促进了社区内的知识共享和技术交流。

Isaac Sim 的应用场景非常广泛，涵盖了从工业自动化到教育培训等多个领域。例如，在工业自动化领域，它可以用于模拟和优化复杂的生产线和物流系统；在机器人操作和操纵领域，提供安全且可控的测试环境；在计算机视觉和感知研究领域，可以生成大量的虚拟数据集，用于训练和测试计算机视觉算法；在机器人教育和培训领域，可以作为教学工具，帮助学生和研究人员学习和研究机器人技术、人工智能和机器学习等。

Isaac Sim 支持多种机器人模型和传感器模拟，开发者可以在虚拟环境中进行各种实验和测试。它还提供了一套工具，通过 Replicator 采集合成数据，通过 Omnigraph 编排模拟环境，调节 PhysX 模拟参数以匹配现实，最终通过各种方法（如 Isaac Lab 中的强化学习）训练 Agent。

此外，Isaac Sim 提供了开放的 API 和插件系统，允许用户自定义模拟环境和机器人模型。作为 Omniverse 的一部分，它可以与 NVIDIA 的其他工具和应用程序无缝集成，如用于自动驾驶的 DRIVE Sim。Isaac Sim 可以在云端或本地服务器上运行，为用户提供了灵活的部署选项。

NVIDIA 为 Isaac Sim 提供了丰富的教育资源和社区支持，帮助研究人员和学生学习和使用该平台。

5．Gazebo

Gazebo 是一个开源的 3D 物理仿真器，广泛应用于机器人领域。Gazebo 最初由南加州大学的研究人员于 2002 年开发。2004 年，Gazebo 的开发团队在 IROS 国际机器人会议上发表了关于 Gazebo 的论文。Gazebo 的开发在 2012 年转移到了 OSRF（Open Source Robotics Foundation，开源机器人基金会）。Gazebo 能够模拟复杂的环境、光照效果，并且具有精确的物理引擎，可以准确地模拟机器人的运动和交互。它的核心特点如下。

- 高保真度的物理模拟：Gazebo 提供高保真度的物理模拟，这对于机器人运动和交互的准确模拟至关重要。
- 传感器模型库：Gazebo 拥有一个强大的传感器模型库，包括相机、深度相机、激光雷达、惯性测量单元（IMU）等，可以模拟机器人常用的传感器。
- 友好的交互方式：Gazebo 提供了直观的可视化界面，用户可以方便地观察机器人的运动状态和仿真环境，同时支持通过界面进行交互操作。
- 高性能与实时性：Gazebo 在性能方面表现出色，能够支持大规模的机器人仿真场景，并且具备实时性特点，确保仿真过程与真实世界的时间同步。
- 支持多种物理引擎：Gazebo 支持多种高性能的物理引擎，如 ODE、Bullet、SimBody、DART 等，以实现更高精度、更快速度的机器人仿真。
- 丰富的机器人模型和环境库：Gazebo 包含丰富的机器人模型和环境库，用户可以根据需要设置环境参数，如地形、天气、光照等，同时支持导入 3D 模型，构建出逼真的虚拟环境。
- 与 ROS 的兼容：Gazebo 与机器人操作系统（ROS）紧密集成，进一步提升了其在机器人仿真领域的应用广度和深度。
- 开源免费：Gazebo 是开源软件，这使得它在学术界和工业界中得到了广泛的应用和支持。

Gazebo 的应用场景包括机器人研发与测试、教学与培训、竞赛与展示等，它在这些领域发挥着重要作用，帮助开发者进行机器人算法测试、控制系统验证，以及性能评估等工作。随着技术的发展，Gazebo 在仿真性能、传感器模型与场景库方面也在不断提升，以满足日益增长的机器人感知需求。

6. Webots

Webots 是一个开源的多平台机器人仿真软件，由瑞士洛桑联邦理工学院（EPFL）于 1996 年开发，后由 Cyberbotics 公司继续开发和商业化。2018 年 12 月，Webots 正式开源，成为一个受欢迎的机器人仿真平台。它提供了一个完整的开发环境，用于对机器人、车辆和机械系统进行建模、编程和仿真。Webots 具有以下主要特点。

- 开源免费：采用 Apache 2.0 许可证，可以自由使用和修改。
- 跨平台：支持 Windows、Linux 和 macOS 系统。
- 功能强大：集成了物理引擎、3D 渲染引擎等多种功能。
- 易于使用：提供图形化界面和丰富的文档。
- 扩展性强：支持多种编程语言和第三方工具集成。

Webots 的核心功能包括建模与仿真、编程与控制。它提供了丰富的资产库，包括各种机器人模型、传感器、执行器、物体和材质。用户可以轻松地创建复杂的仿真环境，包括轮式机器人、工业机械臂、足式机器人、模块化机器人、汽车、飞行器、水下机器人、航天器等。此外，Webots 还支持导入 CAD 模型和 OpenStreetMap 地图，方便用户创建更加真实的仿真场景。

Webots 支持多种编程语言，包括 C/C++、Python、Java、MATLAB 和 ROS，为用户提供了灵活的编程环境。它采用 ODE（Open Dynamics Engine，开源物理引擎）作为物理引擎，可以精确模拟刚体动力学、碰撞检测、摩擦力、关节约束等物理现象，使得仿真结果更加接近真实世界。

Webots 在教育、研究和工业应用中具有重要价值，尽管在资源消耗和学习曲线方面存在一些挑战，但其开源特性和活跃的社区支持，为用户提供了持续改进和扩展的可能性。它允许用户通过插件和自定义控制器扩展其功能，并且具有模块化设计，便于功能扩展和维护。此外，Webots 与 ROS 紧密集成，支持 ROS 节点的通信和数据交换。

7. SAPIEN

SAPIEN（Simulated Part-based Interactive Environment）采用了 NVIDIA 公司的 PhysX 引擎来进行物理模拟，专为机器人学和具身智能设计。它支持对关节物体的大规模集合进行仿真，使得机器人视觉和交互任务能够在一个详细的部件级别上进行理解。以下是 SAPIEN 的一些核心特点。

- 物理仿真：SAPIEN 模拟器提供了对机器人、刚体和关节对象的物理仿真，支持强化学习和机器人学研究，通过纯 Python 接口实现。
- 视觉渲染：SAPIEN 提供了高效的视觉渲染能力，能够生成包括深度图、法线图、光流、主动光和光线追踪在内的多种渲染模式。
- PartNet-Mobility 数据集：SAPIEN 与 PartNet-Mobility 数据集相结合，后

者是一个包含 2000 个关节物体的集合，具有运动注释和渲染材料，为计算机视觉和操纵研究提供支持。

- 运动规划库：推荐使用 mlplib 与 SAPIEN 结合进行运动规划，mlplib 是一个轻量级的 Python 包，包括路径规划、逆运动学和避碰等常见功能。
- 跨平台：SAPIEN 支持在 Linux 上运行，要求 Python 版本至少为 3.8。
- 开源：SAPIEN 是一个开源项目，源代码和文档可以在其官方网站上找到，便于社区贡献和定制。
- 强化学习支持：SAPIEN 提供了构建类似 gym 环境的教程，支持强化学习研究。
- 2D/3D 视觉支持：SAPIEN 支持渲染 PartNet-Mobility 数据集或其他 3D 模型，提供了渲染教程以支持视觉研究。

SAPIEN 是美国加州大学圣地亚哥分校、斯坦福大学和加拿大西蒙菲莎大学研究人员的合作成果，它在 CVPR 2020 上发表，如果用户使用 SAPIEN 及其资产，需要引用相应的工作成果。SAPIEN 的目标是通过提供一个逼真的仿真环境，支持机器人学习算法的研究和开发，特别是在家庭助理机器人领域。

8．CoppeliaSim

CoppeliaSim（前身为 V-REP）提供了一个全面的开发环境，用于机器人设计、仿真和控制系统的开发。以下是 CoppeliaSim 的一些核心特点和功能。

- 多物理引擎：CoppeliaSim 支持多种物理引擎，包括 MuJoCo、Bullet Physics、ODE、Newton 和 Vortex Dynamics。
- 正向 / 逆向运动学：CoppeliaSim 能够为任何类型的机械结构（包括分支、闭合、冗余、嵌套循环等）进行正向 / 逆向运动学计算。它还提供了一个可嵌入的 IK/FK 算法版本，可以运行在实际机器人上。
- 传感器模拟：CoppeliaSim 提供强大的、逼真的体积接近传感器的模拟，能够在可定制的检测体积内进行精确的最小距离计算。它还能够模拟视觉传感器，并提供多种图像处理选项，这些选项可以完全定制和扩展。
- 路径和运动规划：CoppeliaSim 通过 OMPL 库的插件支持路径规划和运动规划，提供了非常灵活的规划方式。
- 强大的 API：CoppeliaSim 提供了强大的 API，支持多种编程语言，包括 Python、Lua、C/C++、Java、JavaScript、MATLAB 和 Octave。它还支持 ROS 接口,包括发布者、订阅者和服务调用。

- 碰撞和距离计算:CoppeliaSim 能够快速检查任何网格、八叉树、点云或这些对象集合之间的干扰。它还能够快速且精确地计算任何网格(凸形、凹形、开放、闭合)、八叉树、点云或这些对象集合之间的最小距离。

- 跨平台和便携性:CoppeliaSim 是跨平台的,允许创建便携式、可扩展和易于维护的内容。一个单一的便携式文件可以包含一个完全功能模型(或场景),包括控制代码。

- 教育和商业用途:CoppeliaSim 提供了教育许可证,供教育实体(如学生、教师、学校)免费使用。同时,它也提供了商业许可证,供商业用途使用。

CoppeliaSim 广泛应用于机器人学、自动化控制、虚拟现实等领域,支持多种领域的仿真,包括机器人学、计算机视觉、物理仿真等,可以用于各种研究和开发任务。它的强大功能和灵活性使其成为机器人仿真和开发的理想选择。

9. Genesis

仿真平台 Genesis 是一个为机器人、具身智能和物理 AI 应用设计的通用物理平台,由 19 个单位联合研发完成。它具有以下核心功能:全新打造的通用物理引擎,能模拟多种材料和物理现象;轻量级、高速、Python 化且易用的机器人仿真平台;强大高效的高保真渲染系统;基于自然语言生成多模态数据的生成引擎。它以全新设计的通用物理引擎为核心,整合了多种物理求解器到统一框架中,添加了生成式 AI 代理层,实现机器人等领域的全自动数据生成。

Genesis 的主要特性如下。

- 通用物理引擎:支持刚体、液体、气体、软体、薄壳和颗粒材料等复杂物理现象的仿真,并将多种物理求解器整合到一个统一的框架中,支持多现象耦合仿真。

- 生成式数据引擎:支持通过自然语言描述生成 3D 场景、视频、机器人策略和表情动画等多样化数据,降低数据采集和生成的人工成本,加速机器人学习和任务开发。

- 高性能仿真:单个 RTX 4090 GPU 的仿真速度可达 4300 万帧每秒(FPS),

比实时快 430,000 倍。同时兼容 Linux、macOS 和 Windows 等操作系统，支持 CPU、NVIDIA GPU、AMD GPU 和 Apple Metal 等多种硬件。

- 光线追踪与高保真渲染：内置光线追踪引擎，支持高性能渲染，生成高保真视觉效果，用于动态场景展示和仿真结果可视化。
- 多机器人支持：支持多种机器人类型，包括机械臂、四足机器人、无人机和软体机器人，提供丰富的文件格式兼容性。
- 可微分性：MPM 求解器和工具求解器支持可微分仿真，其他模块的可微分功能将在未来更新中逐步加入。
- 用户友好性：提供直观的接口设计，简化仿真配置和任务开发流程，通过 PyPI 一键安装，搭配 PyTorch 使用。

Genesis 为机器人和具身智能的研究与开发提供了一个强大、高效且用户友好的仿真环境。它不仅通过高性能仿真能力显著加快了实验迭代速度，而且通过简化的数据生成流程，降低了研究门槛，使得更多研究人员能够参与前沿的机器人技术探索。此外，跨平台兼容性和对多类型机器人的支持，进一步增强了其在学术研究和工业应用中的实用性和灵活性。

以上介绍并未包含市面上所有的仿真平台，并且这些仿真平台各有特点，适用于不同类型的机器人仿真需求。用户应当根据具体的项目需求、所需的物理真实性、图形渲染质量及与现有工具和工作流程的兼容性选择合适的仿真平台。

6.2 仿真环境数据生成技术

机器人的仿真环境数据生成可以进一步分为数据仿真（Data Simulation）和数据合成（Data Synthesis）两类方法，如图 6-1 所示。本节将对它们进行更详细的分类与介绍。

1. 数据仿真

数据仿真是指通过计算机模拟技术生成虚拟环境和场景，模拟真实世界中的物理过程和交互。其核心在于创建一个虚拟世界，通过模拟物理规律和环境动态，生成用于训练机器人的数据。数据仿真的重要应用主要体现如下。

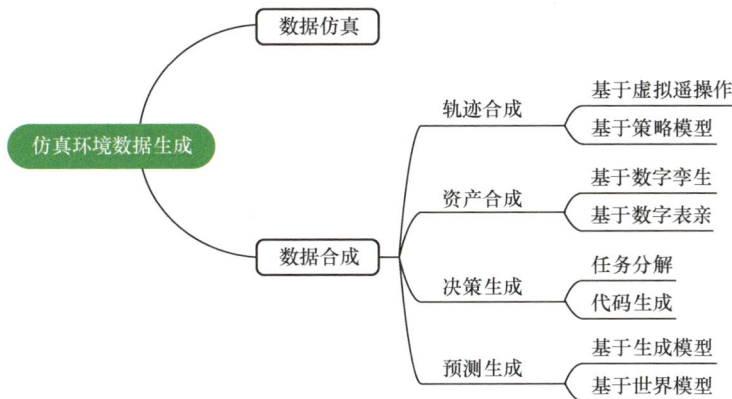

图 6-1　仿真环境数据生成方法的分类

- 大规模数据生成：在真实世界中获取大量高质量数据往往成本高昂且耗时，仿真技术可以快速生成大量数据，提升模型的泛化能力。
- 复杂场景模拟：仿真技术可以模拟真实世界中难以重现的复杂场景和极端情况，如危险环境或罕见事件。
- 物理交互模拟：仿真可以精确模拟物体之间的物理交互，帮助机器人学习如何在真实世界中操作物体。

但是需要指出的是，数据仿真得到的大规模数据一般并不会被全部存储下来，而是使用边生成边训练、训练完即丢弃的模式来训练模型。例如，大多数用于训练机器人行走的在线强化学习模型都是使用这种方法。因此，单纯的数据仿真与本书的主题关联不大，本书不对其进行详细介绍，而是对数据合成进行分类介绍。

2. 数据合成

数据合成是指将算法、统计模型或真实世界数据导入仿真平台，然后通过相关算法合成在统计学上与真实数据相似的新数据的过程。在具身智能领域，数据仿真和数据合成是两种重要的技术手段，它们在概念和应用上存在明显区别，但又相互补充。

- 在数据来源上：数据仿真通过计算机模拟生成，依赖于对真实世界的建模和模拟。数据合成可以是通过算法和统计模型生成的，可以不依赖于实际的物理模拟，但需要真实数据作为参考。

- 在数据质量上：数据仿真生成的数据在物理准确性和交互真实性方面表现较好，但可能缺乏真实数据的多样性。数据合成生成的数据在统计学上与真实数据相似，但可能无法完全复制真实世界的复杂性。
- 在应用场景上：数据仿真更适合需要精确物理交互和复杂场景模拟的场景，如机器人在物理环境中的操作。数据合成则更适合需要大量数据来训练模型的场景，尤其是在真实数据难以获取或涉及隐私问题时。

需要指出的是，数据仿真中的数字资产可以是真实的（如 3D 点云扫描数据），也可以是虚拟的。而数据合成中合成的数字资产一定不再是真实的。还需要指出的是，一些数据合成技术同样可以运用于数据仿真中，二者并不冲突。

数据合成进一步又可以分为轨迹合成（Trajectory Synthesis）、资产合成（Asset Synthesis）、决策生成（Decision Generation）和预测生成（Prediction Generation）。

6.2.1　轨迹合成

轨迹合成用于在仿真环境中合成机器人末端执行器的执行轨迹数据。通过精确控制末端执行器的运动路径，轨迹合成技术能够模拟真实世界中的任务，为机器人控制模型的开发提供支持。具体来说，轨迹合成的主要过程包括路径规划和运动控制，即生成从初始位置到目标位置的平滑、连续、避障的路径，并且确保末端执行器按照预定轨迹精确运动，满足速度、加速度和抖动等约束条件。

一般来说，轨迹合成的最终目的是生成数据以训练得到相应的策略（Policy）模型。在实践中，可以使用两种方式合成轨迹：基于虚拟遥操作（Virtual Teleoperation）的轨迹合成和基于策略模型（Policy Model）的轨迹合成。

1. 基于虚拟遥操作

虚拟遥操作是指通过键盘、遥控器、动作捕捉设备等外部设备向仿真平台发送远程控制命令，以生成机器人的行为控制数据。通过通信接口，绝大多数仿真平台或算法都支持虚拟遥操作。

虚拟遥操作允许操作者通过直观的虚拟界面完成复杂任务，具有灵活简便的优势。然而虚拟遥操作的执行效率偏低，并未充分发挥在仿真平台中大规模数据生成的优势，因此作用有限，更多是作为一种大规模数据生成的辅助手段。

2．基于策略模型

相比通过人工的虚拟遥操作合成轨迹数据，使用已有的策略模型在仿真环境中自动合成大量数据具有显著的效率提升，并可以构造强大的数据飞轮（Data Flywheel）。以 ACT 算法为例，基于策略模型的轨迹合成可以分为以下 3 步。

1）初始策略模型的训练：利用已有的真实世界采集数据（如遥操作演示数据）或仿真生成数据（如虚拟遥操作演示数据），训练得到一个初始策略模型。

2）数据生成与筛选：将初始策略模型接入 3.3.1 节所述的仿真环境数据生成系统的 Policy 接口，在仿真环境中生成大量轨迹合成数据。通过合理的指标将合格的数据筛选出来，得到合成数据集。

3）增量式学习与合成：使用合成数据集继续训练初始策略模型，得到新版策略模型。接着使用新版策略模型继续合成新合成数据集。如此反复，形成数据飞轮。

以上步骤仅是一个最简单的数据飞轮，其可行性需根据实际场景加以改进。下面具体介绍两个基于策略模型的轨迹合成方案。

NVIDIA 公司提出了一个名为 MimicGen 的数据生成系统，旨在通过少量人类演示自动生成大规模、多样化的机器人学习数据集，以减少人类演示的采集成本和时间，同时提高机器人在复杂任务中的学习效率。MimicGen 通过以下步骤生成数据，如图 6-2 所示。

从少量人类样例中生成大规模数据集

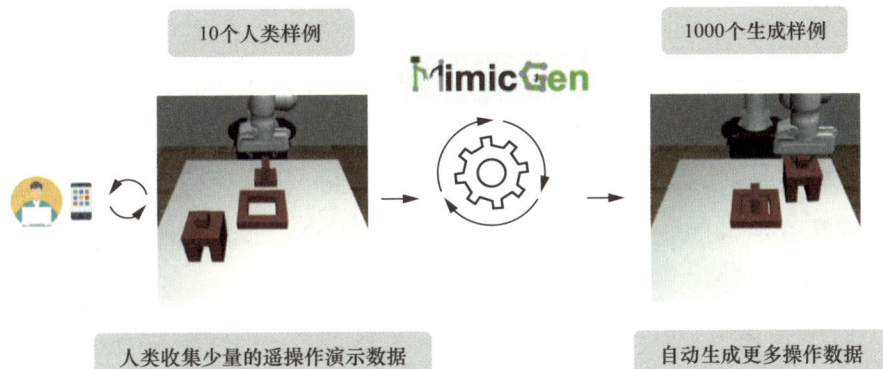

图 6-2 仿真环境数据生成系统 MimicGen 的使用流程示意

1）解析源数据：假设每个任务可以分解为一系列对象中心的子任务（Object-centric Subtask），每个子任务相对单一对象的坐标系进行操作。将少量人类演示数据解析为对象中心的子任务。

2）生成新轨迹：对于新场景中的每个子任务，选择一个源演示中的子任务段，根据新场景中对象的姿势对其进行空间变换，并将这些变换后的段拼接起来。

3）执行新轨迹：机器人按照生成的新轨迹执行动作，采集新的演示数据，并且只保留成功完成任务的数据生成尝试，确保生成的数据质量。

MimicGen 具有如下优势。

- 高效数据生成：MimicGen 只需少量人类样例（如 10 个）即可生成大规模数据集（如 1000 个），显著减少了数据采集的时间和成本。

- 泛化能力：生成的数据集覆盖多种场景配置、物体实例和机器人硬件，使机器人能够更好地泛化到新的任务和环境中。

- 任务多样性：MimicGen 适用于多种复杂任务，包括长时域任务（如多部分组装）和高精度任务（如准备咖啡）。

- 与人类演示的比较：使用 MimicGen 生成的数据训练的机器人智能体（Agent）在性能上与使用等量人类演示训练的智能体相当，甚至更好。这表明 MimicGen 是一种经济且有效的数据扩展方法。

- 硬件兼容性：MimicGen 生成的数据可以用于多种机器人硬件，展示了其在不同机器人平台上的适用性。

- 真实世界适用性：MimicGen 在真实世界机器人任务中也表现出较高的数据生成成功率和智能体性能，证明了其在实际应用中的可行性。

MimicGen 的相关实践结果如下。

- 性能提升：在多个任务中，使用 MimicGen 数据训练的机器人智能体在默认分布（D0）和更广泛的分布（D1、D2）上都表现出色，成功率达到 90% 以上。

- 数据生成成功率：尽管数据生成成功率在某些任务中较低（如 Threading D2 为 21.6%），但训练出的智能体在这些任务上的成功率仍然很高（如 98.0%）。

- 与人类演示的比较：在相同数量的数据下，MimicGen 生成的数据训练的智能体与人类演示训练的智能体性能相当，甚至在某些任务上更好。

MimicGen 提供了一种高效、经济且灵活的数据生成方法，能够显著提高机器人在复杂任务中的学习效率和泛化能力。通过少量人类样例，MimicGen 可以生成大规模、多样化的数据集，适用于多种任务和机器人硬件，为机器人学习领域提供了一种解决方案。

在 MimicGen 的基础上，NVIDIA 公司又进一步推出了 DexMimicGen，其使用流程示意如图 6-3 所示。DexMimicGen 的方法在 MimicGen 的基础上进行了一些改进。

- 子任务分类法：将任务分解为独立子任务、协调子任务和顺序子任务，分别处理不同类型的双手操作需求。
- 深度学习和强化学习算法：从少量人类演示数据中提取关键特征，并通过模拟生成大量类似的真实运动轨迹。
- 数据增强技术：通过对生成的轨迹进行变换和扰动（如旋转、缩放和平移等），进一步增强数据的多样性和鲁棒性。
- 物理仿真环境：在物理仿真环境中进行演示转换与重放，自动生成适用于双手灵巧操作的训练数据。

图 6-3　仿真环境数据生成系统 DexMimicGen 的使用流程示意

DexMimicGen 具备如下优势。

- 高效数据生成：从仅 5 个源人类样例开始，DexMimicGen 可以生成 1000 个双手灵巧任务的演示，显著减少了数据采集的时间和成本。
- 提升机器人性能：使用 DexMimicGen 生成的数据训练的机器人在多种

任务中表现出色，成功率显著提高。例如，在"抽屉整理"任务中，成功率从 0.7% 跃升至 76.0%；在"穿线"任务中，成功率从 1.3% 提升到 69.3%。

- 适应多样初始状态：DexMimicGen 能够生成覆盖多种初始状态的数据集，使机器人在真实世界中的应用更具适应性。
- 高质量数据生成：生成的轨迹不仅符合物理规律，还具有高度的自然性和流畅性，使得机器人在执行任务时更加灵活和精准。
- 可扩展性和灵活性：研究人员可以根据具体的应用场景调整生成数据的参数和条件，从而更好地满足实际需求。

DexMimicGen 通过高效的数据生成能力和显著的性能提升，为机器人训练领域带来了新的突破，有望在工业自动化、医疗辅助和家庭服务等多个领域发挥重要作用。

6.2.2　资产合成

资产合成是指通过生成式 AI 和相关技术创建虚拟场景和物体，尤其是在仿真环境中可交互的对象，以支持机器人的训练、仿真和评估。资产合成通常基于真实场景或物品，以避免脱离实际的任意资产的生成，常用的方法有两种：基于数字孪生（Digital Twin）和基于数字表亲（Digital Cousin）。它们通常会涉及 3D 点云的处理或 3D 重建类方法，如神经辐射场（Neural Radiance Field，NeRF）技术和高斯喷射（Gaussian Splatting）技术。

1. 基于数字孪生

数字孪生是通过数字化手段创建的虚拟模型，用于精确映射和模拟真实世界中的物理实体或系统。在具身智能领域，数字孪生被应用于合成与真实世界尽可能完美一致的可交换物体。下面介绍两个相关技术的实例。

图 6-4 展示了仿真环境数据生成系统 RoboGSim 的使用流程。RoboGSim 是一个由哈尔滨工业大学深圳分校等单位开发的基于 Real2Sim2Real（R2S2R）范式的机器人仿真平台，旨在通过高保真度的 3D 重建和物理引擎，生成高质量的合成数据，用于机器人策略学习和评估。它结合了 3D 高斯喷射（3D Gaussian Splatting，3DGS）技术和物理引擎，能够生成具有真实纹理和物理特

性的合成数据，从而支持从模拟环境到真实世界的无缝迁移。其核心功能如下。

- 高保真度的 3D 重建：通过多视角 RGB 视频序列，RoboGSim 能够重建场景和物体的真实纹理。它特别优化了在弱纹理、低光和反射表面等挑战性条件下的表现。

- 数字孪生系统：通过 Real2Sim 布局对齐和 Sim2GS 稀疏关键点对齐，RoboGSim 能够将真实世界的物体和场景数字化，实现数字资产在现实、仿真和 3DGS 表示之间的流动。

- 合成器与评估器：作为合成器，RoboGSim 能够生成具有新场景、新视角和新物体的高保真度合成数据，用于策略学习；作为评估器，它能够以物理一致的方式进行模型评估，确保在真实环境中公平比较。

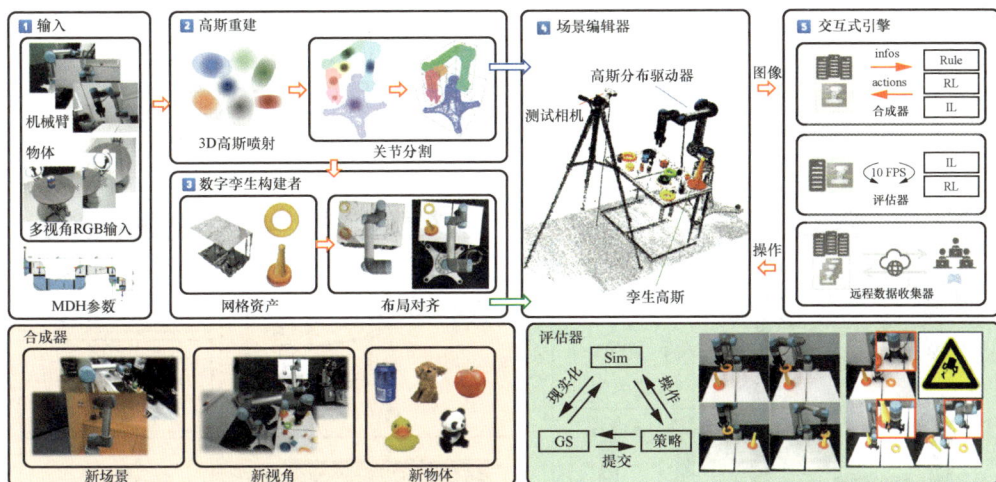

图 6-4　仿真环境数据生成系统 RoboGSim 的使用流程示意

RoboGSim 主要包括以下 4 个部分。

- Gaussian Reconstructor（高斯重建）：基于 3DGS 重建场景和物体，分割机器人手臂，并构建 MDH 运动驱动图结构，以实现手臂运动的精确建模。

- Digital Twins Builder（数字孪生构建者）：进行场景和物体的网格重建，并在 Isaac Sim 中创建数字孪生。它通过布局对齐模块，确保仿真、现实和 3DGS 表示之间的空间一致性。

- Scene Composer（场景编辑器）：在仿真中组合机器人手臂和物体，并从新视角渲染图像。
- Interactive Engine（交互式引擎）：作为合成器和评估器，用于策略学习和闭环策略评估。

RoboGSim 通过创新的数字孪生系统和高保真度的 3D 重建技术，为机器人学习提供了一个强大的工具，能够高效地生成大规模合成数据，并支持从模拟到真实世界的无缝迁移。

图 6-5 展示了由香港大学等研究机构开发的 RoboTwin 的使用流程。RoboTwin 是一个创新的生成式数字孪生框架，旨在通过结合 3D 生成式基础模型和大语言模型（LLM），为双臂机器人任务生成多样化的专家数据集，并提供与现实世界对齐的评估平台。该框架能够从单个 2D 图像创建物体的数字孪生体，生成逼真且可交互的场景，并通过空间关系感知的代码生成框架，结合物体注释和 LLM 分解任务，生成精确的机器人运动代码。其核心功能如下。

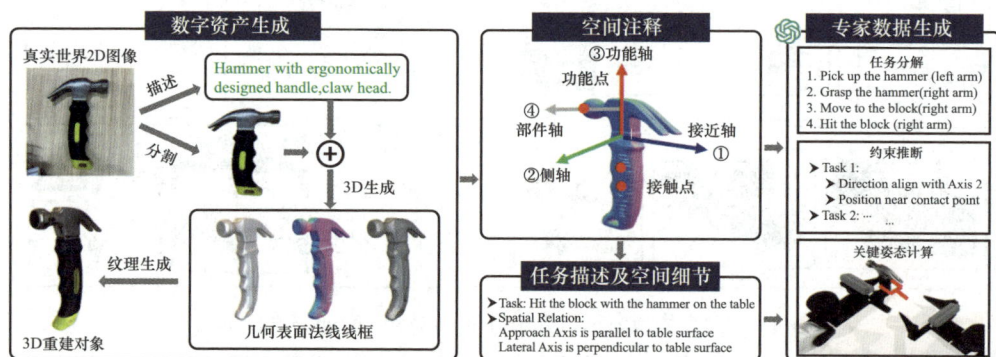

图 6-5   仿真环境数据生成系统 RoboTwin 的使用流程示意[①]

- 数字孪生生成：包括 3D 建模与纹理生成和空间注释框架。可以从单个 2D RGB 图像出发，利用生成式基础模型进行 3D 建模和纹理生成，创建具有不同形状、大小和外观的多样化物体实例；并为每个物体类添加空间注释，定义功能轴、接近轴、侧轴和接触点，通过特征点匹配技术在不同实例中应用这些注释。

---

① 图源自 GitHub 网站。

- 专家数据生成：利用 LLM 将复杂任务分解为可管理的子任务。为每个子任务推断终端状态的约束条件，如在锤击任务中，锤子的功能点需要与目标物体的表面对齐。

- 运动代码生成：基于空间约束和物体属性生成可执行代码，计算关键姿态，并与底层规划模块接口对接，生成完整的、可行的轨迹。

RoboTwin 在多个实验中展示了性能，通过预训练和微调，使用 300 个模拟样本和 20 个真实世界样本训练的模型，成功率在单臂任务中提高了 70%，在双臂任务中提高了超过 40%。

RoboTwin 提供了一个强大的框架，用于生成多样化的、高质量的训练数据，并评估双臂机器人的策略。通过结合 3D 生成式基础模型和 LLM，RoboTwin 能够高效地生成专家级数据，显著提高机器人在复杂任务中的表现。

2．基于数字表亲

虽然数字孪生可以最小化仿真物体与真实物体之间的差异，然而，数字孪生作为真实场景的虚拟复制品，生成成本高昂且无法跨域泛化。为了解决这些限制，美国斯坦福大学李飞飞团队提出了"数字表亲"的概念。与数字孪生不同，数字表亲不明确模拟真实世界的对应物，但仍然展现类似的几何和语义功能。因此，数字表亲既降低了生成类似虚拟环境的成本，又提供了更好的跨域泛化能力。

图 6-6 展示了自动创建数字表亲的方法 ACDC 的使用流程。数字表亲是一种虚拟资产或场景，它不明确模拟现实世界的对应物，但保留了场景的高级几何和语义特征。与数字孪生不同，数字表亲可以为一个真实场景生成多个不同的虚拟场景，从而提供更丰富的训练数据。

ACDC 是一种从单张 RGB 图像生成完全交互的模拟场景的自动化流程，包含以下 3 个步骤。

1）提取：从输入的 RGB 图像中提取相关物体信息。

2）匹配：根据提取的信息，从资产数据集中为每个检测到的输入物体选择数字表亲。

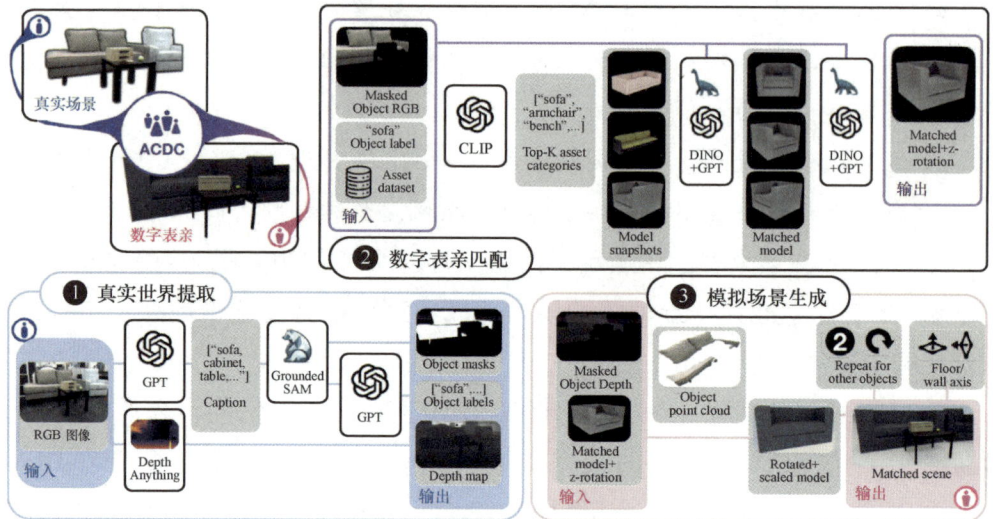

图6-6　仿真环境数据生成系统ACDC的使用流程示意

3）生成：对选择的数字表亲进行后处理，并将它们编译成完全交互的、物理上可行的数字表亲场景。

ACDC生成的数字表亲场景能够保留几何和语义功能，训练出的策略优于数字孪生策略。在零样本模拟到现实的策略迁移中，数字表亲策略的成功率达到了90%，而数字孪生策略仅为25%。因此数字表亲可以用于训练更具鲁棒性的机器人策略，并且可以在原始场景中实现零样本部署。

通过提出数字表亲和ACDC方法，李飞飞研究团队为机器人策略学习提供了一种新的、高效的解决方案，能够显著提高策略的鲁棒性和泛化能力。

6.2.3　决策生成

具身智能领域的决策生成，通常是指通过融合多模态信息（如视觉、听觉、文本等），利用LLM的强大语言理解与生成能力，实现从自然语言指令到可执行动作指令的转换。决策生成是分层决策具身智能技术路线中必不可少的一个环节。一般来说，有以下两种层次的决策生成。

- 任务分解：LLM基于输入信息进行推理分析，结合任务规划模块制定具体的行动计划。强化学习方法（如PPO和Q-learning）也可用于优化决策策略。

- 代码生成：LLM 根据任务指令生成机器人能直接执行的控制代码，或者 LLM 在完成任务分解后再根据任务分解结果生成机器人能直接执行的控制代码。

决策生成技术被广泛应用于导航任务、复杂任务执行和人机协作。例如，VLN 模型根据语言描述和视觉观测生成运动方向和目标位置信息，指导机器人完成导航任务；在多目标采集任务中，LLM 结合视觉和语言输入，生成抓取、搬运等动作指令；LLM 理解人类指令并生成相应动作，实现与人类的协同合作。

决策生成的过程通常是通过智能体（Agent）实现的，即通过 3.3.1 节所描述的 Agent 接口，将 LLM 接入仿真环境数据生成系统来生成相应的决策数据。通过决策生成，Agent 能够处理动态变化的环境和未知情况，生成灵活的决策策略。相比传统方法，基于 LLM 的 Agent 在复杂任务的决策准确度和效率方面表现更出色，并且，通过多模态信息融合，Agent 能够更好地理解指令，增强任务泛化能力。下面简单介绍几个任务分解与代码生成的实例。

1. 任务分解

机器人大模型的任务分解是实现复杂任务高效执行的关键步骤。通过将高级任务目标逐步分解为一系列可操作的子目标，机器人能够更清晰地规划行动路径，逐步实现最终目标。这不仅提高了任务执行的成功率，还增强了机器人的适应性和灵活性，使其能够更好地应对复杂多变的环境和任务需求。

如图 6-7 所示，美国纽约州立大学提出了一个名为 COWP（Commonsense-based Open-World Planning）的框架，旨在解决机器人在开放世界中的任务规划和情境处理问题。传统的任务规划系统大多基于"封闭世界假设"（Closed World Assumption，CWA），即假设机器人拥有完整的领域知识，并且所有真实的情况都被机器人知晓。然而，真实世界是开放的，机器人经常会遇到未被预见的情况，这些情况可能会破坏规划系统的完整性。因此，COWP 的目标是利用预训练的大语言模型来增强经典规划系统，使其能够处理开放世界中的新情况。

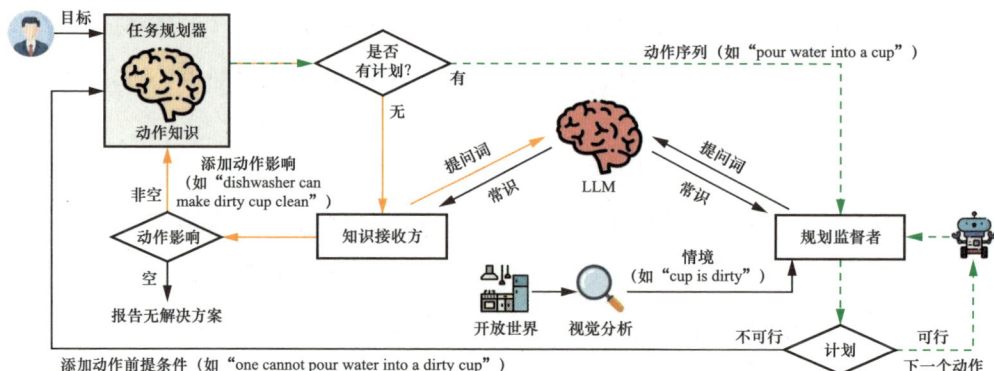

图 6-7　COWP 的任务分解与规划流程示例

为了系统地评估 COWP 的性能，该框架作者构建了一个执行时情境数据集 COWP Situation Dataset。该数据集通过众包平台（Amazon Mechanical Turk）收集，每个情境都对应一个机器人可能无法使用常规解决方案完成任务的状态实例。它包含 1085 个有效情境，每个任务平均有 88 个情境。数据集以 CSV 文件形式提供，包含 12 个独立的表格，每个表格对应一个任务。每个表格包含 5 列：情境描述、对应步骤、可区分情境的索引、可区分情境的描述和可区分情境的数量。情境数据集涵盖了多种可能阻碍机器人完成任务的情况，如"杯子是脏的""水龙头没有水"等。COWP 方法具有如下优势。

- 开放世界适应性：COWP 能够动态地将机器人的动作知识（包括动作的前置条件和效果）与任务导向的常规知识（常识）相结合，从而增强机器人在开放世界中的适应能力。通过利用 LLM 提供的常规知识，COWP 可以处理未被预见的情况，而无须预先定义所有可能的世界状态。

- 领域特定的常规知识：COWP 将领域特定的常规知识与特定领域的动作知识相结合，确保生成的计划既符合常识，又适用于具体任务。例如，LLM 可以提供"如何为人类提供水"的常规知识，但 COWP 会进一步考虑机器人实际可用的容器类型（如杯子或玻璃杯），以及可用的水源（如自来水或瓶装水）。

- 零样本提示（Zero-shot Prompting）：COWP 利用动作知识实现零样本提示，无须在提示中提供示例解决方案即可生成任务计划。这与依赖示例解决方案的现有方法（如 ProgPrompt）不同，COWP 可以直接利用规则、事实和原则等动作知识来生成计划。

在实验中，COWP 在任务完成成功率和情境处理成功率方面均优于现有的封闭世界和开放世界任务规划器。COWP 在处理"提供水"任务时，能够成功处理超过 70% 的情境，表现出强大的开放世界适应能力。

斯坦福大学提出了一个名为 Embodied Agent Interface（EAI，具身智能体接口）的系统化评估框架，旨在全面评估大语言模型（LLM）在具身决策（Embodied Decision-making）任务中的性能，其任务分解与规划流程示例如图 6-8 所示。提出者认为，现有评估方法存在以下局限性。

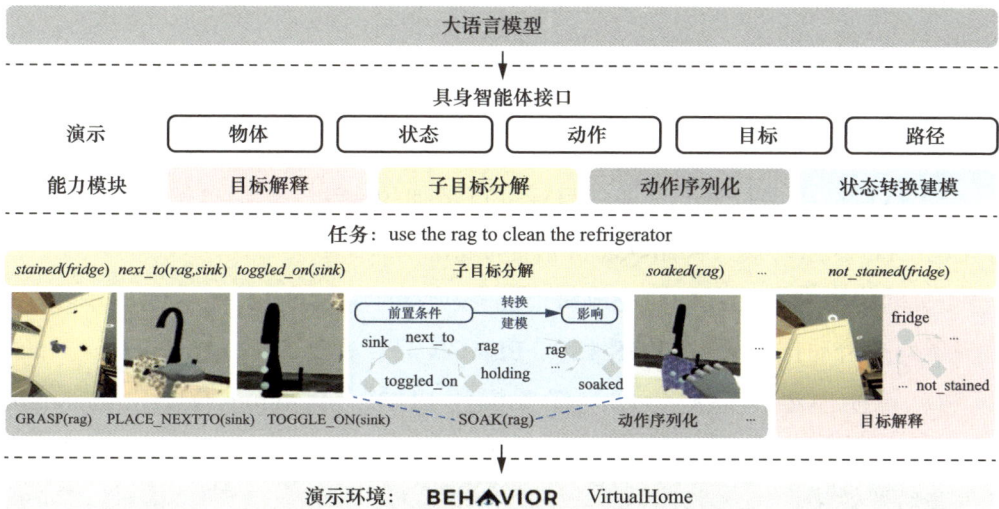

图 6-8　EAI 的任务分解与规划流程示例

- 任务标准化不足：不同领域对具身决策任务的定义和目标描述差异较大。
- 模块接口不统一：LLM 在具身决策中通常需要与多个模块（如目标解释、子目标分解、动作序列化等）交互，但目前这些模块的输入输出规格不一致。
- 评估指标单一：现有评估主要依赖于单一的成功率指标，难以准确定位 LLM 在具身决策中的具体能力缺失。

为了解决这些问题，EAI 框架通过以下方式实现系统化评估。

- 标准化目标描述：使用线性时态逻辑（LTL）公式统一描述目标，支持状态和时间扩展目标。

- 统一模块接口：定义了 4 个关键的 LLM 模块（目标解释、子目标分解、动作序列化和状态转换建模），并标准化了它们的输入输出规格。

- 细粒度评估指标：提供了一套全面的细粒度评估指标，能够自动识别不同类型的错误（如幻觉错误、对象可用性错误、规划错误等）。

EAI 的数据生成主要基于两个具身决策模拟器：VirtualHome 和 BEHAVIOR。这两个模拟器分别提供了不同的任务场景和复杂度，用于评估 LLM 在具身决策中的性能。

VirtualHome 是一个模拟家庭环境的平台，其中的任务涉及日常家务活动，如洗碗、打扫卫生等。数据生成方法如下。

1）任务选择：从 VirtualHome 中选择一系列具有代表性的任务，这些任务涵盖了多种日常活动，并且任务长度较长（平均约 8.76 步）。

2）目标标注：对每个任务的目标进行详细的标注，包括自然语言描述、符号化的 LTL 目标公式、初始状态和最终状态。

3）动作序列标注：标注完成每个任务所需的详细动作序列，这些动作序列由一系列高阶动作组成，如 GRASP、PLACE 等。

4）转换模型标注：为每个任务标注 PDDL（Planning Domain Definition Language，规划领域定义语言）格式的转换模型，这些模型定义了动作的前置条件和后置效果。

BEHAVIOR 是一个模拟人类行为的平台，提供了更复杂的任务场景，涉及多种室内环境和人类活动。数据生成方法如下。

1）任务选择：从 BEHAVIOR 中选择 100 个具有人类演示的任务，这些任务涵盖了各种室内活动，任务长度更长（平均约 14.6 步）。

2）目标标注：对每个任务的目标进行详细的标注，包括自然语言描述、符号化的 LTL 目标公式、初始状态和最终状态。BEHAVIOR 的目标描述使用了 BDDL（Behavior Domain Definition Language）格式，支持复杂的逻辑约束和量化器。

3）动作序列标注：标注完成每个任务所需的详细动作序列，这些动作序列由一系列低阶动作组成，如 GRASP、MOVE 等。

4）转换模型标注：为每个任务标注 PDDL 格式的转换模型，这些模型定义了动作的前置条件和后置效果。

EAI 构建的数据集包括 VirtualHome 和 BEHAVIOR 两部分。

VirtualHome 数据集信息如下。

- 任务数量：26 个任务类别，共 338 个任务实例。
- 目标标注：每个任务包含自然语言描述、符号化的 LTL 目标公式、初始状态和最终状态。
- 动作序列标注：每个任务包含一个动作序列，平均长度为 8.76 步。
- 转换模型标注：每个任务包含 PDDL 格式的转换模型，定义了动作的前置条件和后置效果。

BEHAVIOR 数据集信息如下。

- 任务数量：100 个任务实例。
- 目标标注：每个任务包含自然语言描述、符号化的 LTL 目标公式、初始状态和最终状态。目标描述使用 BDDL 格式，支持复杂的逻辑约束和量化器。
- 动作序列标注：每个任务包含一个动作序列，平均长度为 14.6 步。
- 转换模型标注：每个任务包含 PDDL 格式的转换模型，定义了动作的前置条件和后置效果。
- 额外标注：每个任务附带了人类演示视频，展示了动作序列的执行过程。

EAI 具备如下优势。

- 系统化评估：EAI 框架通过标准化目标描述、统一模块接口和细粒度评估指标，提供了一个系统化的评估方法，能够全面评估 LLM 在具身决策中的性能。
- 细粒度错误识别：通过细粒度的评估指标，EAI 能够自动识别不同类型的错误，如幻觉错误、对象可用性错误、规划错误等，帮助研究人员更好地理解 LLM 的局限性。
- 跨领域适用性：EAI 框架适用于不同的具身决策模拟器（如 VirtualHome

和 BEHAVIOR），能够支持不同领域的任务评估，具有良好的通用性和扩展性。

- 模块化设计：EAI 框架支持模块化设计，允许研究人员灵活组合不同的 LLM 模块和外部工具，探索最优的集成方案。
- 促进研究进展：通过提供标准化的评估方法和数据集，EAI 框架能够促进 LLM 在具身决策领域的研究进展，为未来的研究提供统一的基准和参考。

2. 代码生成

机器人大模型生成代码的意义在于将自然语言指令高效转化为可执行的程序代码，从而实现对机器人行为的精确控制。这不仅提高了任务执行的准确性和效率，还降低了对专业编程技能的依赖，使得非技术人员也能通过简单的语言指令操作机器人，极大地拓展了机器人的应用场景和可访问性。

MIT 联合上海交通大学和清华大学等提出了 GenSim 框架，旨在利用 LLM 自动生成丰富的机器人仿真任务和专家演示，以解决在真实世界中采集大量交互数据来训练通用机器人策略成本高昂的问题。GenSim 旨在通过在仿真环境中生成多样化任务，提高机器人策略在任务级别的泛化能力，使其能够更好地适应未见过的复杂任务。

GenSim 的核心是利用 LLM 的语言理解和代码生成能力，通过以下两种模式自动生成仿真任务。

- 目标导向生成（Goal-Directed Generation）：用户提供一个目标任务，LLM 根据目标任务提出一个任务课程（Curriculum），逐步生成与目标相关的任务，以帮助解决目标任务。例如，如果目标是"构建汽车模型"，LLM 可能会先生成"放置车轮""组装车身"等子任务。
- 探索性生成（Exploratory Generation）：LLM 从已有的任务中引导、迭代地提出新的任务，这些任务有助于解决更复杂的任务。例如，从简单的"将球放入盒子"任务开始，逐步生成"将多个球按颜色分类放入不同盒子"等复杂任务。

GenSim 的代码生成流程如图 6-9 所示。具体步骤如下。

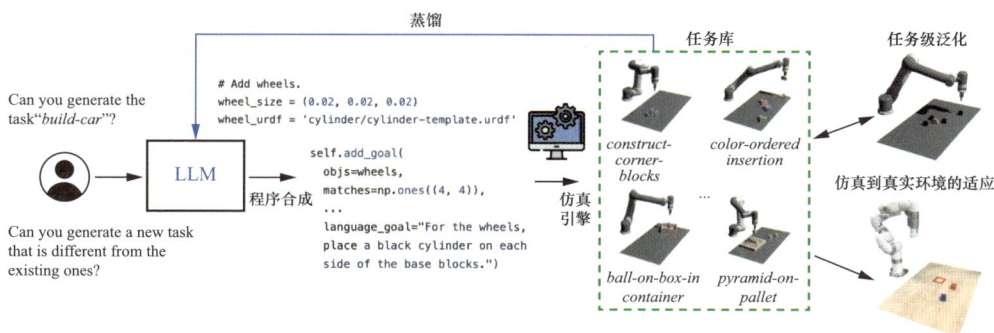

图 6-9　GenSim 的代码生成流程示例 ①

1）任务描述生成：LLM 首先生成自然语言描述的任务，包括任务名称、资产（如物体类型、颜色等）和任务概述。

2）代码实现生成：LLM 根据任务描述生成对应的仿真代码，这些代码定义了任务的场景、物体的初始位置和目标位置及语言指令等。

3）任务验证与筛选：生成的任务会经过一系列验证，包括语法检查、运行时错误检查、任务可完成性检查等。通过这些验证的任务会被存储在"任务库"中，用于后续的策略训练。

GenSim 的优势有如下几个方面。

- 任务多样性：GenSim 能够生成超过 100 个多样化的任务，涵盖了不同的物体组合、动作类型和任务复杂度。这种多样性有助于提高机器人策略在面对新任务时的泛化能力。

- 提高任务级泛化能力：在仿真环境中，基于 GenSim 生成的任务训练的多任务策略，在未见过的复杂任务上表现出显著的泛化能力。例如，在零样本（Zero-shot）设置下，这些策略能够成功完成高达 50% 的新任务，而在真实世界中，经过少量适应性训练后，成功率提高了 25%。

- 降低人工成本：传统的任务生成需要大量的人工设计和验证，而 GenSim 利用 LLM 的自动化能力，大大减少了人工干预。虽然仍需要少量的人工验证，但每个任务的验证时间仅需约 10 s。

- 提升代码生成质量：通过在任务库中存储高质量的任务代码，并利用这些代码作为参考，GenSim 能够通过提示和微调进一步提升 LLM 生成任

① 图源自 https://gen-sim.github.io。

务代码的质量。

- 支持多任务策略训练：GenSim 生成的任务可以用于训练多任务策略，这些策略在多个任务上表现出色，并且在真实世界中的适应性更强。例如，在真实世界实验中，基于 GenSim 生成任务预训练的模型平均成功率达到了 62.5%，远高于仅基于人类设计任务预训练的模型。

GenSim 还利用 GPT-4 等 LLM 生成了超过 100 个机器人仿真任务的数据集。这些任务数据集包括任务描述、代码实现及对应的仿真场景，用于训练和验证机器人策略的泛化能力。GenSim 通过利用 LLM 的语言理解和代码生成能力，自动生成多样化的机器人仿真任务，显著提高了机器人策略在任务级别的泛化能力。这种方法不仅降低了人工设计任务的成本，还通过大规模的任务生成和验证，为机器人学习提供了更丰富的训练数据，从而在仿真和真实世界中都取得了显著的性能提升。

如图 6-10 所示，香港大学的一篇论文提出了一种名为 RoboCodeX 的多模态代码生成框架，旨在将多模态大语言模型（MLLM）与机器人控制系统相结合，通过将高级语义理解转化为具体的机器人行为，实现复杂机器人行为的合成。其核心目标是解决机器人在多样化场景中执行任务时的泛化能力问题，即如何将高级指令转化为适用于不同机器人平台的详细动作。为了训练 RoboCodeX 模型，论文作者采用了两种数据生成方法。

（1）预训练数据集

- 环境生成：从 HM3D 数据集中随机采样家庭场景，并在场景中插入额外的物体，形成复杂的场景配置。这些物体分为独立物体（如球、玩具、水果）和容器物体（如碗、盘子、杯子）。
- 任务描述生成：利用 GPT-4，根据生成的场景配置生成自然语言任务描述，指定目标（如物体操纵和重新排列）。
- 代码生成：针对每个任务描述，GPT-4 生成能够完成任务的编程代码，并通过 GPT-3.5 进行筛选，确保代码的语法正确且可执行。
- 数据集特点：通过结合环境生成、任务描述和程序合成，构建了一个多样化的预训练数据集，包含各种日常家庭任务。

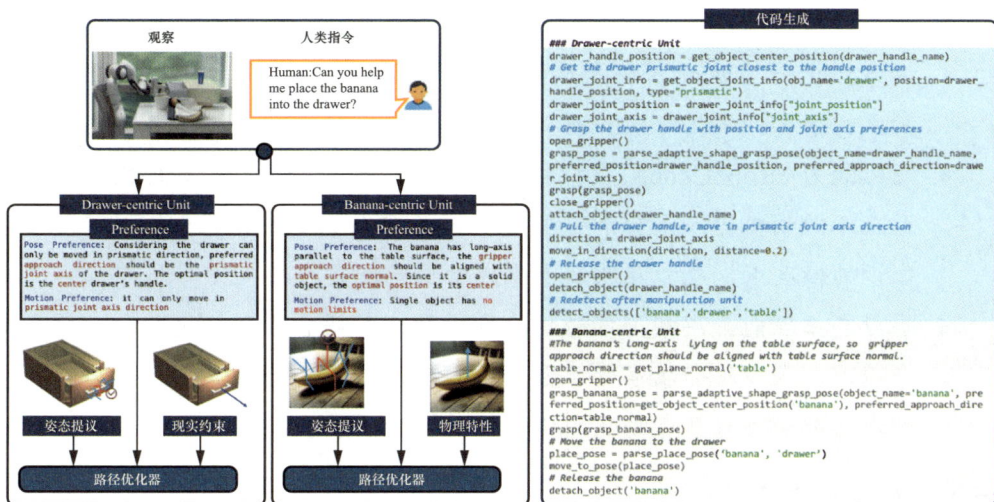

图 6-10　RoboCodeX 的代码生成流程示例

（2）监督微调（SFT）数据集

- 任务类型选择：基于 RT-1 和 LIBERO 数据集的任务类型，随机组合多样化物体，创建多种任务。

- 高质量代码生成：利用 GPT-4 生成高质量的代码，并通过人类标注的示例进行验证，确保代码在模拟器和真实环境中都能成功执行。

- 优化和修正：对于执行失败的代码，通过穷举搜索可选设置（如抓取方法、接触位置、轨迹生成方法）来优化代码，并将最佳选项作为标签。对于无法成功执行的代码，手动修正并纳入数据集。

RoboCodeX 具有如下优势。

- 多模态树状结构推理：RoboCodeX 采用树状结构将高级指令分解为多个以物体为中心的操作单元，每个单元进一步扩展为目标姿态提议、物体物理特性预测、偏好预测和轨迹生成。这种结构能够系统地将语义理解转化为具体的机器人动作。

- 代码生成作为桥梁：通过代码生成将高级语义和物理偏好转化为机器人可执行的动作，使得模型能够适应不同机器人平台的机械特性。代码作为符号化的桥梁，便于在不同机器人之间共享和迁移行为。

- 多模态数据集和迭代微调：预训练数据集的多样化场景和任务配置，以及监督微调阶段的高质量代码，使模型在复杂环境中表现出色。迭代微调方法进一步优化了模型的性能，确保其在执行真实世界任务中的成功率。

- 泛化能力：RoboCodeX 在模拟器和真实机器人系统上均表现出色，能够适应不同的机器人平台和任务类型。其泛化能力使其在未经过特定任务微调的情况下，也能在新场景中成功执行任务。

- 多模态推理能力：模型能够结合视觉输入和语言指令，进行复杂的多模态推理，生成符合物理约束和任务目标的机器人行为。这种能力使其在处理复杂任务时具有更高的稳定性和适应性。

6.2.4 预测生成

对于具身智能模型来说，轨迹合成数据可以用于训练操作能力，资产合成数据可以用于训练感知和交互能力，决策生成数据可以用于训练推理规划能力，然而它们并不能直接用于训练模型对真实世界的理解能力。模型对真实世界的理解能力通常难以衡量，我们会将其转换为模型对事物发展的预测能力，这个底层逻辑是，若模型对真实世界具备良好的理解，则应当可以正确预测其与环境交互导致的变化和结果。

为了训练模型对事物发展的预测能力，一方面需要大量真实世界物理变化过程的数据，另一方面需要借助专门的生成工具生成真实世界难以采集的合成数据。后者即预测生成技术，本小节将对其进行基本的介绍。这里将预测生成技术进一步分为基于生成模型（Generative Model）的预测生成和基于世界模型（World Model）的预测生成。

1. 基于生成模型的预测生成

生成模型，如生成对抗网络（GAN）和变分自编码器（VAE），能够学习数据的潜在分布，并生成新的、与训练数据相似的数据实例。这些模型在图像、视频和三维模型的合成中已经被广泛应用。在具身智能领域，它们则逐渐被用来生成更加丰富和真实的交互场景，以增强机器人对真实世界的理解和预测能力。

当前预测数据的生成集中在视觉领域，尤其是视频的生成。下面简单介绍两项相关技术。

第一种是间接用于机器人学习的人类运动视频生成技术。如图 6-11 所示，谷歌公司、卡内基梅隆大学和斯坦福大学联合发布的 Gen2Act 可以用于生成人类运动视频，继而用于机器人学习。

图 6-11　Gen2Act 生成人类动作预测视频数据示例

Gen2Act 是一种创新的方法，旨在通过人类视频生成和机器人策略的条件化来预测网络数据中的动作信息，从而实现机器人操作策略对新任务的泛化，包括未见过的物体类型和新的动作。这种方法避免了昂贵的机器人数据采集工作，而是利用在网络数据上训练的视频生成模型，以实现泛化。Gen2Act 的核心思想是将语言条件下的操作转化为零样本人类视频生成。这种方法不需要对视频模型进行微调，可以直接使用预训练模型生成人类视频。

Gen2Act 的使用主要包含以下 5 个步骤。

1）人类视频生成：使用现有的视频生成模型（如 VideoPoet），根据场景图像和任务描述（文本形式）生成人类操作任务的视频。该视频生成模型能够零样本生成新场景下的人类操作视频，而无须对模型进行微调或适应。

2）生成人类视频到机器人动作的转换：训练一个闭环策略，该策略基于生成的人类视频和机器人的观测历史来推断机器人的动作，然后利用少量的离线机器人演示数据和相应的生成人类视频对来训练转换模型。

3）特征提取和点轨迹预测：从生成的人类视频和机器人观察视频中提取视觉特征，并通过 Transformer 编码器处理这些特征。再从生成的人类视频中提取点轨迹，并在训练期间优化轨迹预测辅助损失（Track Prediction Auxiliary Loss），以确保闭环策略的潜在标记包含场景中点的运动信息。

4）行为克隆损失优化：训练策略时，结合行为克隆损失（Behavior Cloning Loss）和轨迹预测损失，优化动作预测。

5）部署：给定任务的语言描述，生成人类视频，并运行基于该视频条件的闭环策略。其中，为了执行包含多个任务的长时序活动（如"制作咖啡"），使用预训练的语言模型（如 Gemini）来获取不同任务的语言描述，并通过生成人类视频和视频条件策略执行来依次执行任务。

Gen2Act 方法通过结合人类视频生成技术和机器人策略学习，有效地提升了机器人在新场景下的泛化能力，其创新之处在于利用网络上的大规模视频数据来指导机器人学习，显著减少了对实际机器人数据的依赖，展示了在多样化真实世界场景中的强大应用潜力。尽管该方法在视频生成的准确性和处理复杂任务方面存在一定局限性，但其为机器人领域提供了一种数据高效、灵活且实时性强的策略学习新途径，未来在提升视频生成质量和策略适应性方面的进一步研究将使其更具实用价值。

第二种是直接的机器人运动视频生成技术。来自 MIT、UIUC 和 Meta FAIR 的研究人员提出了一种名为 HMA（Heterogeneous Masked Autoregression）的模型，如图 6-12 所示。该模型旨在模拟动作视频动态，以生成高质量的数据，并在扩展机器人学习中进行评估。

HMA 模型通过在不同机器人实体、领域和任务中使用观察和动作序列的异构预训练，利用掩码自回归生成量化或软标记以进行视频预测。与以往的机器人视频生成模型相比，HMA 在视觉保真度和可控性方面取得了更好的效果，并且在实际应用中速度提升了 15 倍。经过后期训练，该模型可被用作视频模拟器，基于低级动作输入评估策略和生成合成数据。HMA 模型的预测生成流程主要包括以下 3 个步骤。

1）异构数据预训练：HMA 使用来自不同机器人实体、领域和任务的观察和动作序列进行预训练，以处理机器人动作的异构性。

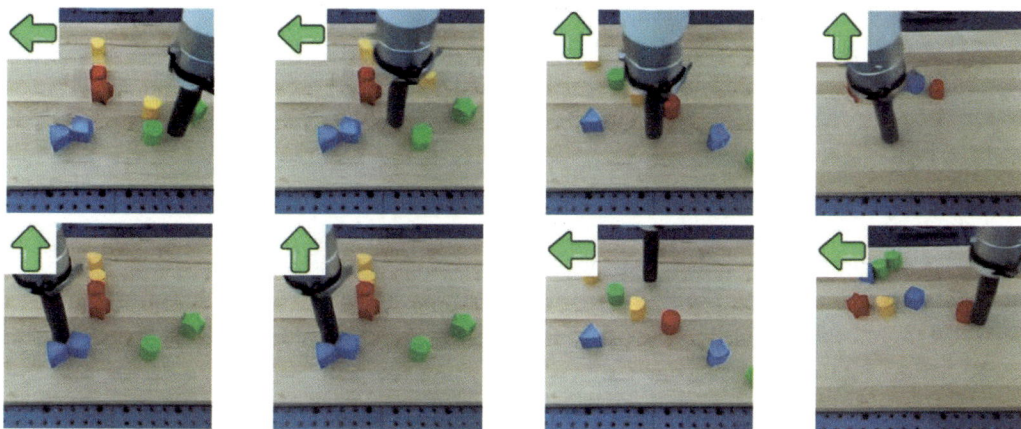

图 6-12　HMA 根据指令合成的动作预测视频示例

2）掩码自回归：HMA 利用掩码自回归来生成视频预测，它探索了两种变体，即离散变体和连续变体，以在速度和保真度之间进行权衡。其中，离散变体以高速生成向量量化（VQ）标记，而连续变体更好地保留了视觉保真度。

3）模块化网络：为了最大化框架的通用性，网络被模块化，使得在预训练后，任何新的实体只需要从头开始训练一个小的动作编码器（Stem）和动作解码器（Head）。

HMA 方法的特点和优势如下。

- 异构数据处理：能够有效处理来自不同机器人实体、领域和任务的数据，提高了模型的通用性和适应性。

- 高效生成：通过掩码自回归技术，HMA 能够快速生成高质量的视频预测，速度比以往的模型快 15 倍，适合实时应用。

- 模块化设计：模块化的网络设计使得模型能够灵活适应新的机器人实体，只需要训练小部分网络结构。

- 多任务能力：HMA 不仅能够用于视频生成，还能够支持策略评估、合成数据生成等多种应用，提高了模型的实用性。

- 视觉保真度和可控性：HMA 在视觉保真度和可控性方面优于以往的机

器人视频生成模型，使得生成的视频更加真实和符合预期的动作。

● 扩展性：模型在异构预训练中表现出良好的扩展性，能够处理大规模的数据集和模型大小。

　　HMA 方法通过结合异构数据预训练和掩码自回归技术，为机器人学习领域提供了一种高效且具有高泛化能力的视频预测和策略评估工具。它能够处理来自不同机器人实体、领域和任务的多样化数据，并生成具有高视觉保真度和可控性的视频，从而支持实时交互和合成数据生成等多种应用。尽管该方法在处理极端环境和复杂任务时可能面临挑战，但其在加速机器人学习、提升模型泛化能力方面展现出显著的潜力和价值。

　　需要注意的是，上述生成模型所生成的内容通常局限于小范围场景，在这些有限场景中能够具备基本的物理常识并准确预测物理变化。然而，它们难以推广到大规模世界的预测任务中，这要求模型具备对整个世界的建模，需要建立相应的世界模型。

　　2. 基于世界模型的预测生成

　　世界模型的概念源于人类自然形成的世界心智模型。人类通过感官获取抽象信息，在大脑中转化为对周围世界的具象理解。基于这些模型，大脑能够对世界进行预测，进而影响人们的感知和行动。可以认为，如果一个 AI 模型不仅能够理解事物的组成、关联事件之间的因果概率，而且能理解事件发生的本质原因，那么就可以视其为一个世界模型。

　　在本小节，世界模型特指生成式世界模型（Generative World Model）。生成式世界模型是一种利用生成模型来创建虚拟世界的技术，这些虚拟世界能够模拟真实世界的物理规律、动态变化和交互行为。生成式世界模型的核心在于能够从少量输入（如文本描述、图像或视频片段）生成丰富的、可交互的虚拟环境。例如，OpenAI 的 Sora 模型能够根据文本提示生成视频，DeepMind 的 Genie 模型允许用户通过输入图片和操作指令生成一个可交互的虚拟环境。当前的生成式世界模型同样基于深度学习技术，如扩散模型（Diffusion Model）、Transformer 架构或贝叶斯网络，能够生成高质量的视频、3D 场景或其他形式的虚拟内容。

　　这些模型的应用范围广泛，包括自动驾驶、机器人导航、游戏开发和虚拟现实等。在自动驾驶中，生成式世界模型可以用于模拟各种驾驶场景，帮助训练更安全、更智能的自动驾驶系统。在机器人领域，这些模型可以生成虚拟的训练环境，让机器人在模拟中学习复杂的操作任务。

生成式世界模型的一个重要特点是它们能够结合物理模拟，生成符合物理规律的虚拟内容。例如，一些模型通过在生成过程中加入物理约束，确保生成的视频或 3D 场景在物理上是合理的。这种能力使得生成的内容不仅在视觉上逼真，而且在行为和动态上也接近真实世界。

总的来说，生成式世界模型通过强大的生成能力和对物理世界的理解，为创造虚拟内容和训练智能系统提供了新的可能性。这些模型的发展将继续推动人工智能在多个领域的应用和创新。

2024 年，李飞飞教授等创办的 World Labs 发布了首个空间智能模型，这一创新技术能够通过一张静态图片生成一个逼真的、可交互的 3D 世界，如图 6-13 所示。该模型的核心功能如下。

图 6-13　World Labs 空间智能模型的视频生成示例

● 3D 世界构建：系统可以估算 3D 几何图形，填充场景中未见的部分，并创建新的内容，实现各个方位的 3D 世界构建。

- 交互性：生成的 3D 世界不仅具有真实的几何感和空间深度，还支持用户实时移动相机，实现类似游戏的探索体验。
- 实时渲染：所有场景都能在浏览器中实时渲染，支持可控的相机效果和可调节的模拟景深。
- 持久现实：一旦生成，3D 世界会持续存在，即使用户移开视线再返回，场景也不会改变。
- 适应多种风格：该模型可以适应各种场景类型和艺术风格，如生成不同的相机效果、3D 效果及经典绘画风格的 3D 内容。

这一技术将不仅改变视频游戏、电影、VR 等领域的数字内容创作方式，还为创意工作提供了新的可能性，能够将文本生成的图像与 3D 世界无缝结合，带来全新的创作体验。而在具身智能领域，则可以为机器人创建可交互的 3D 世界，而无需冗余的人工操作。

另一应用于机器人领域的知名世界模型是 NVIDIA Cosmos。它是一个面向物理 AI 开发者的平台，旨在加速自动驾驶汽车（AV）和机器人等物理 AI 系统的开发。该平台由一系列先进的生成式世界基础模型（World Foundation Model，WFM）、高级 Tokenizer、护栏（Guardrail）及加速数据处理管线组成，具体如下。

- 生成式世界基础模型：这些模型能够基于文本、图像和视频输入生成高保真度、物理感知的视频，模拟和预测真实世界中的场景和物理交互。
- 高级 Tokenizer：用于将视频数据高效地转换为适合模型训练的 Token，支持不同的视频压缩比例。
- 护栏：确保生成的内容安全可靠，过滤有害文本和图像输入，并在后处理中筛查生成的视频。
- 加速数据处理管线：通过 NVIDIA NeMo Curator 优化数据处理和管理流程，显著提高数据处理效率。

NVIDIA Cosmos 具有两种模型类型。

- 自回归模型：预测视频序列中的未来帧，利用时间依赖性生成连贯且逼真的运动。

- 扩散模型：通过逐步去噪生成连贯的视频帧，适用于从文本或视频提示生成视觉模拟。

NVIDIA Cosmos 提供了一系列预训练的 WFM，开发者可以直接使用这些模型生成合成数据，或者通过 NVIDIA NeMo 框架进行微调，以适应特定的物理 AI 设置。开发者可以利用自己的数据集对预训练模型进行微调，以构建定制化的物理 AI 模型。NVIDIA Cosmos 模型以开放模型许可证提供，允许开发者免费用于商业用途。

如图 6-14 所示，NVIDIA Cosmos 可以用于具身智能领域，模拟机器人在各种环境中的交互，加速机器人控制和感知系统的开发。

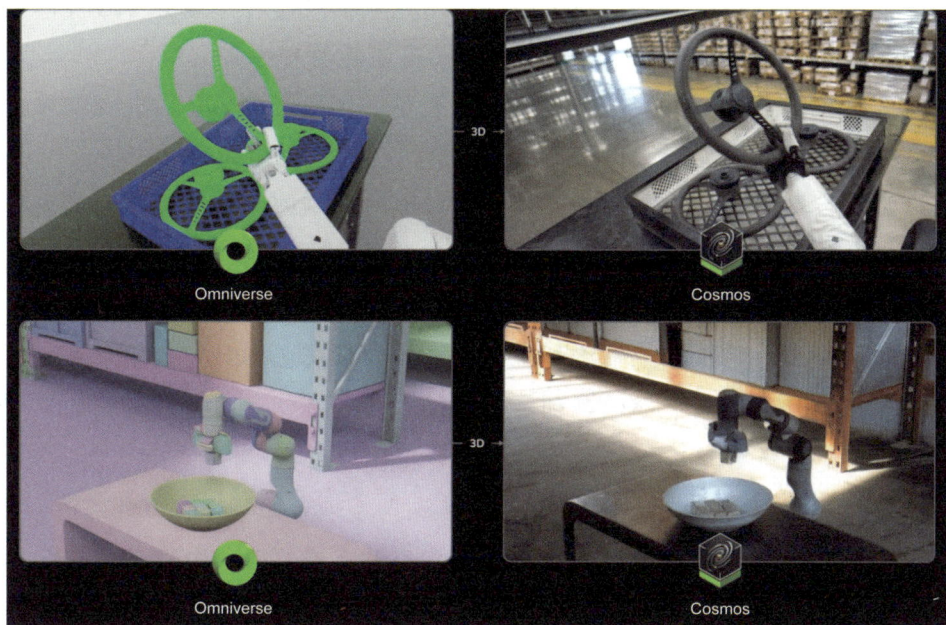

图 6-14　使用 NVIDIA Cosmos 生成的机器人第一人称和第三人称操作视频示例

此外，NVIDIA NeMo Curator 能够在短时间内处理大量视频数据，相比传统 CPU 管道，显著减少了数据处理时间。生成的合成数据具有高保真度，能够准确模拟真实世界的物理交互，并且可以通过护栏机制确保生成内容的安全性和一致性。

NVIDIA Cosmos 通过提供强大的生成式 AI 能力和高效的开发工具，降低了物理 AI 开发的门槛，使得具身智能模型能够更便捷地获取用于训练的物理先验正确的感知合成数据。

6.3　本章小结

本章全面介绍了用于具身智能的仿真平台和相应的数据生成技术。对于具身智能模型的训练，使用仿真平台进行数据生成时，需要遵循以下基本原则，从而最大化数据的使用效率。

1. 何时使用仿真平台

- 复杂环境模拟：当实际环境难以访问或成本过高时，仿真平台可以模拟各种复杂环境，如高温、高压、有毒有害等特殊条件。
- 多样化任务训练：仿真平台可以生成多样化的任务场景，包括基础操作任务、复杂任务和协作任务，以提升模型的泛化能力和适应性。
- 安全性和可控性：在仿真环境中进行训练可以避免实际操作中的安全风险，特别是在涉及高风险任务时。

2. 生成哪些数据

- 轨迹合成：用于训练策略模型。尽可能生成涵盖各种可能动作和行为的轨迹，确保模型能够学习到丰富的动作模式。轨迹应适应不同的环境条件，如天气、路况等，以提高模型的泛化能力。
- 资产合成：用于扩充训练场景。生成或导入高质量的 3D 模型和纹理，确保仿真环境的真实感。这些资产应当具有多样性，包括不同形状、大小和材质的物体，以丰富仿真场景。
- 决策生成：用于智能体（Agent）的训练。根据具体的任务需求生成决策数据，确保模型能够学习到与任务相关的决策策略，并且需要生成涵盖不同决策路径和行为模式的决策数据，以提高模型的决策能力。
- 预测生成：用于训练机器人对真实世界的理解能力。通过生成符合真实物理规律的包含视觉、听觉、触觉等多种感知模态在内的数据，模拟机器人在真实环境中的感知。

3. 需要生成多少数据

- 数据量：生成的数据量应合理，以在可接受的成本和真实度下覆盖各种可能的场景和任务，确保模型能够学习到丰富的经验和知识。

- 数据多样性：数据应具有足够的多样性，包括不同的环境条件、任务类型和行为模式，以提高模型的泛化能力和适应性。

- 数据质量：数据的质量应足够高，确保生成的轨迹、资产、决策数据和预测数据具有真实感和可靠性，以提升模型的训练效果。

遵循这些基本原则，可以有效地利用仿真平台生成高质量的数据，从而训练出具有强泛化能力和适应性的具身智能模型。

第 7 章　工业机器人的数据采集

在讨论工业机器人的数据采集之前，有必要明确工业和第 8 章讨论的服务业的内涵，以避免语句歧义与理解的混乱。在本书中，工业对应第二产业，服务业对应第三产业。因此根据 GB/T 4754—2017《国民经济行业分类》，工业包括采矿业（不含开采辅助活动）、制造业（不含金属制品、机械和设备修理业）、电力 / 热力 / 燃气及水生产和供应业，以及建筑业。服务业则涵盖除第一产业、第二产业以外的其他行业，包括批发和零售业、交通运输 / 仓储和邮政业、住宿和餐饮业、信息传输 / 软件和信息技术服务业、金融业、房地产业、租赁和商务服务业、科学研究和技术服务业、水利 / 环境和公共设施管理业、居民服务 / 修理和其他服务业、教育、卫生和社会工作、文化 / 体育和娱乐业、公共管理 / 社会保障和社会组织、国际组织，以及农、林、牧、渔业中的农、林、牧、渔服务业，采矿业中的开采辅助活动，制造业中的金属制品、机械和设备修理业。

根据以上分类原则，本章将工业场景限定为采矿业、制造业、电力 / 热力 / 燃气及水生产和供应业、建筑业这 4 个行业，并将这 4 个场景下的机器人统称为工业机器人。下面将具体分析工业场景的分类与工业机器人的数据采集需求。

7.1　工业场景的分类与机器人能力需求

7.1.1　工业场景的分类

工业机器人的应用场景分类与典型实例如表 7-1 所示。工业机器人已广泛应用于工业各子领域，呈现出多维度、智能化、高效化的发展趋势。随着制造业加速向智能化、数字化转型，工业机器人在汽车制造、电子信息、机械加工等传统行业的应用不断深化，同时在新能源、航空航天等新兴产业的渗透率也在提升。

表7-1　工业机器人的应用场景分类与典型实例

工业分类	子领域	典型场景	典型实例
采矿业	煤炭开采和洗选业	洗选环节的皮带机巡检作业	曹家滩选煤厂：智能轨道巡检机器人被应用于洗选环节的皮带机巡检。该机器人具备图像采集、环境监测，皮带机跑偏识别等功能，能够实时采集现场的多种数据和大数据分析技术，提高巡检质量和设备运行的安全性，减少故障停机时间
	石油和天然气开采业	海上油气开采的巡检与维护	海上油气平台：机器人被应用于巡检管道、检测泄漏、维护设备等任务。这些机器人能够在恶劣的海洋环境中工作，减少人工巡检的风险和成本，提高作业效率和安全性
	黑色金属矿采选业	采煤工作面超前支护	陕西陕煤黄陵矿业有限公司一号煤矿：超前支护护甲机器人应用于采煤工作面的巷道支护。该机器人能够自动控制超前支护区域的装备，减少人工操作，提高工作面推进效率和管理水平，显著降低人工成本
	有色金属矿采选业	金属非金属地下矿山电机车无人驾驶	深圳市中金岭南有色金属股份有限公司凡口铅锌矿：地下矿山电机车无人驾驶系统被应用于井下运输。该系统具备自主规划、自主行驶等功能，能够实现24小时不间断运输和运输，提高运输效率和安全性
	非金属矿采选业	井下辅运车辆自动驾驶	国家能源集团宁夏煤业有限责任公司红柳煤矿：井下煤矿无轨胶轮运输机器人被应用于井下辅助运输。该机器人能够自动驾驶，承担运输物料、生产原料、操作人员的运输任务，提高运输效率和安全性
	其他采矿业	深部矿井无人驾驶	安徽省铜陵市冬瓜山铜矿：深部矿体开采无人驾驶系统被应用于井下采矿。该系统具备复杂环境下的多元融合感知技术，能够实现矿卡的稳定自主导航，提高采矿的效率和安全性
制造业	农副食品加工业	水果分拣与包装	使用视觉识别系统与机械臂对水果进行分拣，并自动完成包装。这种机器人可以显著提高分拣效率，减少人工劳动强度，同时保证产品质量的一致性
	食品制造业	烘焙食品的生产	一些自动化生产线上的机器人能够精确控制面团的搅拌时间和温度。在成型环节，机器人可以根据预设的形状和大小进行精准切割和成型，确保面团的质量，提高生产效率和产品质量
	酒、饮料和精制茶制造业	啤酒酿造与灌装	机器人可以自动搬运麦芽、酒花等原料，精准地完成啤酒的灌装和封盖。在灌装环节，机器人能够快速、精准地完成啤酒的灌装，提高生产效率，减少人工干预

续表

工业分类	子领域	典型场景	典型实例
制造业	烟草制品业	烟草卷制与包装	自动化卷烟机能够将烟草均匀地卷入烟纸中，并进行精准的切割和包装。这些机器人通过高精度的传感器和控制系统，确保卷烟的质量和一致性，同时提高生产效率
	纺织业	纺织品的编织与染色	自动化纺织机能够根据预设的图案和颜色进行精准编织，同时机器人在染色环节可以精确控制染料的投放和温度，确保纺织品的颜色均匀和图案清晰
	纺织服装、服饰业	服装的裁剪与缝制	自动化裁剪机能够根据设计图纸精准地进行裁剪布料，缝制机器人则可以根据预设的缝制路径进行缝制，提高生产效率和服装的质量
	皮革、毛皮、羽毛及其制品和制鞋业	皮革制品的加工与制鞋	自动化裁剪机器人能够根据皮革的纹理和质量进行精准裁剪，缝制机器人通过高精度的传感器和控制系统，确保产品的质量和生产效率。这些机器人则可以完成鞋面的缝制和鞋底的粘合
	木材加工和木、竹、藤、棕、草制品业	木材加工中的自动化搬运与码垛	木屑颗粒码垛机器人自动搬运和码垛木屑颗粒，不仅降低了人工成本，还减少了由人为错误导致的损失
	家具制造业	家具制造中的自动化打磨与装配	Knepper等设计的自动化家具装配系统能够依据零件初始模板自动判断如何组合并绘制出装配蓝图，以指导不同类型的家具机器人协作完成家具的装配任务
	造纸和纸制品业	造纸厂中的木片分拣与包装	智能木片分拣机器人通过视觉传感器识别木片的类型，并利用机械臂进行拣选和分拣，将不同类型的木片分拣到指定位置，提高分拣效率和准确性
	印刷和记录媒介复制业	印刷厂中的自动化搬运与码垛	机器人被用于印刷品印刷品的搬运和码垛。例如，AGV机器人（自动导引车）能够自动搬运印刷品，减少人工劳动强度，提高生产效率
	文教、工美、体育和娱乐用品制造业	文教用品制造中的自动化装配	机器人被用于产品的自动化装配。例如，一些企业使用工业机器人进行文具的组装，提高生产效率和产品质量
	石油加工、炼焦和核燃料加工业	石油炼制中的自动化巡检与维护	使用机器人进行管道巡检，检测泄漏和设备状态，提高安全性和维护效率

续表

工业分类	子领域	典型场景	典型实例
	化学原料和化学制品制造业	化工生产中的自动化搬运与包装	使用机器人进行化学品的搬运和包装，减少人工接触危险化学品的风险，提高生产效率
	医药制造业	医药生产中的自动化包装与质量检测	使用机器人进行药品的自动化包装，并通过视觉传感器进行质量检测，确保药品的质量和包装的一致性
	化学纤维制造业	化学纤维生产中的自动化搬运与码垛	使用机器人进行纤维的搬运和码垛，提高生产效率，减少人工劳动强度
	橡胶和塑料制品业	注塑成型与切割工序	使用机器人进行注塑成型、机器人能够承受高温、高压等恶劣条件，确保生产过程的安全和稳定
	非金属矿物制品业	玻璃行业的切割与磨边	使用机器人进行切割、磨边等工序。机器人能够代替人工完成这些易碎材料的处理，提高生产效率和产品质量
	黑色金属冶炼和压延加工业	自动化金属加工	机器人能够与固定治具和激光焊接头无缝组合，快速搭建焊接工作站，进行精准焊接，显著提高生产效率和焊接质量
制造业	有色金属冶炼和压延加工业	铝生产厂的自动化生产线	某铝生产厂使用自动化生产线，通过机器学习算法不断优化冶炼过程，降低了能源消耗，并提高了产品质量
	金属制品业	金属制品自动化搬运与码垛	使用机器人进行产品的搬运和码垛，提高生产效率，减少人工劳动强度
	通用设备制造业	机械加工行业的自动化装配	使用机器人进行高精度的装配任务，确保产品的可靠性和稳定性
	专用设备制造业	航空航天零部件的精密制造	使用机器人进行复杂零部件的制造和装配，提高生产效率和产品质量
	汽车制造业	汽车零部件的焊接与装配	使用机器人进行汽车零部件的焊接和装配，提高生产效率和产品质量

续表

工业分类	子领域	典型场景	典型实例
制造业	铁路、船舶、航空航天和其他运输设备制造业	铁路车辆自动化检测与维护	某铁路设备制造企业使用机器人进行铁路车辆的自动化检测和维护，提高检测效率和准确性
	电气机械和器材制造业	电子电气行业的高精度装配	使用机器人进行芯片封装、电路板焊接等工序，确保产品的可靠性和稳定性
	计算机、通信和其他电子设备制造业	半导体制造中的真空机器人	使用真空机器人在真空环境下进行晶圆传输，确保生产过程的高精度和稳定性
	仪器仪表制造业	自动化装配与检测	使用机器人进行产品的自动化装配和检测，提高生产效率和产品质量
	其他制造业	智能物流配送体系	菲尼克斯亚太电气建立了智能物流配送体系，机器人在物流系统中完成拣托、纽托、增湿等任务，提高物流效率
	废弃资源综合利用业	废弃资源自动化分拣与处理	使用机器人进行废弃资源的自动化分拣和处理，提高资源回收效率
电力、热力、燃气及水生产和供应业	电力、热力生产和供应业	变电站巡检	佛山供电局研发的SABT机器狗能够在变电站中完成红外和可见光双目巡视，温湿度及定位移传感、深度相机及激光导航，多种目标识别等任务
	燃气生产和供应业	智能巡检	北京眸视科技有限公司在城市燃气门站应用了智能巡检机器人，能够进行甲烷气体泄漏检测、开关状态识别和周界入侵监测
	水的生产和供应业	水质监测和管网巡检	通过部署自动化水质监测系统，机器人能够实时采集水样并进行分析，确保水质符合标准，提升了水务管理的效率和安全性
建筑业	房屋建筑业	自动化砌砖	自动化砌砖机器人通过激光定位和图像识别技术，确保砌筑的质量和一致性，显著提高了施工效率
	土木工程建筑业	自动化钻孔	机器人能够在复杂地形中进行精准的钻孔作业，提高了施工的安全性和效率，减少人工作业的风险
	建筑安装业	管道的焊接和安装	机器人能够在高温、高压的环境下进行焊接作业，既确保了焊接的质量，又提高了施工的安全性
	建筑装饰和其他建筑业	自动化喷涂作业	机器人自动完成墙面和天花板的喷涂作业，通过智能控制系统，确保喷涂均匀，减少了人工成本和施工时间

在汽车制造领域，工业机器人广泛应用于焊接、喷涂、装配等工序，显著提高了生产效率和产品质量。在新能源汽车领域，工业机器人在电池组装、车身焊接等方面的应用日益普及。协作机器人因部署简单、成本低、体积小、轻量化等优势，逐渐受到工业领域的青睐，满足了小批量、多品种、定制化生产的需求。

在电子行业，工业机器人被用于高精度装配和检测任务，尤其在3C、半导体等领域需求快速增长。在航空航天零部件制造中，工业机器人能够在狭小的空间内进行精细加工和装配，提高生产效率和产品质量。

随着人工智能、机器学习、物联网等前沿技术的融合，工业机器人正实现更加智能化、自主化的操作。例如，配备视觉系统的机器人能够对过往任务展开分析，识别模式，进而优化操作，提升操作的精准度与速度。此外，人机协作技术也成为工业机器人技术发展的重点方向，通过力传感器、视觉传感器等多种传感器的融合，工业机器人能够实时感知与人类的接触力和相对位置，实现与人类的安全、高效协作。

综上所述，工业机器人在工业领域的应用不断拓展和深化，智能化水平和柔性化设计的提升使其能够更好地适应不同行业和生产场景的需求，推动制造业向更高水平发展。

7.1.2　工业机器人的能力需求

一般来说，人们习惯将制造业机器人与其他3个工业子领域机器人区别开来，并将后者称为特种机器人。这是因为这两种机器人具有不同的能力需求。下面具体分析它们对具身智能能力需求的区别。

1. 制造业机器人对具身智能能力的需求

- 自主学习与适应性：制造业机器人需要具备自主学习能力，能够根据生产任务的变化自动调整操作流程。例如，在汽车制造中，机器人需要能够根据制造任务自行决策如何采取最高效的行动。这种自适应能力使得机器人能够应对小批量、多批次的生产需求，提高生产效率。

- 高精度与柔性化：在精密制造领域，如电子设备和半导体生产，机器人需要具备高精度的运动控制能力，如通过多模态感知实现精准操作。柔性化生产则是制造业的重要需求，机器人需要能够快速切换生产任务，减少换线时间。

- 数据驱动的决策：制造业机器人需要处理大量生产数据，需要通过强化学习和模仿学习算法，优化生产流程。高质量的数据集是具身智能机器人技术研发的关键，制造业机器人需要大量高质量、多样化的数据来训练。

2. 特种机器人对具身智能能力的需求

- 高环境适应性：特种机器人需要在极端环境下工作，如高温、高压、有毒有害环境。例如，在核燃料加工和危险化学品处理中，机器人需要具备高度的环境适应性和自主决策能力。

- 复杂任务执行能力：相比制造业机器人，特种机器人需要执行不确定性更高的任务，如灾难救援、电力巡检和太空探索。这要求特种机器人需要具备相比普通机器人更强大的某类技能，如强大的多模态感知和自主导航能力，使其能够在复杂环境中自主完成任务。

- 安全与可靠性：特种机器人需要具备高可靠性和安全性，以确保在危险环境中稳定运行。相比制造业机器人，特种机器人需要对行业规则和物理法则有更深入的理解。

3. 制造业机器人与特种机器人的区别

- 应用场景：制造业机器人主要应用于自动化生产，如汽车制造、电子设备生产等，注重生产效率和产品质量，应用场景是相对标准化的。特种机器人则应用于高风险、复杂环境的任务，如灾难救援、核燃料处理、电力巡检等，应用场景是相对非标准化的。

- 技术要求：制造业机器人需要高精度、柔性化和快速适应能力，以应对多变的生产任务。特种机器人需要高环境适应性、复杂任务执行能力和高可靠性。

- 数据需求：制造业机器人需要大量高质量、多样化的生产数据来训练，以优化生产流程。特种机器人则需要针对特定环境和任务的数据，提高自主决策能力。

综上所述，制造业机器人和特种机器人在具身智能能力的需求上各有侧重，制造业更注重生产效率和柔性化，而特种行业更注重环境适应性和任务复杂性。

7.2 工业机器人的数据采集需求

由于工业的细分领域庞杂，本节将依然按照 4 个工业子领域来分析工业机器人的数据采集需求。这些数据采集需求的分析覆盖了相应细分领域的通用需求，读者可基于该通用需求继续分析细分领域的专业要求。

7.2.1 采矿业机器人的数据采集需求

采矿业的显著特点是机器人面对的场景、工具和操作对象都可能是高度非标准化的（例如各类矿洞、勘探工具和矿石），因此采矿业机器人是一种高度定制化的特种机器人。从采矿业的应用场景需求出发，训练具身智能机器人模型需要采集多维度数据，以应对复杂、动态且高风险的作业环境。以下是其重点需要采集的数据。

1. 多模态感知与决策数据

- 视觉与力觉融合数据：通过摄像头、红外传感器、力反馈装置采集矿石识别、矿脉追踪、设备接触力等数据，实现精准操作。例如，通过视觉语言大模型解析场景并生成最优放置位姿。

- 任务指令与协同数据：一方面，需要采集矿工的自然语言指令（如"停止作业""向左移动"）和标准化的机器人指令，结合语义解析模型，提升人机交互效率；另一方面，需要记录采矿流程中的多任务切换逻辑（如运输与分拣的衔接），训练机器人根据任务优先级动态调整策略。

- 环境感知与地形数据：采矿业环境复杂，需采集矿区地形结构（如坡度、障碍物分布）、地质特征（如岩石硬度、矿层分布）、三维空间信息（如巷道布局、采掘面形态）等数据。这需要通过激光雷达、深度摄像头等传感器获取高精度三维点云数据，构建动态环境地图，帮助机器人理解地形变化并规划移动路径。

2. 物理交互与作业过程数据

- 任务操作数据：包括机械臂的抓取、钻孔、矿石运输等动作的轨迹数据，以及操作力度、角度、抓取姿态等信息。例如，双臂机器人需采集双臂协同操作的时序数据，以完成矿石分拣或设备维修任务。这需要通过动作捕捉设备或低成本单目摄像头采集矿工的操作示范，包括工具使用、设备操控等动作序列，用于机器人模仿学习。进一步可以将复杂任务（如矿石爆破前的设备安装）分解为模块化动作基元（如抓取、定位、紧固），构建可复用的技能库。并且记录矿工在特定场景下的决策偏好（如优先处理高价值矿石），增强机器人的场景适应性和决策合理性。

- 动态工况与设备状态数据：采集粉尘浓度、湿度、温度等环境参数对机器人作业的影响的数据，用于优化传感器抗干扰能力和机械部件的耐久性。还需要记录采矿设备（如钻机、运输车）的实时运行状态，结合机器人操作数据，实现故障预测与协同维护。

3. 安全与避障数据

- 危险场景数据：采集塌方、瓦斯泄漏、设备故障等突发事件的场景数据（如震动信号、气体浓度变化、视觉异常检测），训练机器人的应急响应能力。利用仿真平台生成极端工况（如高温、高粉尘）下的虚拟场景数据，以弥补真实数据采集的不足，降低训练成本。

- 避障与路径规划数据：包括障碍物分布、动态移动物体（如运输车辆）的轨迹预测数据，以及机器人在狭窄巷道中的避碰策略数据。还可以在仿真平台中结合矿山、地下矿井、露天矿区等多种场景数据，提升模型在不同作业环境中的泛化能力。

- 人机协作安全数据：记录机器人与矿工的交互场景数据（如安全距离、手势指令），确保人机协同作业的安全性。

7.2.2　制造业机器人的数据采集需求

制造业的显著特点在于高度标准化的场景、工具和操作对象（如标准流水线所处的工厂场景），对机器人的操作精度要求高，同时兼顾柔性生产。当前大部分制造业机器人已经能满足精度要求，因此模型训练的重点在于在保持机器人操作精度的情况下提高运行效率和场景切换的灵活性。从应用场景需求出发，训练制造业机器人的具身智能模型需要重点采集以下几类数据。

1. 感知数据

- 视觉数据：包括生产线上的物体识别、位置检测、尺寸测量等。例如，在汽车制造中，机器人需要识别和定位不同型号的汽车零部件，以便进行精确的装配。

- 触觉数据：涉及物体表面的纹理、硬度、温度等信息。例如，在电子设备制造中，机器人需要通过触觉感知来检测电路板上元件的安装情况。
- 力觉数据：包括抓取物体时的力度、方向等信息。例如，在机械加工中，机器人需要通过力觉感知来控制切削力，以保证加工精度。

2．轨迹数据

- 操作轨迹：记录机器人在完成任务时的运动轨迹，包括关节角度、速度、加速度等信息。例如，在焊接任务中，机器人需要按照预设的轨迹进行焊接，以保证焊缝的质量。
- 环境交互轨迹：记录机器人与环境交互时的运动轨迹，如在复杂环境中的避障、导航等。例如，在物流仓库中，机器人需要根据货架的位置和货物的分布，规划最优搬运路径。

3．决策数据

- 任务规划数据：包括任务的优先级、时间安排、资源分配等信息。例如，在生产调度中，机器人需要根据订单的紧急程度和生产资源的可用性，制定合理的生产计划。
- 工具使用数据：涉及机器人使用不同工具时的操作方法、效果评估等信息。例如，在装配任务中，机器人需要根据零件的类型和装配要求，选择合适的工具和操作方式。

4．资产数据

- 物体属性数据：包括物体的形状、尺寸、重量、材质等信息。例如，在搬运任务中，机器人需要根据物体的属性，选择合适的抓取方式和搬运策略。
- 设备状态数据：涉及机器人自身和周边设备的状态信息，如设备的运行时间、维护记录、故障情况等。例如，在设备维护中，机器人需要根据设备的状态，及时进行维护和修理。

通过采集这些数据，制造业机器人的具身智能模型能够更好地学习和适应各种生产环境和任务需求，提升其智能化水平和工作效率。

7.2.3   电力、热力、燃气及水生产和供应业机器人的数据采集需求

一般来说，该行业下的机器人应用都被视为特种机器人应用。其显著特点是场景是非标准化的（例如各类布局的变电站），但是工具和操作对象一般是标准化的（例如电表和电力开关），并且机器人的定制化程度高、任务高度聚焦、可靠性要求高。因此相应的模型训练需要特别注重垂直领域的知识、规则与技能学习。从该应用场景需求出发，训练电力、热力、燃气及水生产和供应业机器人的具身智能模型需要采集以下几类数据。

1. 场景数据

- 生产环境数据：包括电力、热力、燃气及水的生产设施布局、设备分布、工作台面状态等。这些数据有助于机器人理解其工作环境，从而进行有效的路径规划和任务执行。例如，机器人需要知道变电站内设备的位置和状态，以便进行巡检和维护。

- 复杂环境数据：如高温、高压、有毒有害等特殊环境条件下的数据，以提升机器人在极端环境下的适应性和安全性。例如，在燃气生产和供应业中，机器人需要在可能存在易燃气体的环境中工作，因此需要采集相关环境数据以确保安全。

2. 任务数据

- 基础操作任务数据：如抓取、放置、推拉等基本动作的数据，这些是机器人完成各种任务的基础。例如，在水生产和供应业中，机器人可能需要自主抓取和放置水样以进行检测。

- 复杂任务数据：涉及多步骤操作的任务数据，如设备维护、质量检测等，有助于提升机器人的任务执行能力和问题解决能力。例如，在电力生产和供应业中，机器人需要完成对变电站设备的复杂维护任务。

- 协作任务数据：包括多机器人协作或人机协作的任务数据，如协同搬运、协同装配等，以增强机器人的协作能力和灵活性。例如，在燃气生产和供应业中，机器人可能需要与其他机器人或人类工作人员协同完成管道铺设任务。

3. 技能数据

- 精细操作技能数据：如焊接、打磨、喷涂等需要高精度控制的技能数

据，有助于提升机器人在精细操作任务中的表现。例如，在热力生产和供应业中，机器人可能需要进行管道焊接。

- 工具使用技能数据：涉及使用扳手、螺丝刀等工具进行操作的数据，使机器人能够更好地适应不同任务需求。例如，在电力生产和供应业中，机器人需要使用工具进行设备维护。
- 自主决策技能数据：包括机器人在面对复杂任务时的决策过程数据，如路径规划、任务分配等，以提高其自主性和智能性。例如，在水生产和供应业中，机器人需要自主决定最佳水样采集路径。

4. 对象数据

- 操作对象数据：包括各种机械零件、电子元件、原材料等的数据，有助于机器人准确识别和操作这些部件。例如，在燃气生产和供应业中，机器人需要识别和操作阀门、管道等部件。
- 工具设备数据：涉及焊接设备、检测仪器、搬运工具等的数据，使机器人能够更好地使用这些工具完成任务。例如，在热力生产和供应业中，机器人需要使用检测仪器进行设备状态监测。
- 环境交互对象数据：如工作台、货架、地面等的数据，有助于机器人更好地理解其工作环境，进行有效的交互和操作。例如，在电力生产和供应业中，机器人需要与变电站内的各种设备进行交互。

通过采集这些数据，电力、热力、燃气及水生产和供应业机器人的具身智能模型能够更好地学习和适应各种生产环境和任务需求，提升其智能化水平和工作效率。

7.2.4　建筑业机器人的数据采集需求

建筑业机器人也属于特种机器人，但其显著特点是场景和工具是较为标准化的（例如装配式楼层和电钻），但是操作对象有可能是非标准化的（例如水泥与石灰）。从应用场景需求出发，训练建筑业机器人的具身智能模型需要重点采集以下几类数据。

1. 感知数据

- 视觉数据：包括建筑施工现场的物体识别、位置检测、尺寸测量等。例如，机器人需要识别和定位建筑材料、施工工具和设备，以便进行精确的操作。

- 触觉数据：涉及物体表面的纹理、硬度、温度等信息。例如，在建筑安装中，机器人需要通过触觉感知来检测管道连接的紧密程度。
- 力觉数据：包括抓取物体时的力度、方向等信息。例如，在搬运建筑材料时，机器人需要通过力觉感知来控制抓取力度，以避免损坏材料。

2．轨迹数据

- 操作轨迹：记录机器人在完成建筑任务时的运动轨迹，包括关节角度、速度、加速度等信息。例如，在砌砖任务中，机器人需要按照预设的轨迹进行砌砖，以保证墙体的平整度和稳定性。
- 环境交互轨迹：记录机器人与环境交互时的运动轨迹，如在复杂环境中的避障、导航等。例如，在建筑工地上，机器人需要根据施工现场的布局和障碍物，规划最优的搬运路径。

3．决策数据

- 任务规划数据：包括建筑任务的优先级、时间安排、资源分配等信息。例如，在建筑施工中，机器人需要根据施工进度和资源可用性，制定合理的施工计划。
- 工具使用数据：涉及机器人使用不同工具时的操作方法、效果评估等信息。例如，在管道安装中，机器人需要根据管道的类型和安装要求，选择合适的工具和操作方式。

4．资产数据

- 物体属性数据：包括建筑材料、施工工具和设备的形状、尺寸、重量、材质等信息。例如，在搬运任务中，机器人需要根据物体的属性，选择合适的抓取方式和搬运策略。
- 设备状态数据：涉及机器人自身和周边设备的状态信息，如设备的运行时间、维护记录、故障情况等。例如，在设备维护中，机器人需要根据设备的状态，及时对其进行维护和修理。

通过采集这些数据，建筑业机器人的具身智能模型能够更好地学习和适应各种生产环境和任务需求，提升其智能化水平和工作效率。

第 8 章　服务业机器人的数据采集

如第 7 章开头所述，根据 GB/T 4754—2017《国民经济行业分类》，本章将服务业场景下的机器人统称为服务业机器人。然而，并非每个服务业子类都有机器人应用场景，因此下面将挑选几个明显具有应用价值的子类来具体分析服务业场景的分类和服务业机器人的数据采集需求。

8.1　服务业场景的分类与机器人能力需求

8.1.1　服务业场景的分类

表 8-1 列出了机器人使用较多的几个服务业子领域中服务业机器人的典型应用场景与典型实例。

表8-1　服务业机器人在服务业子领域的典型应用场景与典型实例

服务业子领域	典型场景	典型实例
批发和零售业	货架商品无人售卖	银河通用Galbot机器人具备自主规划路径的能力，能够在顾客下单后，快速移动到物品附近，精准抓取并送至指定地点
交通运输、仓储和邮政业	仓储机器人在物流分拣中的应用	亚马逊在其仓库中部署了Kiva机器人，用于货物的自动分拣和搬运。这些机器人通过智能导航系统优化路径，大幅提高了仓储效率
住宿和餐饮业	服务机器人在酒店和餐厅的应用	日本Henn-na酒店使用机器人提供客房服务，包括办理入住、行李搬运和房间清洁服务
教育	教育机器人在编程教学中的应用	优必选推出的教育机器人"悟空"被广泛应用于中小学编程课程，帮助学生通过实践学习编程和人工智能知识
卫生和社会工作	护理机器人在老年人护理中的应用	日本松下开发的护理机器人Resyone能够协助老年人起床、移动和康复训练，减轻护理人员的工作负担
文化、体育和娱乐业	表演机器人在娱乐活动中的应用	美国波士顿动力的机器人Spot被用于舞台表演和互动娱乐，展示了机器人技术在文化创意领域的潜力

续表

服务业子领域	典型场景	典型实例
医疗①	手术机器人在微创手术中的应用	达·芬奇手术机器人被广泛应用于全球多家医院（如北京协和医院），用于进行高精度的微创手术，显著提高了手术成功率和患者康复速度

当前，服务业机器人的应用呈现多元化和快速发展的态势。通过表 8-1，我们可以进一步抽象出服务业机器人主要的应用场景。

1．家庭服务领域

- 清洁机器人：扫地机器人、擦窗机器人等清洁机器人已经广泛进入家庭，成为常见的家用服务机器人。这些机器人能够自动规划清洁路径，完成家庭清洁工作，极大地减轻了人们的家务负担。例如，扫地机器人通过激光雷达和视觉识别技术，能够精确地绘制家庭地图，避开障碍物，实现高效清洁。

- 陪伴机器人：陪伴机器人在家庭中扮演着越来越重要的角色，特别是在照顾老人和儿童方面。这些机器人可以提供情感陪伴、健康监测、教育辅助等功能。例如，陪伴机器人能够通过语音交互与老人聊天，提醒他们按时服药，甚至在紧急情况下呼叫救援。陪伴机器人不仅可以部署于家庭，也可以部署于养老院等场所。

2．商业服务领域

- 物流配送机器人：在物流和仓储行业，配送机器人被广泛应用于货物的搬运和分拣。这些机器人能够提高物流效率，降低人力成本。例如，物流公司的配送机器人能够在仓库中自动搬运货物，并根据系统指令将货物准确地放置在指定位置。

- 酒店服务机器人：在酒店行业中，服务机器人被用于客房服务、前台接待等场景。这些机器人能够提供 24 小时不间断的服务，提高客户满意度。例如，酒店服务机器人能够为客人提供送物服务，可将客人的物品准确地送达指定房间。

---

① 　由于医疗场景的重要性与独特性，虽然其并未被《国民经济行业分类》列为一个单独的服务业子领域，但本章依然将其列为一个子领域，以更好地阐释其特性。

3．医疗服务领域

- 手术机器人：手术机器人在医疗领域的应用越来越广泛，特别是在微创手术中。这些机器人能够提高手术的精度和安全性，减少患者的创伤。例如，医院的手术机器人能够通过机械臂精确地操作手术器械，完成复杂的手术操作。

- 康复机器人：康复机器人在康复治疗中发挥着重要作用，帮助患者进行康复训练，提高康复效果。例如，康复中心的康复机器人能够根据患者的情况制定个性化的康复训练计划，通过机械臂辅助患者进行肢体运动。

4．教育服务领域

- 教育机器人：在教育领域，机器人被用于辅助教学和教育娱乐。这些机器人能够提供互动式的学习体验，激发学生的学习兴趣。例如，学校的教育机器人能够通过编程和互动游戏，帮助学生学习编程知识。

5．公共服务领域

- 导览机器人：在博物馆、美术馆、展厅等公共场所，导览机器人被用于为游客提供导览服务。这些机器人能够提供丰富的信息和互动体验，提升游客的参观体验。例如，博物馆的导览机器人能够通过语音和屏幕展示，为游客介绍展品的详细信息。

- 安防机器人：在安防领域，机器人被用于巡逻和监控，提高安全性和效率。例如，园区的安防机器人能够通过摄像头和传感器，实时监控园区的安全状况，及时发现并报告异常情况。

总体来看，服务业机器人的应用范围不断扩大，技术不断进步，为人们的生活和工作带来了极大的便利。随着人工智能和机器人技术的进一步发展，未来服务业机器人的应用前景将更加广阔。

8.1.2　服务业机器人的能力需求

整体而言，具身智能服务业机器人需要具备以下基本能力。

1．感知能力

- 视觉感知：服务业机器人需要具备强大的视觉感知能力，以识别和理解环境中的物体、人物和场景。例如，机器人需要能够识别顾客的面部表情、手势和姿态，以便提供更加个性化的服务。

- 听觉感知：机器人需要能够接收和处理声音信息，包括顾客的语音指令、环境中的声音变化等，以便及时响应顾客的需求。
- 触觉感知：在与物体或顾客进行物理交互时，机器人需要具备触觉感知能力，以确保操作的准确性和安全性。

2. 运动控制能力

- 精确运动：机器人需要能够精确控制自身的运动，包括行走、抓取、操作工具等，以完成各种服务任务。
- 平衡与稳定：在不同的环境和任务中，机器人需要保持良好的平衡和稳定，特别是在与顾客进行交互时。
- 灵活操作：机器人需要具备灵活的操作能力，能够适应不同的物体形状和任务要求。

3. 决策与规划能力

- 任务规划：机器人需要能够根据顾客的需求和环境信息，制定合理的任务计划和行动策略。
- 自主决策：在面对复杂和动态的环境时，机器人需要具备自主决策能力，能够根据实时信息做出最优的选择。
- 学习与适应：机器人需要能够从经验中学习，不断优化自身的决策和行动策略，以适应不同的服务场景。

4. 人机交互能力

- 自然语言理解：机器人需要能够理解顾客的自然语言指令，包括语音和文字，以便更好地满足顾客的需求。
- 情感识别与响应：机器人需要能够识别顾客的情感状态，并做出相应的情感回应，以提供更加贴心的服务。
- 多模态交互：机器人需要能够通过多种模态与顾客进行交互，如视觉、听觉、触觉等，以提供更加丰富的交互体验。

5. 学习与适应能力

- 在线学习：机器人需要能够通过在线学习的方式，不断更新自身的知识和技能，以适应不断变化的服务需求。

- 迁移学习：机器人需要能够将已有的知识和技能迁移到新的任务和场景中，以提高学习效率。
- 环境适应：机器人需要能够快速适应不同的环境和服务场景，包括不同的顾客需求、物体特性和任务要求。

而在具备这些能力之前，机器人还必须具备基本的安全保障能力，以确保在服务过程中不对人类或机器人自身造成伤害。

8.2 服务业机器人的数据采集需求

服务业的各个子领域繁杂多变，不同的子领域对机器人的能力要求不同，相应的数据采集需求也不同。本节仅尝试对一些子领域的数据采集需求做出一般性总结，并根据服务业机器人的能力需求将服务业机器人重点采集的数据归结为 4 类：感知数据、运动控制数据、决策与规划数据、人机交互数据。在实际应用中，采集将各有侧重，读者在实践中需根据具体需求做出相应的调整。

8.2.1 家庭服务机器人的数据采集需求

家庭服务机器人的服务能力要求在服务业机器人中最高，其需要具备尽可能完备的人类世界生活常识、尽可能全面的人类工具使用能力、尽可能流畅的人机交互体验。因此，其相应的具身智能模型训练需要重点采集以下数据。

1. 感知数据

- 视觉数据：包括家庭环境中的物体识别、定位和跟踪，如识别家具、家电、日常用品等。这些数据帮助机器人理解家庭环境的布局和物体的位置关系，以便进行有效的导航和操作。
- 听觉数据：包括语音指令、环境声音等，帮助机器人理解用户的指令和环境中的声音信息，以便做出相应的反应。
- 触觉和力觉数据：包括与物体接触时的力度、方向等信息，帮助机器人在操作物体时保持适当的力度，避免损坏物体或造成安全隐患。

2. 运动控制数据

- 运动轨迹数据：记录机器人在家庭环境中的运动轨迹，包括行走、抓取、放置等操作的关节角度、速度、加速度等信息。这些数据帮助机器人学习如何在家庭环境中安全、高效地移动和操作物体。

- 平衡与稳定数据：记录机器人在不同姿态下的平衡和稳定信息，帮助机器人在操作过程中保持稳定，避免摔倒或碰撞。

3．决策与规划数据

- 任务规划数据：包括家庭服务任务的优先级、时间安排、资源分配等信息。例如，机器人需要根据用户的指令和家庭环境的状态，制定合理的任务计划，如清洁、搬运、照顾老人或儿童等。

- 自主决策数据：记录机器人在面对复杂和动态环境时的决策过程，帮助机器人学习如何根据实时信息做出最优的选择。

4．人机交互数据

- 自然语言交互数据：包括用户与机器人之间的对话记录，帮助机器人理解用户的意图和情感，提供更加贴心的服务。

- 情感识别与响应数据：记录机器人识别用户情感状态的过程和响应方式，帮助机器人学习如何在不同情感场景下做出合适的反应。

8.2.2   商业服务机器人的数据采集需求

商业服务机器人的能力要求在服务业机器人中颇具挑战性，其需要具备尽可能精准的商业流程理解、尽可能高效的业务执行能力、尽可能优质的客户互动体验。从应用场景需求出发，训练商业服务机器人的具身智能模型需要采集以下几类数据。

1．感知数据

- 视觉数据：包括顾客识别、商品识别、环境感知等。例如，机器人需要识别顾客的面部表情、手势和姿态，以便提供更加个性化的服务。同时，机器人还需要识别商品的种类、位置和状态，以便进行准确的操作。

- 听觉数据：包括语音指令、环境声音等。机器人需要能够接收和处理顾客的语音指令及环境中的声音变化，以便及时响应顾客的需求。

- 触觉和力觉数据：包括与物体接触时的力度、方向等信息。机器人在操作物体时，需要通过触觉和力觉感知来确保操作的准确性和安全性。

2．运动控制数据

- 运动轨迹数据：记录机器人在商业环境中的运动轨迹，包括行走、抓取、放置等操作的关节角度、速度、加速度等信息。这些数据帮助机器人学习如何在商业环境中安全、高效地移动和操作物体。

- 平衡与稳定数据：记录机器人在不同姿态下的平衡和稳定信息，帮助机器人在操作过程中保持稳定，避免摔倒或碰撞。

3．决策与规划数据

- 任务规划数据：包括商业服务任务的优先级、时间安排、资源分配等信息。例如，机器人需要根据顾客的需求和商业环境的状态，制定合理的任务计划，如商品配送、顾客引导等。

- 自主决策数据：记录机器人在面对复杂和动态环境时的决策过程，帮助机器人学习如何根据实时信息做出最优的选择。

4．人机交互数据

- 自然语言交互数据：包括顾客与机器人之间的对话记录，帮助机器人理解顾客的意图和情感，提供更加贴心的服务。

- 情感识别与响应数据：记录机器人识别顾客情感状态的过程和响应方式，帮助机器人学习如何在不同情感场景下做出合适的反应。

8.2.3　医疗服务机器人的数据采集需求

医疗服务机器人的能力要求在服务业机器人中极为专业，其需要具备尽可能深厚的医学知识储备、尽可能精准的医疗操作技能、尽可能贴心的医患沟通能力。从应用场景需求出发，训练医疗服务机器人的具身智能模型需要采集以下几类数据。

1．感知数据

- 视觉数据：包括医疗环境中的物体识别、定位和跟踪，如识别医疗设备、药品、病人等。这些数据帮助机器人理解医院或诊所的布局和物体的位置关系，以便进行有效的导航和操作。

- 听觉数据：包括语音指令、环境声音等，帮助机器人理解用户的指令和环境中的声音信息，以便做出相应的反应。例如，机器人需要能够识别医生或护士的语音指令，以及病人的呼救声。

- 触觉和力觉数据：包括与物体接触时的力度、方向等信息，帮助机器人在操作物体时保持适当的力度，避免损坏物体或造成安全隐患。例如，在手术中，机器人需要通过触觉感知来控制手术器械的力度。

2．运动控制数据

- 运动轨迹数据：记录机器人在医疗环境中的运动轨迹，包括行走、抓取、放置等操作的关节角度、速度、加速度等信息。这些数据帮助机器人学习如何在医疗环境中安全、高效地移动和操作物体。

- 平衡与稳定数据：记录机器人在不同姿态下的平衡和稳定信息，帮助机器人在操作过程中保持稳定，避免摔倒或碰撞。例如，在搬运重物或进行精细操作时，机器人需要保持良好的平衡。

3．决策与规划数据

- 任务规划数据：包括医疗任务的优先级、时间安排、资源分配等信息。例如，机器人需要根据医疗的紧急程度和资源可用性，制定合理的任务计划，如药品配送、病人护理等。

- 自主决策数据：记录机器人在面对复杂和动态环境时的决策过程，帮助机器人学习如何根据实时信息做出最优的选择。例如，在手术中，机器人需要根据病人的实时状况做出决策。

4．人机交互数据

- 自然语言交互数据：包括医生、护士和病人与机器人之间的对话记录，帮助机器人理解用户的意图和情感，提供更加贴心的服务。

- 情感识别与响应数据：记录机器人识别用户情感状态的过程和响应方式，帮助机器人学习如何在不同情感场景下做出合适的反应。例如，机器人需要能够识别病人的焦虑或疼痛，并做出相应的安慰或帮助。

8.2.4　教育服务机器人的数据采集需求

　　教育服务机器人的能力要求在服务业机器人中独具特色，其需要具备尽可能丰富的教育领域知识储备、尽可能灵活的教学工具运用技巧、尽可能自然的师生互动体验。从应用场景需求出发，训练教育服务机器人的具身智能模型需要采集以下几类数据。

1. 感知数据

- 视觉数据：包括学生识别、教室环境感知、教材和教具识别等。例如，机器人需要能够识别不同学生的学习状态和表情，以便提供个性化的教学支持。

- 听觉数据：包括语音指令、学生回答、课堂讨论等。机器人需要能够理解学生的语音指令和回答，以便进行有效的互动。

- 触觉和力觉数据：包括与教具的交互、学生的触摸反馈等。例如，机器人在操作教具时需要感知力度和方向，以确保安全和准确。

2. 运动控制数据

- 运动轨迹数据：记录机器人在教室中的运动轨迹，包括行走、抓取、放置等操作的关节角度、速度、加速度等信息。这些数据帮助机器人学习如何在教室环境中安全、高效地移动和操作物体。

- 平衡与稳定数据：记录机器人在不同姿态下的平衡和稳定信息，帮助机器人在操作过程中保持稳定，避免摔倒或碰撞。

3. 决策与规划数据

- 任务规划数据：包括教学任务的优先级、时间安排、资源分配等信息。例如，机器人需要根据教学计划和学生的学习进度，制定合理的任务计划。

- 自主决策数据：记录机器人在面对复杂和动态环境时的决策过程，帮助机器人学习如何根据实时信息做出最优的选择。

4. 人机交互数据

- 自然语言交互数据：包括教师、学生和机器人之间的对话记录，帮助机器人理解用户的意图和情感，提供更加贴心的服务。

- 情感识别与响应数据：记录机器人识别学生情感状态的过程和响应方式，帮助机器人学习如何在不同情感场景下做出合适的反应。

8.2.5 公共服务机器人的数据采集需求

公共服务机器人的能力要求在服务业机器人中较为独特，其需要具备尽可能丰富的公共服务知识储备、尽可能熟练的公共服务工具使用技巧、尽可能良好的人机交互体验。从应用场景需求出发，训练公共服务机器人的具身智能模型需要采集以下几类数据。

1. 感知数据

- 视觉数据：包括环境感知、物体识别、场景分类和动态障碍物检测等。例如，机器人需要识别政务大厅中的设施、医院中的医疗设备、机场中的行李等，以提供准确的服务。
- 听觉数据：包括语音指令、环境声音等。机器人需要理解用户的语音指令，以及环境中的声音变化，以便做出相应的反应。
- 触觉和力觉数据：包括与物体接触时的力度、方向等信息。例如，在帮助用户搬运物品时，机器人需要通过触觉感知来控制力度，以确保安全。

2. 运动控制数据

- 运动轨迹数据：记录机器人在不同环境中的运动轨迹，包括行走、抓取、放置等操作的关节角度、速度、加速度等信息。这些数据帮助机器人学习如何在复杂环境中安全、高效地移动和操作物体。
- 平衡与稳定数据：记录机器人在不同姿态下的平衡和稳定信息，帮助机器人在操作过程中保持稳定，避免摔倒或碰撞。

3. 决策与规划数据

- 任务规划数据：包括公共服务任务的优先级、时间安排、资源分配等信息。例如，机器人需要根据用户的需求和环境状态，制定合理的任务计划，如引导用户、提供信息等。
- 自主决策数据：记录机器人在面对复杂和动态环境时的决策过程，帮助机器人学习如何根据实时信息做出最优的选择。

4. 人机交互数据

- 自然语言交互数据：包括用户与机器人之间的对话记录，帮助机器人理解用户的意图和情感，提供更加贴心的服务。
- 情感识别与响应数据：记录机器人识别用户情感状态的过程和响应方式，帮助机器人学习如何在不同情感场景下做出合适的反应。

第 9 章　通用具身智能数据生产平台 AIRSPEED

第 2 章假设了具身智能（EAI）的发展仍然符合人工智能领域的 Scaling Law（已有相应研究初步证明其存在性），这意味着更多高质量的数据可以产生更高性能的 EAI 模型。然而，在大规模采集和生成 EAI 数据方面仍然存在许多困难。

首先是在本书第 2 章已经论述过的数据瓶颈问题，即成本黑洞、数据孤岛、评估空白问题，这里不赘述。其次是软件工程问题。一方面，不同遥操作设备、机器人、数据采集设备的数据采集软件需要专门定制，且格式不统一，加剧了数据孤岛的形成；另一方面，不同的数据生成系统支持不同的仿真平台，造成合成数据的差异，这使得合成数据的统一集成和利用具有挑战性。最后是数据集构建效率问题，目前的数据集构建方法严重依赖人工操作，大大降低了数据的生产效率。

以上这些问题对高效的 EAI 数据生产构成了障碍。本章将介绍通用具身智能数据生产平台 AIRSPEED，以期在一定程度上克服这些障碍。通用具身智能数据生产平台 AIRSPEED 已经开源，读者也可以通过访问官方网站获取更多信息。

9.1　AIRSPEED 系统设计

如图 9-1 所示，AIRSPEED 是一个用于 EAI 的开源通用数据生产平台。图中展示了通用具身智能数据生产平台 AIRSPEED 的整体架构。AIRSPEED 的构成十分简洁，它由 3 个接口和 3 项服务组成：遥操作接口、机器人接口和仿真

接口，数据采集服务、数据生成服务和数据集构建服务。它与机器人仿真平台
高度兼容，为各种具身智能技术提供训练数据。总体而言，AIRSPEED 有以下
两个特性。

- 万物皆可达：AIRSPEED 利用统一的遥操作接口和机器人接口，支持任
  意机器人形态、任意末端执行器、任意距离与视角、任意场景与操作的
  适配控制，实现任意真实世界数据的采集。
- 万物皆可生：AIRSPEED 利用统一的仿真接口，支持任意操作轨迹、任
  意可交互资产、任意智能体决策、任意物理规律的生成，实现任意仿真
  环境数据的生成。

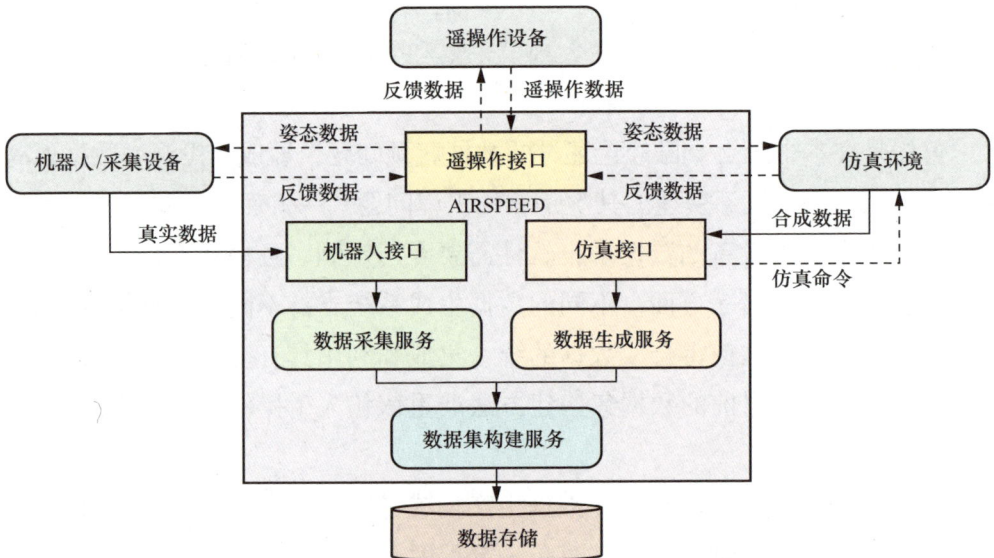

图 9-1   通用具身智能数据生产平台 AIRSPEED 的整体架构

AIRSPEED 是一个综合性的数据管理与处理系统，旨在为机器人和仿真应
用提供高质量的数据支持。该平台通过整合真实世界数据采集与仿真环境数据
生成，实现了数据的多样化来源。它利用机器人接口和仿真接口，分别从物理
机器人和虚拟仿真平台采集数据，通过遥操作接口接收控制命令和仿真命令，
以实现对机器人的远程操控和仿真环境的交互。

AIRSPEED 的数据采集服务和数据生成服务可以处理来自不同来源的数据
流。数据采集服务专注于从机器人采集设备获取真实数据，数据生成服务则在

仿真环境中创建合成数据。这些数据随后被送入数据集构建服务，进行整理和优化，以形成结构化的数据集。最终，所有处理过的数据被存储在数据存储中，以便后续的分析、模型训练或其他应用。

需要注意的是，图 9-1 中的虚线表示该数据流不是必需的。例如，当使用 UMI 等末端采集设备进行数据采集时，并不需要使用任何遥操作设备。图中的数据流也有单向与双向之分。例如，机器人接口仅单方面接收真实数据，而遥操作接口可能不仅要接收遥操作数据，还要给遥操作设备反馈压力等数据。

AIRSPEED 的设计不仅提高了数据采集和处理的效率，还通过可扩展的架构支持未来技术的发展和集成。通过 AIRSPEED 的架构设计，可以实现 EAI 数据生产的 3 个目的。

- 高效的大规模真实世界数据采集：EAI 系统通常配备各种各样的传感器，如摄像头和 LiDAR，它们会产生大量的数据，从每秒数十到数百兆字节不等。为了确保数据完整性，数据传输中的低延迟和高带宽对于 AIRSPEED 来说至关重要，可以最大限度地减少采集大量数据所花费的时间。
- 便捷的仿真环境数据流转：仿真数据和现实世界数据之间的差距对具身智能的发展构成了重大挑战。AIRSPEED 旨在提供灵活的仿真环境配置、触发机制和数据对齐，以尽可能减少这种差距。
- 自动数据集构建：不同的具身智能技术路线意味着不同的数据采集需求。AIRSPEED 能够自动构建金字塔结构的数据集，用于满足各种模型的训练需求。

下面将更详细地介绍 AIRSPEED 的接口与服务的设计。

9.1.1　AIRSPEED 数据采集服务设计

AIRSPEED 数据采集服务的设计考虑了兼容性和性能。首先，数据采集服务需要能够与尽可能多的数据源、数据模态和数据格式兼容。其次，EAI 数据采集必须解决 4 个关键因素：数据延迟、数据传输带宽、数据质量和计算资源。

数据延迟是远程操作和实时数据处理中常见的问题，它指的是数据从源头产生到被系统处理所经历的时间间隔。在具身智能领域，数据延迟可能会导致不同数据模式之间的时间对齐错误，比如视觉数据和传感器数据可能因为延迟而无法正确同步，进而影响机器人对环境的理解和反应。这种时间上的不一致性会降低数据的可用性，使得基于这些数据的决策和行动可能不够准确或及时。

数据传输带宽是另一个关键因素，它包括网络带宽和本地存储缓冲容量。网络带宽决定了数据能够在多大速度下通过网络传输，而本地存储缓冲容量则涉及数据在被处理前可以临时存储的空间大小。如果数据传输带宽不足，那么数据的传输速度就会变慢，这会加剧延迟问题。在极端情况下，如果数据产生的速度超过了网络带宽或存储容量，还可能导致数据采集失败，即部分数据因为无法及时传输或存储而丢失。

数据质量则涉及数据的无损程度，即数据采集、传输和处理过程中信息的保真度。高质量的数据能够更准确地反映真实世界的情况，从而提高机器人的决策和行动的准确性。数据采集服务应尽量保证数据的无损性，比如通过使用高质量的传感器、高效的数据压缩算法和可靠的数据传输协议来减少数据损失。

最后，数据延迟、数据传输带宽和数据质量都需要在有限的计算资源下实现折中。这意味着在设计数据采集和处理系统时，需要考虑到计算能力、存储能力和网络能力的限制。开发者可能需要在保证数据质量、减少延迟和优化带宽使用之间做出权衡，以确保系统的整体性能和效率。这通常涉及复杂的系统设计和优化工作，包括选择合适的硬件、开发高效的软件算法及实施有效的资源管理策略。

如图 9-2 所示，下半部分显示了来自各种数据源的潜在数据流量大小，根据传感器的类型和数量，从 800 B/s（如果我们只采集运动数据）到 246 MB/s 不等。当通过多个机器人并行采集数据时，EAI 数据流入很容易超过可用的数据传输带宽，如果管理不当，会导致数据采集失败。

因此，数据采集服务有一个总体设计目标：在大规模数据采集中平衡上述 4 个因素。如图 9-2 所示，我们通过数据采集服务中的分频器、带宽适配器、关键帧选择器和数据压缩器设计了一个高度兼容的机器人接口和一个动态数据采集机制，以在面临这些权衡时实现最佳折中。

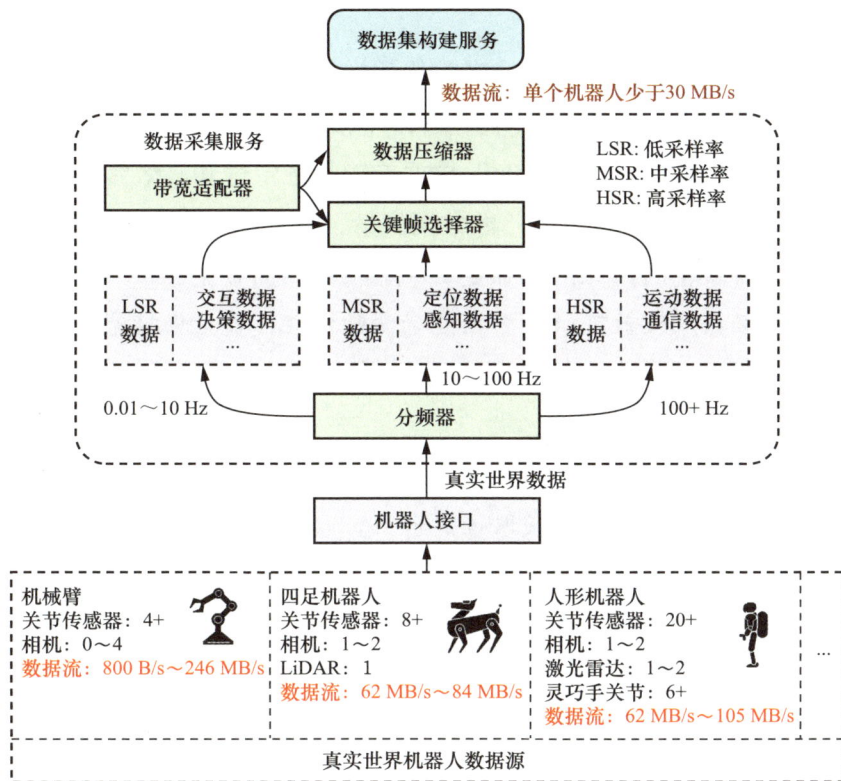

图 9-2   AIRSPEED 的具身智能数据采集服务运行流程

（1）分频器

分频器旨在根据数据采样率进行数据分类：低采样率（LSR）数据（0.01～10 Hz）、中采样率（MSR）信息（10～100 Hz）和高采样率（HSR）信号（100+ Hz），以适应后续的数据处理策略。这种分类方法有助于优化数据传输和处理过程，因为它允许系统根据数据的采样率特性来调整数据传输策略和资源分配。

不同频率的数据对数据传输所需的性能有不同的要求。低频意味着数据对传输延迟不敏感，允许算法分配更多的计算资源来压缩数据，同时确保数据质量，以节省传输带宽。高频表示数据对传输延迟敏感，需要相关算法来确保高速数据传输有足够的性能资源。中等频率介于两者之间，大多数视觉数据通常在这个范围内。算法需要根据数据传输带宽的变化调整关键帧选择和数据压缩的资源，以平衡数据延迟和数据质量之间的矛盾。

（2）带宽适配器

带宽适配器的任务是持续监控当前的数据传输带宽，并动态调整关键帧选择器和数据压缩器的策略，以在当前条件下实现最佳的数据采集质量。它通过实时分析网络状况和数据流量，确保数据传输的稳定性和高效性。带宽适配器将数据传输带宽的使用分为 3 类：低数据流量、高数据流量和中等数据流量。

- 在低数据流量的情况下，带宽适配器检测到高带宽剩余，此时关键帧选择器和数据压缩器可以减少性能资源的消耗，甚至保持空闲状态，从而降低功耗。在这种情况下，数据传输的延迟较低，数据质量可以得到充分保证。

- 在高数据流量的情况下，带宽适配器检测到低带宽剩余，此时关键帧选择器和数据压缩器优先获取性能资源，以确保数据的成功传输。这可能意味着增加数据压缩比或减少关键帧的选取频率，以降低数据传输量，确保数据能够在有限的带宽内及时传输。

- 中等数据流量是最理想的状态，这意味着关键帧选择器和数据压缩器可以保持低功耗状态，并有可能对数据流量的变化做出响应。在这种情况下，带宽适配器可以灵活调整策略，以平衡数据延迟和数据质量之间的矛盾。例如，可以根据数据传输带宽的变化调整关键帧选择和数据压缩的资源分配，确保数据传输的稳定性和高效性。

总之，带宽适配器通过动态调整关键帧选择器和数据压缩器的策略，能够在不同的数据流量条件下实现最佳的数据采集质量，同时兼顾功耗和数据传输的稳定性。

（3）关键帧选择器

关键帧选择器的任务是根据学习目标从数据中选择关键帧，并按比例删除冗余数据帧。这一过程不可避免地会导致数据质量下降和时间对齐误差增加，因此需要根据带宽适配器的指示来控制其删除率，以确保在有限的带宽条件下实现最佳的数据采集质量。

关键帧的检测是构建关键帧选择器的核心算法，尤其是在视觉感官数据占所有数据 99.9% 以上的情况下，关键帧的检测基本上等同于视觉数据的关键帧检测。关键帧检测算法主要分为 3 类：基于启发式的方法、基于概率的方法和基于学习的方法。无论采用哪种方法，其首要目标都是最大限度地确保视觉信息的质量。

AIRSPEED 关键帧选择器设计为可扩展的，以便集成各种关键帧选择算法，允许用户根据具体需求选择最合适的算法。为了确保数据质量，关键帧选择率可以低至 2%，仍然可以实现类似的训练性能，同时将数据吞吐量减少至 2%。这种设计不仅提高了系统的灵活性，还显著提升了数据处理的效率。

（4）数据压缩器

数据压缩器的任务是根据数据传输带宽压缩数据。数据压缩可能是无损的，也可能是有损的，有损压缩必然会导致数据质量的下降，因此需要根据带宽适配器来控制其压缩策略。

数据压缩器支持多种压缩方法。以图像为例，它既支持无损压缩方法，如 JPEG-LS、PNG 和 WebP，也支持有损压缩方法，如 JPEG、JPEG-2000 和 WebP。一些图像压缩方法还使用了基于 GPU 的改进来实现更好的实时性能。AIRSPEED 已经实现了最高达 50 倍的压缩比和 296 MB/s 的压缩吞吐量。与关键帧选择器类似，AIRSPEED 数据压缩器设计为可扩展的，以便用户可以选择最合适的数据压缩算法。

如图 9-2 所示，在完成整个数据采集服务后，对于单个机器人，AIRSPEED 可以将数据流降低至 30 MB/s 以下，从而为大规模实时 EAI 数据采集提供稳定的数据流保障。

9.1.2　AIRSPEED 数据生成服务设计

AIRSPEED 中的 EAI 数据生成服务的设计旨在满足两个需求：促进真实世界和仿真环境之间便捷的数据流转，以及真实世界数据和合成数据之间的高效对齐。前者由仿真接口实现，后者由数据对齐器实现，如图 9-3 所示。仿真接口已在前面进行了介绍，下面主要介绍数据对齐器。

真实世界采集的数据和机器人模拟数据之间的对齐是 EAI 数据生成的一个关键环节。它涉及几个关键组成部分，确保来自两个来源的数据能够有效地整合并用于训练。AIRSPEED 的数据生成服务中集成了一个数据对齐器，它负责时间对齐、空间对齐和物理单位的统一。

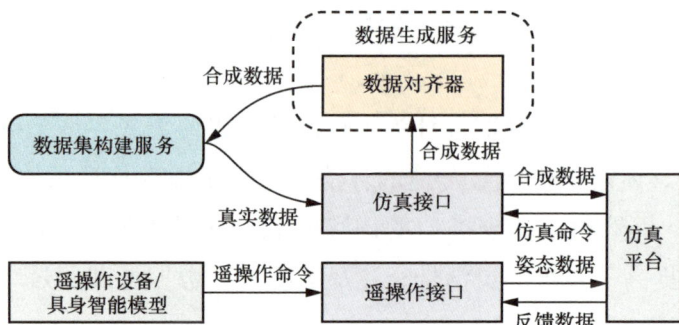

图 9-3　AIRSPEED 的具身智能数据生成服务运行流程

　　时间和空间对齐确保了来自不同来源的数据在时间和空间上同步。这对于需要感知输入和机器人动作之间精确协调的任务至关重要。

　　时间对齐的挑战源于多源传感器时间基线的差异。例如，训练机器人在环境中导航时，摄像头的视觉输入必须与机器人的运动和相应的时间戳精确对齐，激光雷达的 10 Hz 采样率与摄像头 30 Hz 帧率的同步误差可导致 3D 环境重建失真；并且模拟数据的帧速率可能与真实传感器的帧速率不匹配，因此需要相应的对准算法进行校准。

　　空间对齐需解决物理空间与虚拟空间的几何一致性，这在真实世界和仿真环境中的机器人形态产生差异时尤其需要注意。例如，仿真环境中视觉传感器的内外参数与实际视觉传感器的不一致有可能会导致感知数据丧失可用性，不同形态机器人之间关节映射的误差也可能导致数据生成的失败。

　　物理单位的统一是指确保所有测量值，无论其来源如何，都以一致的时间、距离、力和其他物理量单位表示的过程。这种标准化对于准确的数据比较和整合至关重要，可以在真实世界的观测值与其模拟的对应物之间建立直接和有意义的相关性。

　　用户可以通过数据对齐器的配置文件设置数据对齐器的工作参数，包括不同数据的时间对齐延迟校准、不同关节和传感器的空间偏差校准，以及不同数据的单位校准。

9.1.3　AIRSPEED 数据集构建服务设计

　　如图 9-4 所示，数据集构建服务用于根据用户定义的规则对收集和生成的

数据进行结构化，以自动构建金字塔结构的数据集。为实现此功能，数据集构
建服务内部包含了一个分类器和一个数据结构化器。

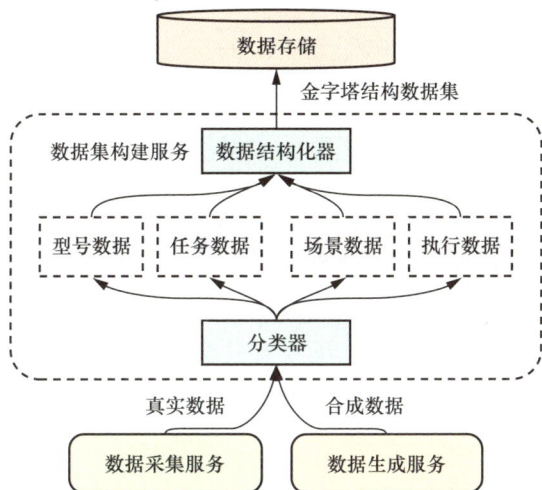

图 9-4 AIRSPEED 的具身智能数据集构建服务运行流程

（1）分类器

分类器负责根据功能将数据分为不同的级别：型号数据、场景数据、任务
数据和执行数据。这种数据分类是为了促进金字塔结构数据集的形成。

- 型号数据是指与机器人实体（在现实世界或仿真环境中）相关的数据，
  如机器人型号数据、传感器型号数据，以及仿真环境硬件和软件型号
  数据。
- 场景数据是指与机器人的内部和外部参数配置相关的数据，如传感器校
  准数据、机器人所在场景的分类数据（室内 / 室外、草地 / 沙地、白天 /
  黑夜等），以及机器人所处场景的地图数据。
- 任务数据是指与机器人执行的任务相关的数据，如机器人接收到的指令
  数据、机器人的初始状态、机器人使用的技能类型，以及正在操作的对
  象的描述性数据。
- 执行数据是指机器人在执行任务过程中生成的数据，如机器人的运动数
  据（位置、速度、力、偏转角等）、各种传感器数据和决策过程数据。

AIRSPEED 默认将数据分为上述 4 个级别，但用户仍然可以根据需要自定

义类别级别。

（2）数据结构化器

数据结构化器用于根据金字塔的层次结构组织收集到的数据，它的结构规则不是一成不变的，而是由用户配置决定的。例如，用户可以根据不同的机器人模型将型号数据设计为顶层，根据不同的场景使用场景数据作为第二层，根据不同任务使用任务数据作为第三层，以及根据不同的执行实例使用执行数据作为第四层。或者，根据不同的场景，场景数据可以用作顶层，型号数据可以用作第二层，任务数据可以用作基于不同任务的第三层，执行数据可以用作根据不同执行实例的第四层。

AIRSPEED 默认按照"型号—场景—任务—执行"的顺序构建金字塔结构数据集。用户可以通过编写配置文件来更改金字塔结构，并可以精确地定义每个级别的详细结构。这为用户构建自定义数据集提供了一种灵活的方法。

AIRSPEED 的金字塔结构数据集的设计不仅是为了数据存储与转换的便捷，而且为数据集性能的评估提供了一种定性指标。回顾 2.4.1 节所述的具身智能总数据需求期望公式可知，执行数据 e 可以被视为人类演示数据 d 和机器人感知数据 p 的和，即

$$D=\{B+[(d+p)\times s+l]\times t\}\times m$$
$$=[B+(e\times s+l)\times t]\times m \qquad （9\text{-}1）$$

将式（9-1）中连续求积的关键参数提取出来，可以作为评估数据集性能的定性指标。

$$P=e\times s\times t\times m \qquad （9\text{-}2）$$

式（9-2）为用于模型训练的具身智能数据集的评估提供一种定性指标。使用者可以通过执行数据的样本数量、任务的种类数量、场景的种类数量、机器人型号的数量评估一个数据的性能潜力，为模型训练和数据集的改进提供理论上的指导。

9.1.4   AIRSPEED 兼容性设计

如图 9-5 所示，AIRSPEED 能够与大多数数据采集技术和生成方法兼容，使用户能够方便地将其用作通用数据生产平台。

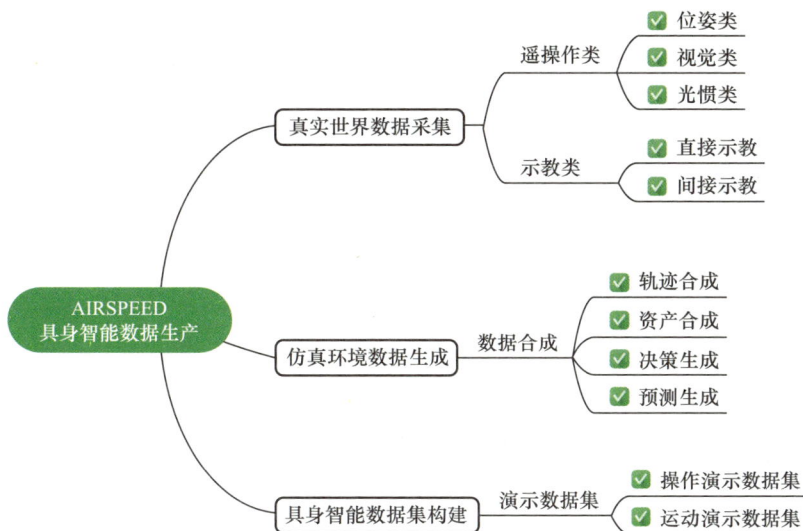

图 9-5　AIRSPEED 的技术兼容性展示

AIRSPEED 主要支持真实世界数据采集技术、数据合成技术和演示数据集构建。问答数据集和基准数据集不被支持，因为它们与仿真平台高度相关，无法仅靠 AIRSPPED 平台单方面支持。

表 9-1 展示了 AIRSPEED 与其他类似平台的兼容性比较的结果。从表中可以看出，与其他类似平台相比，AIRSPEED 对数据采集技术、数据生成类别、数据集构建功能的支持是最全面的，并且具有开源的优势，因此广泛的兼容性是 AIRSPEED 成为通用具身智能数据生产平台的一项显著优势。

表9-1　AIRSPEED与其他类似平台的兼容性比较

平台	支持数据采集		支持数据生成				支持数据集构建	是否开源
	遥操作类	示教类	轨迹合成	资产合成	决策生成	预测生成		
PATO	√	×	√	√	×	×	×	√
BestMan	×	×	√	×	√	×	×	√
Mimicgen	×	×	×	√	×	×	×	√
VitRob	√	×	×	√	×	×	×	×
EmbodiedCity	×	×	√	√	√	×	√	√
MetaUrban	×	×	√	√	√	×	√	√
Habitat 3.0	×	×	√	√	√	×	√	√

续表

平台	支持数据采集		支持数据生成				支持数据集构建	是否开源
	遥操作类	示教类	轨迹合成	资产合成	决策生成	预测生成		
GRUtopia	×	×	√	√	√	×	√	√
Robo-GS	×	×	√	×	×	×	×	√
ORCA	√	×	√	√	×	×	×	×
AIRSPEED	√	√	√	√	√	√	√	√

为实现 AIRSPEED 的兼容性目标，需构建覆盖物理世界（真实机器人）、人类经验（遥操作）与数字空间（仿真）的全域数据采集体系。为此需进行遥操作接口、机器人接口与仿真接口的协同设计，从而实现人类经验的高保真迁移、异构设备的标准化接入和虚实融合的数据增强。同时还要选用合适的平台骨架，以保障数据的高效传输。下面将具体介绍相应的兼容性设计。

1. 遥操作接口设计

遥操作接口的设计旨在实现与遥操作平台的广泛兼容性，以便无缝接收来自不同遥操作设备的遥操作数据，将其转换为机器人需要接收的位姿控制参数数据，并返回必要的反馈数据给遥操作设备。该接口支持灵活的配置，使用户能够通过编写配置文件来精确指定数据接收和发送的各个参数，包括但不限于所需遥操作数据的格式、数据采样率、需要映射的关节，以及返回的传感器数据等参数。遥操作接口是基于 ROS 2 或 DORA-RS 设计的通信节点，以在通信格式上最大化兼容现有的机器人。

通过配置文件，用户可以轻松地定制数据接收过程，以满足特定的应用需求或研究目的，而无须深入编程或对遥操作系统的底层工作原理有深入了解。配置文件中可以定义接收数据的格式，以及数据的预处理和后处理步骤，如滤波、时间同步或格式转换等。

此外，遥操作接口还提供了友好的用户界面和命令行工具，帮助用户创建和编辑配置文件，并实时监控数据接收状态。这包括数据的可视化展示、错误检测与报告等功能，从而进一步提高用户操作的便捷性和数据的可靠性。

如图 9-6 所示，具体来说，遥操作接口对接的数据可能有位姿数据、映射数据、反馈数据等。

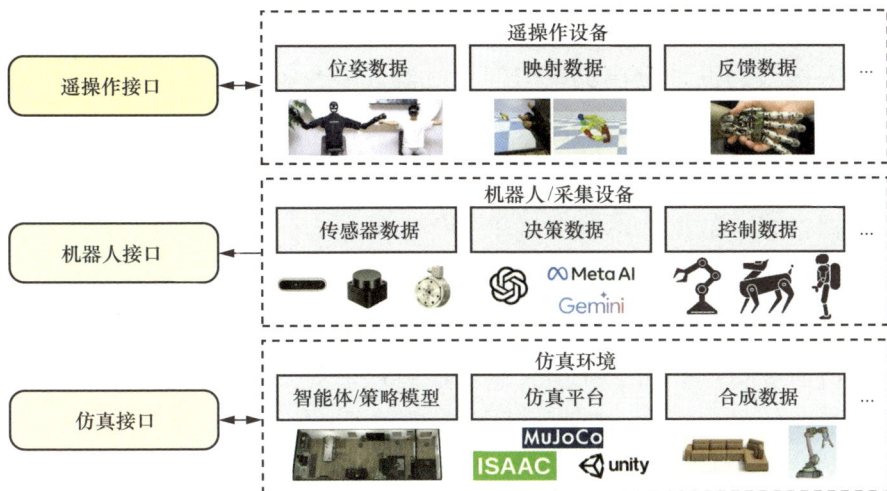

图 9-6 AIRSPEED 接口的对接内容

- 接收位姿数据：位姿数据包括操作人员的末端或关键部位的位置和姿态信息，这些数据对于机器人正确执行遥操作任务至关重要。精确的位姿数据确保了机器人可以正确执行动作，如精确的装配工作或在狭窄空间内的导航，减少发生碰撞或错误操作的风险。

- 接收映射数据：映射数据涉及机器人工作空间与操作者控制空间之间的对应关系，它确保了操作者输入的动作能够准确无误地映射到机器人的动作上。这种映射不仅包括简单的关节对应关系，还可能涵盖更复杂的转换逻辑，如工作空间的限制、五指运动转换为三指运动等，以适应特定的操作和机器人形态需求。映射数据可能是遥操作设备端发送的，也可能需要用户自行转换，这需要根据实际使用进行设置。

- 返回反馈数据：反馈数据涵盖了机器人的状态信息，如力觉、触觉反馈，以及环境交互信息，这些数据使操作者能够感知机器人与环境的互动。通过实时反馈，操作者可以及时调整操作策略，进行障碍物避让或精细操作时的微调。高质量的反馈数据是实现直观、沉浸式遥操作体验的基础，它增强了操作者对机器人动作的控制能力。

AIRSPEED 的遥操作接口简化了遥操作数据的接收和处理流程，使得用户可以快速、高效地获取和利用遥操作数据，进而加速机器人数据的采集过程。

2. 机器人接口设计

机器人接口的设计旨在实现与多种机器人平台的广泛兼容性，以便无缝接收来自不同数据采集方法的机器人数据。该接口支持灵活的配置，使用户能够通过编写配置文件来精确指定数据接收的各个方面，包括但不限于所需数据的类型、数据格式、数据帧率及度量单位等参数。为保障兼容性，与遥操作接口类似，机器人接口也是基于 ROS 2 或 DORA-RS 设计的通信节点。

通过配置驱动的方法，用户可以轻松地定制数据接收过程，以满足特定的应用需求或研究目的，而无须深入编程或对机器人系统的底层工作原理有深入了解。配置文件中可以定义如传感器数据、位置信息、状态日志等多种数据流，以及数据的预处理和后处理步骤，如滤波、时间同步或格式转换等。

此外，机器人接口还提供了友好的用户界面和命令行工具，帮助用户创建和编辑配置文件，并实时监控数据接收状态。这包括数据的可视化展示、错误检测与报告等功能，从而进一步提高用户操作的便捷性和数据的可靠性。

如图 9-6 所示，具体来说，机器人接口对接的数据可能有传感器数据、决策数据和控制数据等。

- 接收传感器数据：包括来自机器人搭载的各种传感器的原始数据，如视觉、力觉、触觉、位置和环境感知等。
- 接收决策数据：涉及机器人如何基于传感器数据和预设的算法做出行动选择。这些数据可能包括路径规划、目标识别、任务优先级排序等高级信息。
- 接收控制数据：控制数据是机器人接口直接用于驱动机器人行动的数据类型。这类数据通常包括速度指令、位置指令、力度控制等。

需要指出的是，AIRSPEED 的机器人接口仅用于接收数据，对机器人的控制命令的发送等应通过调用机器人厂商提供的 API 实现。虽然用户可以选择将控制命令的发送功能也集成到机器人接口中，但对它们的使用并不属于 AIRSPEED 的功能范畴。

AIRSPEED 的机器人接口简化了机器人数据的接收和处理流程，使得用户可以快速、高效地获取和利用机器人数据，进而加速机器人应用的开发和部署。

3. 仿真接口设计

仿真接口设计的主要目的是接收仿真平台输出的合成数据，并将不同类型的真实世界数据和虚拟遥操作数据集成到不同的仿真平台中。这一过程虽然相对简单，但将多种数据类型集成到仿真平台中是一项烦琐的工程挑战。为了解决这个问题，我们在数据生成服务中开发了一个通用的仿真接口，以尽可能简化数据生成过程。

仿真接口具有两个功能：发送仿真命令以启动仿真，以及接收仿真平台生成的合成数据。与遥操作接口和机器人接口类似，它也是基于 ROS 2 或 DORA-RS 设计的通信节点。仿真接口支持与各种仿真平台的通信，如 PyBullet、Isaac Sim、MuJoCo 等，用户可以无缝接收来自不同仿真平台的数据，从而确保数据的多样性和丰富性。仿真接口支持多种数据类型，包括实体状态、事件、轨迹等，能够满足不同仿真场景的需求。

用户可以通过编写配置文件来确定数据的接收方法。配置文件中可以定义所需数据的类型、数据格式、数据帧率及度量单位等参数。这种配置驱动的方法使得用户可以轻松地定制数据接收过程，而无须深入编程或对仿真系统的底层工作原理有深入了解。

仿真接口还提供了友好的用户界面和命令行工具，帮助用户创建和编辑配置文件，并实时监控数据接收状态。这包括数据的可视化展示、错误检测与报告等功能，从而进一步提高用户操作的便捷性和数据的可靠性。

如图 9-6 所示，具体来说，仿真接口需要对接的内容包括仿真平台、智能体 / 策略模型、合成数据等。

- 配置仿真平台：仿真接口需要无缝接收来自不同仿真环境的数据，从而确保数据的多样性和丰富性。因此需要与各类仿真平台的数据传输接口广泛兼容，使用户可以通过写入配置文件来配置当前接入的仿真平台。
- 驱动智能体 / 策略模型：仿真接口需要驱动智能体模型（如 LLM）或策略模型（如 ACT 模型）来发送控制命令给仿真平台，以指导智能体在该环境中执行特定的动作或决策。这些控制命令可以基于预设的规则、人工智能算法或用户输入，用于模拟真实世界中的机器人或其他智能体的行为，以合成相应的数据。

- 接收合成数据：仿真接口需要接收合成数据，如轨迹合成数据、资产合成数据、决策生成数据、预测生成数据，以便将它们发送给数据生成服务。

AIRSPEED 的仿真接口简化了仿真数据的接收和处理流程，使得用户可以快速、高效地获取和利用仿真数据，进而加速仿真应用的开发和部署。通过灵活的配置和友好的用户界面，仿真接口为用户提供了一个高效、便捷的数据采集和管理工具，支持多种仿真平台和数据类型，满足不同应用场景的需求。

4. 平台骨架设计

AIRSPEED 的兼容性不仅体现在对技术的兼容上，还体现在平台骨架的软件兼容性上。ROS 2 和 DORA-RS 因其高性能和在各种机器人应用中的受欢迎程度而成为 AIRSPEED 的平台骨架候选系统。

ROS 2 是机器人操作系统 ROS 的下一代版本，旨在解决第一代 ROS 的一些局限性，并引入许多新的特性来满足现代机器人技术的需求。ROS 2 在设计上进行了全面升级，包括系统架构、软件代码和系统编译等方面，以适应新时代的需求。它提供了跨平台支持，可以在 Linux、Windows、macOS 等多种操作系统上运行，大大提高了跨平台兼容性。ROS 2 采用 DDS（Data Distribution Service）作为通信中间件，支持实时系统的需求，可以更好地应用于工业和安全关键型场景。

ROS 2 的核心特性包括实时性能、多平台支持、安全性、模块化设计、原生支持多机器人系统等。这些特性使 ROS 2 成为一个更加强大和灵活的机器人开发平台，能够满足从研究到工业应用的广泛需求。ROS 2 还提供了丰富的框架和工具，包括构建系统、依赖管理、可视化工具、记录和重放功能等，这些工具的存在极大地简化了 ROS 2 系统的开发、调试和维护过程。

ROS 2 的分布式架构允许不同的 ROS 2 设备之间方便地实现通信，这在多机器人设备协同中是极其重要的。ROS 2 内置了三维可视化工具 rviz2，它可以图形化的方式显示机器人模型或显示机器人系统中的一些抽象数据。此外，ROS 2 支持 Python、C++ 等多种语言，提供了更高级的参数管理和调试工具，帮助开发者更快速地定位和解决问题。

ROS 2 还提供了跨不同操作系统平台的支持，包括 Linux、Windows 及

RTOS（实时操作系统）。ROS 2 为多机系统的应用提供了标准方法和通信机制，使得多台机器能够协同工作，共同完成复杂任务。此外，ROS 2 提供了实时系统的部署保障，包括机械臂的运动学、动力学计算及控制传递。ROS 2 的稳定性更强，节点可以通过自动发现机制来查找其他节点并建立稳定的通信连接。ROS 2 的架构更加模块化，允许开发者更容易地组合和重用代码。

DORA-RS 是一个现代化的机器人框架，旨在简化和加速机器人应用的开发。它基于 Rust 语言实现，具有极高的性能，利用 Rust 语言的并发特性和内存安全，为开发者构建稳定且可靠的 Web 应用提供了支持。DORA-RS 通过 YAML 脚本配置节点、节点之间的数据流，实现了声明式数据流范式，其中任务被分割为作为独立进程隔离的节点。每个节点定义其输入和输出以与其他节点连接。这种模式使得开发人员可以轻松地组合和分解任务，并将其分布到多台机器上运行。

DORA-RS 支持 Python、Rust、C 和 C++ 等多种语言，提供了 Rust 语言和 Python 语言之间的无缝集成，减少了跨语言的性能代价。它使用零复制 Apache Arrow 消息，确保数据传输的低延迟和高吞量，极大提高性能，使开发者可以专注于应用开发，而不需要过多担心性能问题。此外，DORA-RS 还实现了任务调度和管理：自动调度和管理任务的执行，并提供任务状态监控和故障恢复机制。

DORA-RS 还提供了一系列功能来简化机器人应用的开发，如数据流管理，高效地管理数据流，确保数据在任务之间高效传输；传感器数据处理，提供传感器数据处理库，简化传感器数据的采集和处理。它还使用 Opentelemetry 来记录所有的日志、指标和跟踪，这意味着数据和遥测可以使用共享抽象来链接，使得 DORA-RS 的遥测数据可以被大多数后端收集，如 Elastic Search、Prometheus、Datadog 等。DORA-RS 为 Python 实现了热重载，这意味着可以在 Python 中运行时更改代码，同时保持状态不变。

图 9-7 展示了 DORA-RS 和 ROS 2 的性能比较。该实验结果是通过模拟各种形式的机器人数据，测量在各种大小（从 8 B 到 750 MB）下传输数据包的延时得到的。图中 x 轴显示不同的数据包大小，而 y 轴显示以纳秒为单位的传输延时，并以对数表示。对于小于 50 KB 的数据包，ROS 2 和 DORA-RS 具有

相似的延时，但对于大于 500 KB 的数据包，DORA-RS 的延时明显小于 ROS 2 的延时。以 5 MB 的数据包为例，ROS 2 上的延时比 DORA-RS 上的延时大 100 倍左右。而对于大于 250 MB 的数据包，ROS 2 的传输直接失败，DORA-RS 则仍然能够保持稳定的传输。

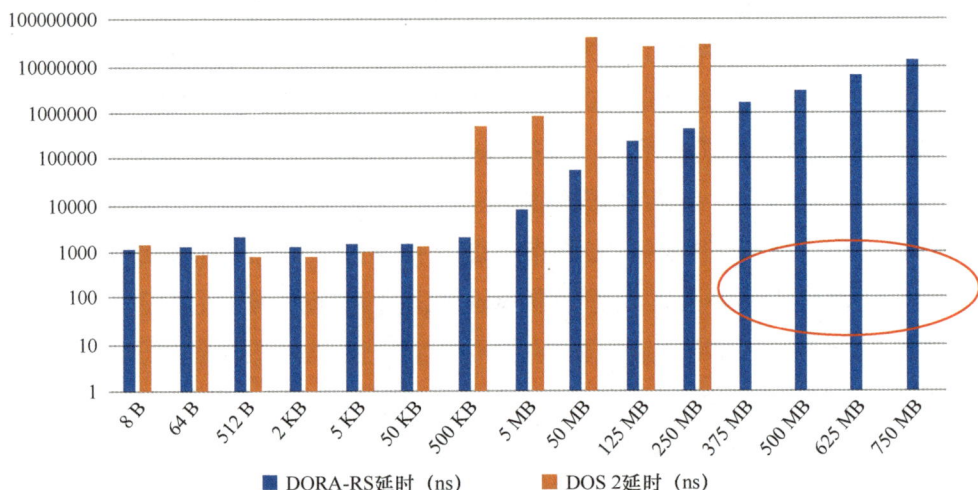

图 9-7　DORA-RS 和 ROS 2 的延时测试实验结果

　　由实验结果可知，DORA-RS 相比 ROS 2 在降低数据延时上有一定优势。但是 ROS 2 相比 DORA-RS 应用更加广泛。AIRSPEED 支持用户将 DORA-RS 或 ROS 2 设置为平台骨架。为简单起见，AIRSPEED 默认使用 ROS 2 作为平台骨架。

　　总的来说，与其他现有的数据生产平台、软件和设备相比，AIRSPEED 具有以下优势。

- **硬件软件解耦**。AIRSPEED 是一个通用的纯软件平台，其数据采集能力独立于数据采集系统中使用的遥操作设备和机器人。用户只需要编写配置文件即可使用它，降低了数据采集系统中软件部分的开发和使用成本。

- **流程全自动**。AIRSPEED 中的数据采集、数据生成和数据集构建过程都是自动化的，可以并行执行。这不仅消除了数据传输和数据组织中消耗的人力和时间，而且充分利用了空闲的计算资源，提高了资源利用率。

9.2　AIRSPEED 数据采集实践

本节将以基于光惯遥操作系统的数据采集为例，介绍基于 AIRSPEED 的数据采集实践。遥操作是当前在具身智能领域中使用最广的数据采集方式之一，特别是在需要高精度数据的场景中。

9.2.1　ROS 2 架构示例

图 9-8 显示了基于 ROS 2 构建的用于遥操作数据采集的 AIRSPEED 软件架构的一个示例。该软件架构包括 3 种类型的模块：ROS 2 通信节点、硬件设备和软件服务。从图 9-8 中可以看出，遥操作接口、机器人接口、数据采集服务都是 ROS 2 通信节点，这意味着它们可以部署在不同的计算设备上。此外，数据集构建服务支持本地和云部署，因此 AIRSPEED 可以在一台运算设备上部署，也可以部署为一个分布式数据采集系统。这为用户提供了灵活的部署选项。

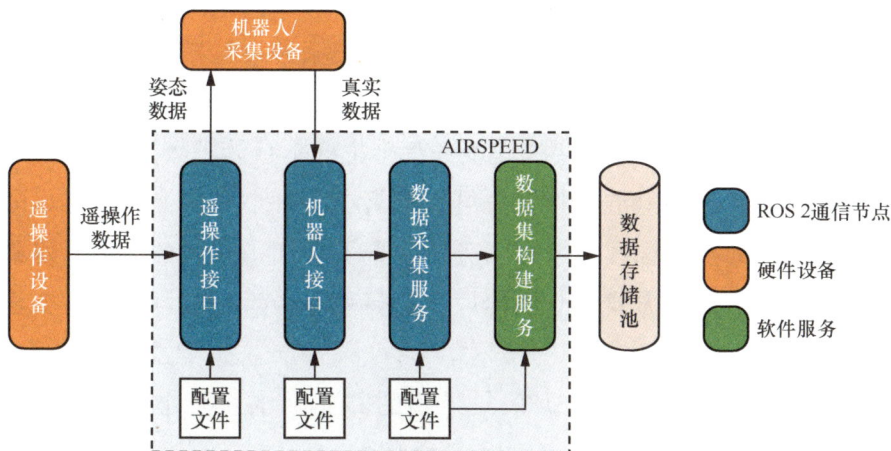

图 9-8　基于 ROS 2 构建的用于遥操作数据采集的 AIRSPEED 软件架构示例

基于该软件架构的整个数据采集流程如下。

1）遥操作接口节点收发数据：遥操作接口接收遥操作设备发送的遥操作数据，这可能包括位姿数据或映射数据。前者指遥操作设备发送的原始运动位姿数据，如关节的位姿和夹爪的开关状态。后者指根据机器人形态或其他用户需求，被映射处理过后的运动位姿数据，如被映射到新位姿的关节位姿数据、从五指映射为三指的运动数据。用户可以通过遥操作接口的配置文件定义接收的数据格式、提取位姿数据或映射数据的哪些部分、数据的采样率、以怎样的格式转发出去等。转发的数据在此被统称为姿态数据，用作控制机器人的参数数据。

2）机器人接口节点收发数据：机器人接口接收来自机器人或采集设备的真实数据，其中可能包括传感器数据、决策数据、控制数据等。用户可以通过配置文件定义接收的来源、数据的类别、各自的采样率或帧率等。机器人接口在接收到这些数据后再根据配置转发给数据采集服务节点。

3）数据采集服务收发数据：数据采集服务接收来自机器人接口的数据，并根据配置文件进行进一步的处理，如数据的分频、压缩、关键帧采样、添加时间戳等。在处理完成后，数据采集服务再根据配置的 IP 地址将相应数据发送给数据集构建服务。

4）数据集构建服务接收与存储数据：数据集构建服务接收来自数据采集服务的数据，并根据配置文件进行金字塔数据集的构建。由于数据集构建服务可能部署在云端或远程服务器，因此它与数据采集服务贡献相同的配置文件。每次运行服务时，数据集构建服务都会与数据采集服务同步配置文件以更新设置。每完成一个样本的采集，数据集构建服务都会把样本存储进数据存储池。

需要注意的是，以上节点和服务可以部署在同一个设备上，也可以分开部署。例如，机器人接口和数据采集服务可以部署在同一个服务器上，以最小化传输延迟。不同的部署方式将对便捷性和运行效率产生影响，用户需要根据实际情况进行部署。

另外需要注意的是，若数据采集采用的并非基于遥操作的技术路线（如 UMI 等末端采集系统），则可以去掉遥操作接口，直接使用机器人接口接收数据。

9.2.2   基于光惯遥操作系统的数据采集

图 9-9 展示了一个基于 Noitom 光惯动捕系统和大象机器人 myCobot Pro 630 机械臂建立的机械臂遥操作数据采集系统。整个采集过程的基本流程如下。

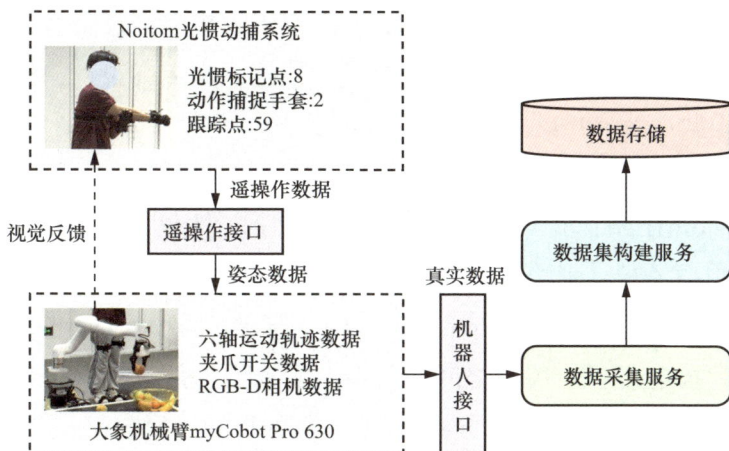

图 9-9 基于光惯遥操作系统的数据采集流程

1）Noitom 光惯动捕系统将遥操作人员在任务执行过程中的遥操作数据发送给遥操作接口，同时遥操作人员根据机器人的状态进行实时的动作调整。

2）遥操作接口将遥操作数据转化为用于机器人控制的姿态数据，发送给机器人。

3）机器人根据姿态数据执行命令，并将需要采集的数据发送给机器人接口。

4）数据采集服务接收机器人接口发送的数据，进行处理后发送给数据集构建服务。

5）数据集构建服务接收数据采集服务发送的数据，构建数据集后进行存储。

下面简单介绍该系统的硬件设备。

1. Noitom 光惯动捕系统

Noitom 光惯动捕系统是由诺亦腾科技有限公司开发的高级全身无线动作捕捉系统，它包含红外相机、惯性传感器、动捕手套、全身绑带、动捕服、传感器充电盒，以及高强度安全箱等组成部分。Noitom 光惯动捕系统的光学部分通过多个相机捕捉动捕服上的标记点来计算标记点在空间中的位置。Noitom 光惯动捕系统的惯性单元部分则记录传感器的加速度和偏转角。Noitom 光惯动捕系统搭载的惯性传感器为九轴传感器，主要包括陀螺仪、加速度计和电子罗盘。陀螺仪用于测量旋转运动，加速度计用于测量线性加速度，电子罗盘用于测量方向。整个动作捕捉系统包含多个传感器子节点，每个节点负责测量不同部位的运动数据。其中有一个无线数据主节点，用于收集和传输来自各个传感器子节点的数据。传感器单模块仅重 12 g，轻巧便捷，全无线设计，便于穿戴。动捕数据的输出频率为 90 Hz。

Noitom 光惯动捕系统支持多种动捕数据格式的输出。在本实践中选用了 BVH（Biovision Hierarchy）格式的输出。BVH 文件格式由 Biovision 公司设计，以文本形式存在，用于描述人体三维运动。BVH 文件包括骨骼层次结构（Hierarchy）和运动数据（Motion Data）两个部分。层次结构定义了人体模型的骨骼结构，描述了各个关节之间的关系；运动数据部分包含了每个时间帧下每个关节的旋转角度，这些数据通常以四元数的形式表示，以避免万向锁问题。BVH 文件的优点在于其简单性和易于解析。解析 BVH 文件时，根据层次信息计算每个关节的局部变换矩阵，再依次与其父关节矩阵相乘，可以得到世界坐标系下的最终变换矩阵。BVH 使用的是 YXZ 欧拉角旋转顺序，可以分别计算 XYZ 三个轴的旋转矩阵然后计算乘积，或者直接计算出完整的旋转矩阵。BVH 被定义为右手坐标系，Y 轴为世界向上矢量，因此 BVH 的骨骼段是沿着 Y 轴或负 Y 轴排列的。

2．myCobot Pro 630 机械臂

大象机器人的 myCobot Pro 630 是一款六轴协作机器人。它的最大臂展为 630 mm，最大有效载荷为 2 kg，支持不同难度的编程语言，适合各种技能水平的用户使用。myCobot Pro 630 支持 Python 语言，提供开源代码库和 API，以简化开发流程。它与 Windows、Linux 和 macOS 兼容，适用于各种开发环境。myCobot Pro 630 内部装备全谐波减速器模组，使用寿命为 10000 h，精度为 ±0.1 mm，工作半径扩展 630 mm。myCobot Pro 630 采用了一体式的核心控制器内嵌设计，有效节约了空间，简化了系统架构。myCobot Pro 630 提供了丰富的硬件接口选项，涵盖了 USB、EtherNet/IP、RS485、24V-I/O 等多种形式。

基于以上两款硬件设备，启动整个数据采集流程的步骤如下。

步骤 1：编译项目

1）编译 AIRSPEED。

```
cd ${DIR_AIRSPEED}
source /opt/ros/humble/setup.bash
```

```
colcon build --cmake-args -DCMAKE_BUILD_TYPE=Release --packages-
select airspeed_services --symlink-install
  colcon build --cmake-args -DCMAKE_BUILD_TYPE=Release --packages-
select airspeed_converter --symlink-install
  colcon build --cmake-args -DCMAKE_BUILD_TYPE=Release --packages-
select airspeed_robot_interface --symlink-install
  colcon build --cmake-args -DCMAKE_BUILD_TYPE=Release --packages-
select airspeed_data_collection --symlink-install
```

2）编译 Noitom HybridDataServer。

```
cd ${DIR_AIRSPEED}/src/utils/devices/Noitom
g++ -c mocapapi_server.cpp -I. -o mocapapi_server.o
g++ mocapapi_server.o -L. -lMocapApi -Wl,-rpath,. -o mocapapi_
server
export LD_LIBRARY_PATH=.:$LD_LIBRARY_PATH
```

步骤 2：启动遥操作接口

启动遥操作接口有以下 3 个步骤。

1）设置配置。在该路径下设置配置文件：

```
./airspeed_teleoperation_interface/config/config.yaml
```

需要配置的参数包括遥操作设备（输入）的 IP 地址与端口、输出的 IP 地址与端口、数据抽取与转发格式等。由于通信由 ROS 2 封装，用户可以根据实际情况灵活选用通信协议，不一定设置 IP 地址与端口，也可能是其他通信参数。

2）启动 Noitom Connection Service。

```
cd ./utils/devices/Noitom
./mocapapi_server
```

该服务用于启动对 Noitom 光惯动捕系统遥操作数据的接收，该服务由 Noitom 公司提供。

3）运行遥操作接口。

```
cd ${DIR_AIRSPEED}
source install/local_setup.bash
ros2 launch airspeed_teleoperation_interface run_airspeed_
teleoperation_interface.launch.py
```

遥操作接口以 90 Hz 的频率从 Noitom 光惯动捕系统接收遥操作数据，经过处理后转发给机器人。遥操作接口从 BVH 格式的数据中提取 4 个参数：右腕、臀部、右手食指 3 和右手拇指 3，分别对应于右腕、臀部、右手食指和右手拇指指尖。为了实现对机器人运动的精确控制，需要首先计算右手腕和臀部之间的相对位移，并将此信息传递给机器人用于末端姿态控制。此外，需要计算右手食指指尖和右手拇指指尖之间的距离，并将这些数据提供给机器人，作为确定是否执行抓取动作的依据。

步骤 3：启动机器人接口

启动机器人接口有以下两个步骤。

1）设置配置。在该路径下设置配置文件：

```
./airspeed_robot_interface/config/config.yaml
```

需要配置的参数包括机器人 / 采集设备的 IP 地址与端口、数据的类型、采样频率等。

2）运行机器人接口。

```
cd ${DIR_AIRSPEED}
source install/local_setup.bash
ros2 launch airspeed_robot_interface run_airspeed_robot_interface.
launch.py
```

步骤 4：启动光惯动捕系统

首先，在 Noitom 光惯动捕系统对应的服务器上启动 Noitom 客户端软件，根据操作手册配置设备。在设置选项中设置数据接收端的 IP 地址和端口号，即遥操作接口的 IP 地址和端口号，以及数据发送的格式。之后 Noitom 光惯动捕系统就会自动将数据发送给遥操作接口。

步骤 5：启动机械臂

通过以下命令启动大象 MyCobot Pro 630 机械臂。

1）设置配置。在该路径下设置配置文件：

```
src/utils/robots/Elephant_pro/config.yaml
```

需要配置的参数包括机械臂的 IP 地址与端口等。

2）运行机械臂。

```
cd src/utils/robots/Elephant_pro
python3.10 receiver
```

步骤 6：启动数据采集服务和数据集构建服务

启动数据采集服务和数据集构建服务有以下 4 个步骤。

1）数据集配置。在该路径下设置配置文件：

```
./airspeed_data_collection/config/data_settings.json
```

需要配置的内容包括采集到的数据的金字塔结构设置，如型号数据、场景数据、任务数据、执行数据的内容和存储位置等。下面给出了一个具体的配置示例。

```json
{
"main_data":{
  "robot_motion_sample": {
    "model_data": {
      "robot_hardware_model_name": "ModelX-V3",
      "robot_software_version": "SW-1.2.3",
      "sensors": {
        "sensor_models_and_versions": [
          {
            "type": "Camera",
            "model_name": "Cam1080p-V2",
            "version": "FW-4.5.6"
          },
          {
            "type": "Lidar",
            "model_name": "LidarHD-V1",
            "version": "FW-7.8.9"
          },
          {
            "type": "IMU",
            "model_name": "IMU-Sensor-V5",
            "version": "FW-1.0.2"
          }
        ],
```

```json
      "sensor_counts_and_statuses": {
        "Camera": {
          "count": 2,
          "status": "active"
        },
        "Lidar": {
          "count": 1,
          "status": "active"
        },
        "IMU": {
          "count": 1,
          "status": "active"
        }
      }
    }
  },
  "scene_data": {
    "scene_configuration": {
      "indoor_outdoor": "indoor",
      "terrain": "carpet",
      "lighting": "daylight"
    },
    "sensor_calibration_data": {
      "camera_intrinsics": "/path/to/camera_intrinsics.json",
      "lidar_calibration": "/path/to/lidar_calibration.json"
    },
    "scene_description": "A standard indoor robotics lab with a carpeted floor and ambient daylight."
  },
  "task_data": {
    "task_type": "picking",
    "object_description": {
      "name": "WidgetA",
      "shape": "cylindrical",
      "material": "plastic",
      "rigid_flexible": "rigid",
      "size_dimensions": "10cm x 5cm x 2cm"
    }
  },
```

```
    "execution_data": {
      "decision_process_data": "/path/to/decision_process.json",
      "motion_execution_data": {
      "joint_motion_data": "/path/to/joint_motion_data.csv",
      "gripper_status": "/path/to/gripper_status.csv"
      },
      "perception_data": {
        "RGB_image": "/path/to/rgb_images",
        "depth_image": "/path/to/depth_images",
        "infrared_image": "/path/to/infrared_images",
        "point_cloud": "/path/to/point_cloud.ply",
        "IMU_data": "/path/to/imu_data.csv",
        "tactile_data": "/path/to/tactile_data.csv",
        "ultrasonic_data": "/path/to/ultrasonic_data.csv"
      }
    }
  }
 }
}
```

2）数据采集服务配置。在该路径下设置配置文件：

```
./airspeed_data_collection/config/config.yaml
```

配置内容包括数据压缩的参数、数据发送（发送至数据集构建服务）的 IP 地址和端口号等。

3）在数据采集端运行数据采集服务。

```
cd ${DIR_AIRSPEED}
source install/local_setup.bash
ros2 launch airspeed_data_collection run_airspeed_data_collection.
launch.py
```

4）在数据集构建服务器运行数据集构建服务。

```
python airspeed_dataset_construction.py
```

数据集构建服务可以同时接收多个数据采集服务发送的数据，以支持大规模的并行数据采集。但用户需确保数据采集服务配置的数据发送端口没有冲突（一个数据采集服务对应一个数据集构建服务器的端口）。

通过以上流程即可完整运行从遥操作机器人到数据采集流程，再到数据集构建的流程。请注意，AIRSPEED 的最新代码与操作流程可能因更新而改变，读者可访问开源地址并浏览更新、更详细的代码。

9.2.3　实践结果

基于上面描述的采集系统，本实践对 AIRSPEED 在光学惯性遥操作系统数据采集中的效率进行了比较实验。收集的数据包括来自 myCobot Pro 630 的 6 个关节角度数据、夹持器开关数据、相机（Intel RealSense D435 深度相机）的 RGB-D 数据，实时的总数据吞吐量最高约为 62 MB/s。表 9-2 展示了采集 20 个样本所消耗的时间及相应的数据集构建时间。受限于遥操作的原理，AIRSPEED 并不能减少数据采集过程的耗时，但是可以显著减少数据集构建的耗时，在数据集构建阶段实现了高达 23.5 的有效加速比，从而显著提高了整体的数据生产效率。

表9-2　AIRSPEED在光学惯性遥操作系统数据采集中的效率比较实验结果

项目	数据采集（20 个样本）	数据集构建
人类操作耗时（s）	657	517
AIRSPEED耗时（s）		22
有效加速比	—	23.5

该实践的具体设置如下：设备型号包括 myCobot Pro 630 机械臂一台、大象自适应夹爪一个、Intel RealSense D435 深度相机一个。场景为室内桌面。任务为在桌面抓取水果并放入篮子。水果类型包括苹果、香蕉、梨和橘子。

在数据采集部分，3 名遥操作人员分别执行 20 次操作样本的采集，并记录相应的采集时间后计算平均值。在数据集构建部分，3 名遥操作人员分别执行数据复制、传输、整理等任务，记录相应的数据集构建时间后计算平均值，并同时计算 AIRSPEED 数据集构建所消耗的时间。

9.3　AIRSPEED 数据生成实践

本节将以基于虚拟遥操作系统的数据生成为例，介绍基于 AIRSPEED 的数

据生成实践。为便于统一代码与复现，本节的遥操作系统将复用 Noitom 光惯动
捕系统。

9.3.1　ROS 2 架构示例

图 9-10 显示了基于 ROS 2 构建的用于虚拟遥操作数据生成的 AIRSPEED
软件架构示例。与图 9-8 相同，该软件架构包括 3 种类型的模块：ROS 2 通信节
点、硬件设备和软件服务。从图中可以看出，遥操作接口、仿真接口、数据生
成服务都是 ROS 2 通信节点，因此可以部署在不同的计算设备上。此外，可以
注意到遥操作接口可以直接将姿态数据传输给仿真平台，可用于直接控制仿真
环境中的机器人。

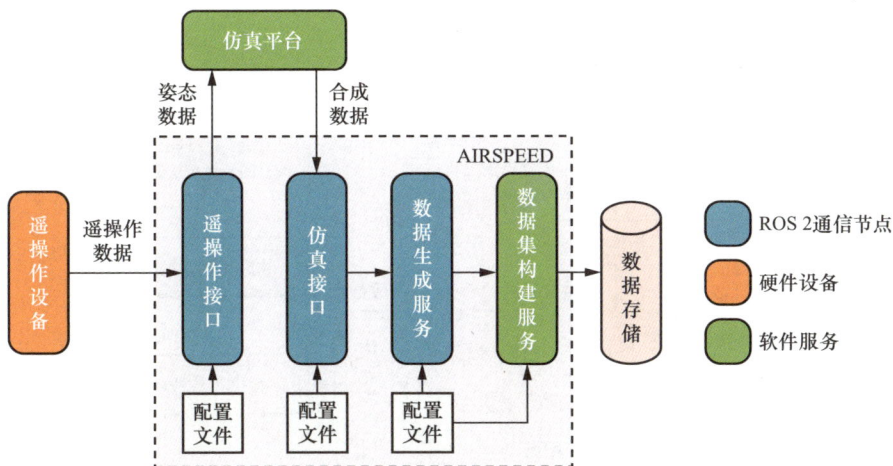

图 9-10　基于 ROS 2 构建的用于虚拟遥操作数据生成的 AIRSPEED 软件架构示例

基于该软件架构的整个数据采集流程如下。

1）遥操作接口节点收发数据：遥操作接口接收遥操作设备发送的遥操作数
据，这部分与 9.2.1 节所述内容相同，在此不赘述。

2）仿真接口节点收发数据：仿真接口接收来自仿真平台的合成数据，其中
可能包括轨迹合成数据、资产合成数据、决策生成数据等。用户可以通过配置
文件定义接收的来源、数据的类别、各自的采样率或帧率等。仿真接口在接收
到这些数据后再根据配置转发给数据生成服务。

3）数据生成服务收发数据：数据生成服务接收来自仿真接口的数据，并根

据配置文件进行进一步的处理，如数据的对齐、添加时间戳等。在处理完成后，数据生成服务再根据配置的 IP 地址将相应数据发送给数据集构建服务。

4）数据集构建服务接收与存储数据：这部分与 9.2.1 节所述内容相同，在此不赘述。

需要指出的是，若用户不进行虚拟遥操作，则可以去掉遥操作接口，使用智能体接口或策略模型接口接入仿真平台来生成数据。

9.3.2   基于虚拟遥操作系统的数据生成

图 9-11 展示了一个基于 Noitom 光惯动捕系统和 Isaac Sim 仿真平台建立的虚拟遥操作数据生成系统。整个生成过程的基本流程如下。

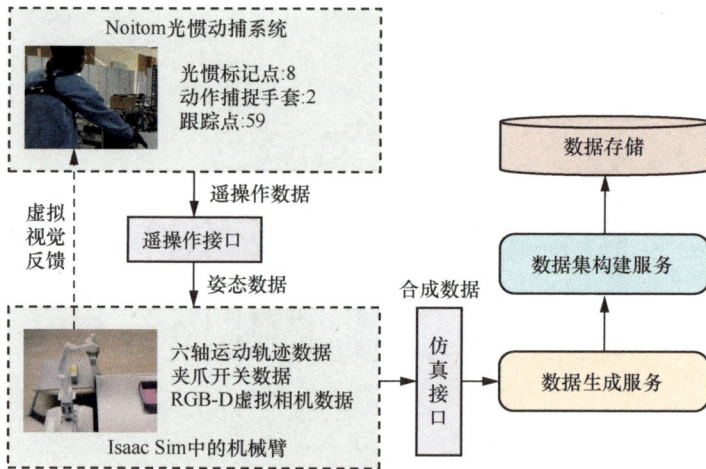

图 9-11   基于虚拟遥操作系统的数据生成流程

1）Noitom 光惯动捕系统将遥操作人员在任务执行过程中的遥操作数据发送给遥操作接口，同时遥操作人员根据仿真环境中机器人的状态进行实时的动作调整。

2）遥操作接口将遥操作数据转化为用于机器人控制的姿态数据，发送给仿真平台。

3）仿真平台根据姿态数据向机器人发送控制指令并执行仿真，并将需要生成的数据发送给仿真接口。

4）数据生成服务接收仿真接口发送的数据，进行处理后发送给数据集构建服务。

5）数据集构建服务接收数据生成服务发送的数据，构建数据集后进行存储。

启动整个数据生成流程的步骤如下。

步骤 1：编译项目

与 9.2.2 节所述内容相同，在此不赘述。

步骤 2：遥操作接口配置

与 9.2.2 节所述内容相同，在此不赘述。

步骤 3：仿真接口配置

启动仿真接口有以下两个步骤。

1）设置配置。在该路径下设置配置文件：

```
./airspeed_simulation_interface/config/config.yaml
```

需要配置的参数包括数据生成模式、仿真平台的型号和通信地址、发送给仿真平台的控制命令的数据格式，以及从仿真平台接收的数据类型、格式和采样率，数据转发（给数据生成服务）的 IP 地址与端口等。

2）运行仿真接口。

```
cd ${DIR_AIRSPEED}
source install/local_setup.bash
ros2 run airspeed_simulation_interface airspeed_simulation_
interface.py
```

步骤 4：启动光惯动捕系统

与 9.2.2 节所述内容相同，在此不赘述。

步骤 5：启动仿真

通过 Omniverse Launcher 打开 Isaac Sim 仿真平台，然后加载以下场景文件：

```
./utils/simulation_platforms/Isaac_Sim/airspeed_teleop.usd
```

点击左侧"Play"按钮即可启动仿真。

步骤 6：启动数据生成服务和数据集构建服务

启动数据生成服务和数据集构建服务有以下 4 个步骤。

1）数据集配置。在该路径下设置配置文件：

```
./airspeed_data_generation/config/data_settings.json
```

2）数据生成服务配置。在该路径下设置配置文件：

```
./airspeed_data_generation/config/config.yaml
```

配置内容包括数据对齐的配置参数、数据发送（给数据集构建服务）的 IP 地址和端口号等。

3）在数据生成端运行数据生成服务。

```
cd ${DIR_AIRSPEED}
source install/local_setup.bash
ros2 launch airspeed_data_generation run_airspeed_data_generation.
launch.py
```

4）在数据集构建服务器运行数据集构建服务。

```
python airspeed_dataset_construction.py
```

通过以上流程即可完整运行从虚拟遥操作机器人到数据生成流程，再到数据集构建的流程。请注意，AIRSPEED 的最新代码与操作流程可能因更新而改变，读者可访问开源地址并浏览更详细的代码。

9.3.3　实践结果

基于上面描述的数据生成系统，本实践对 AIRSPEED 在虚拟遥操作系统数据生成中的效率进行了比较实验。生成的数据包括来自 myCobot Pro 630 的 6 个关节角度数据、夹持器开关数据、相机（与 Intel RealSense D435 深度相机一致）的 RGB-D 数据，表 9-3 展示了生成 20 个样本所消耗的时间及相应的数据集构建时间。受限于遥操作的原理，AIRSPEED 并不能减少数据生成过程的耗时，但是可以显著减少数据集构建的耗时，在数据集构建阶段实现了 7.67 的有效加速比，从而显著提高了整体的数据生产效率。

表9-3　AIRSPEED在虚拟遥操作系统数据生成中的效率比较实验结果

项目	数据生成（20 个样本）	数据集构建
人类操作耗时（s）	721	23
AIRSPEED耗时（s）		3
有效加速比	—	7.67

该实践的具体设置如下：Isaac Sim 版本号为 4.2，显卡使用的型号是 NVIDIA RTX 4090。仿真环境中的机器人包括 myCobot Pro 630 机械臂一台、大象自适应夹爪一个、Intel RealSense D435 深度相机一个。场景为室内桌面。任务为在一个桌面上抓取饮料并放置到另一个桌面上。

在数据生成部分，3 名遥操作人员分别执行 20 次操作样本的采集，并记录相应的生成时间后计算平均值。在数据集构建部分，3 名遥操作人员分别执行数据复制、传输、整理等任务，记录相应的数据集构建时间后计算平均值，并同时计算 AIRSPEED 数据集构建所消耗的时间。

9.4 AIRSPEED 数据飞轮实践

本节将以基于 ALOHA 同构遥操作系统的数据采集和基于 MuJoCo 仿真平台的数据合成为例，介绍基于 AIRSPEED 的数据飞轮实践。

9.4.1 基于 ACT 算法的数据飞轮

在介绍基于 ACT 算法的数据飞轮之前，先简单介绍一下 ACT（Action Chunking with Transformer）算法。它是一种结合了动作分块（Action Chunking）和 Transformer 架构的模仿学习方法，旨在通过高效处理长序列任务来提升智能体的学习效率和泛化能力。

ACT 算法的核心在于将长序列任务分解为多个短的动作块（Action Chunk），每个动作块包含一系列连续的动作。这种分块方式类似于人类在复杂任务中将任务分解为多个子任务来执行，从而降低了任务的复杂性。通过这种方式，智能体可以更高效地学习和执行任务，同时减少由长序列导致的累积误差。

在 ACT 中，Transformer 被训练为条件变分自编码器（CVAE），用于生成动作序列。具体来说，Transformer 编码器综合了来自不同相机视角、关节位置和风格变量的信息，而 Transformer 解码器则生成连贯的动作序列。

为了进一步提高策略的平滑性和鲁棒性，ACT 引入了时间集成（Temporal Ensembling）机制。在每个时间步，智能体不仅会预测当前动作块，还会预测未来几个时间步的动作块。这些预测动作通过指数加权平均进行组合，从而生成最终的动作。这种方法不仅减少了高频干扰，还提高了动作序列的连贯性和稳定性。

ACT 算法将 Transformer 与 CVAE 结合，用于建模和预测动作序列。具体来说，CVAE 的编码器部分通过 Transformer 处理输入的关节位置和动作序列，生成一个风格变量（Style Variable），该变量捕捉了人类数据中的变异性。解码器部分则根据当前观测和风格变量生成未来动作序列。这种设计使得 ACT 能够灵活地处理不同风格的演示数据，并在测试时生成确定性的动作序列。

ACT 算法在多个方面展现了显著的优势。

- 高效处理长序列任务：通过动作分块和 Transformer 架构，ACT 能够高效地处理长时序任务。
- 泛化能力：动作分块使得智能体能够学习到更通用的子任务特征，从而在面对新任务或环境变化时表现出更强的泛化能力。
- 精确动作预测：通过 CVAE 和 Transformer 的结合，ACT 能够生成精确且平滑的动作序列，适用于需要高精度操作的任务。

基于 AIRSPEED 的数据飞轮运行流程如图 9-12 所示。整个生成过程的基本流程如下。

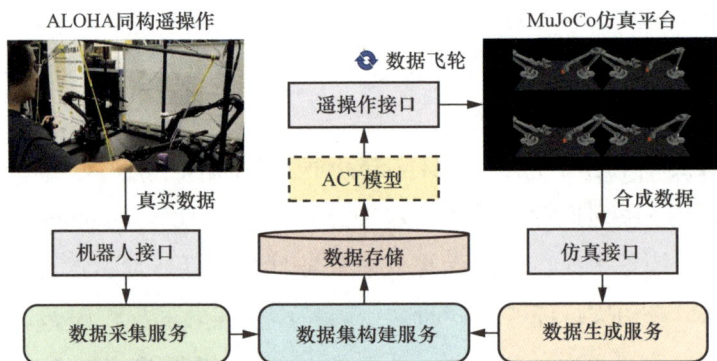

图 9-12　基于 ACT 算法的数据飞轮运行流程

1）操作人员使用 ALOHA 同构遥操作系统采集真实数据，真实数据依次通过机器人接口、数据采集服务、数据集构建服务，构建得到 EAI 真实数据集。

2）使用初版 EAI 数据集训练得到基于 ACT 算法的初版策略模型，通过遥操作接口将该策略模型接入 MuJoCo 仿真平台，合成指定场景或任务下的操作轨迹合成数据。

3）通过仿真接口设定的规则，筛选任务执行成功的合成数据，再通过数据生成服务、数据集构建服务，构建得到 EAI 合成数据集。

4）合并 EAI 真实数据集和 EAI 合成数据集，训练得到第二版策略模型，再次通过遥操作接口将该策略模型接入 MuJoCo 仿真平台，继续合成指定场景或任务下的操作轨迹合成数据。

5）重复步骤 3 和 4，直到模型性能满足要求。也可以针对始终不能执行成功的场景或任务，继续采集真实数据，加入 EAI 真实数据集参与训练。

通过以上不断重复的过程，AIRSPEED 为 ACT 算法的模型训练创造了一个高效的数据飞轮。其中 AIRSPEED 的具体使用方法与前两节大同小异，在此不赘述。

9.4.2 实践结果

基于上面描述的数据飞轮，本实践对 AIRSPEED 在数据飞轮中的效率进行了比较实验。数据飞轮中的数据包括来自 ALOHA 系统的两个机械臂的关节角度数据、夹持器开关数据、3 个相机（Intel RealSense D435 深度相机）的 RGB-D 数据。

在得到完整的数据飞轮实验之前，本实践先对操作轨迹合成的并行度对数据生成的效率影响进行了定量实验。表 9-4 展示了基于 ACT 算法的操作轨迹合成效率的并行度比较实验结果。实验结果展示了当并行度分别为 1、2、4、8、16、32 时的数据合成效率和数据生产加速比。实验结果显示，当并行度为 16 时，数据合成效率达到最高 3.04 s/ 样本，相比人类遥操作，数据生产加速比达到了 6.56。

表9-4　基于ACT算法的操作轨迹合成效率的并行度比较实验结果

人类遥操作效率	并行度	帧率（帧/s）	数据合成效率（s/ 样本）	数据生产加速比
20s/样本	1	25	19.2	1.04
	2	52.63	9.12	2.19
	4	106.67	4.50	4.44
	8	146.79	3.27	6.12
	16	**157.66**	**3.04**	**6.56**
	32	152.744	3.14	6.36

该实践的具体设置如下：MuJoCo 版本号为 2.3.7，显卡使用的型号是 NVIDIA A6000。仿真环境中的合成数据包括 4 个机械臂的关节和夹具运动数据、来自 3 个摄像头的 RGB-D 数据，场景为室内桌面，任务为 ACT 算法官方提供的"立方体转移"（Cube Transfer）。

表 9-5 展示了采集与生成 50 个样本所消耗的时间及相应的数据集构建时间。由图 9-12 可知，此数据飞轮共有 4 个阶段：真实数据采集、真实数据集构建、合成数据生成和合成数据集构建。受限于遥操作的原理，AIRSPEED 并不能减少真实数据采集过程的耗时，但是可以显著减少数据集构建的耗时，并一定程度上减少数据生成的耗时。例如，在真实世界的数据集构建阶段，由于 AIRSPEED 在数据采集阶段已经开始同步数据集的构建，因此它可以在数据采集完成后平均 26 s 内完成数据集构建。相比之下，在数据采集后再进行手动构建和传输数据集则平均需要 926 s。在真实数据集构建阶段、数据生成阶段、合成数据集构建阶段分别实现了 35.62、1.2、3.5 的有效加速比，从而实现数据飞轮整体 6.01 倍的加速。

表9-5　AIRSPEED在虚拟遥操作系统数据生成中的效率比较实验结果

	数据采集 （50个样本）	数据集构建 （真实）	数据生成 （50个样本）	数据集构建 （合成）	总时长
人类操作耗时（s）	1243	926	187	28	1243+1141
AIRSPEED耗时（s）		26	156	8	1243+190
有效加速比	—	35.62	1.2	3.5	6.01

该实验的具体设置如下：采集过程遵循 ACT 算法官方提供的"立方体转移"示例。采集的数据包括来自 4 个机械臂的关节和夹具运动数据、来自 3 个摄像头的 RGB-D 数据，数据吞吐量约为 185 MB/s。数据采集服务、数据生成服务和数据集构建服务部署在 3 台独立的计算机上，通过 1000 M/bit 以太网互连。在实验过程中，我们记录了 3 名人类操作员在这 4 个阶段所消耗的平均时间，并根据 AIRSPEED 的使用计算了有效加速比。

9.5　本章小结

本章提出了一个开源的通用数据生产平台 AIRSPEED。AIRSPEED 可以通过广泛支持的数据采集设备全面获得通用数据，通过与仿真平台的广泛对接快速生成大量数据，并为 EAI 数据集提供了一种自动构建方法。本章的实验证明了 AIRSPEED 在提高数据生产效率方面的有效性，以及与其他现有平台、设备和软件相比其突出的兼容性优势。更重要的是，AIRSPEED 针对当前具身智能的数据瓶颈，提供了相应的解决方案。

- 在软件层面缩小了成本黑洞。通过开源的数据生产平台，具身智能数据采集和生成的软件开发部分可以大幅减少，从而降低相应的软件成本，帮助缩小成本黑洞。

- 在兼容性层面缓解了数据孤岛。通过 AIRSPEED，具身智能开发者可以使用统一的接口采集不同设备来源的数据，有助于打破不同来源数据之间的阻隔，促进数据流通。

- 在理论层面提供了一种定性的指标评估手段。通过金字塔结构数据集的自动构建，使用者可以方便地对数据集的性能潜力进行评估与比较。

EAI 是一个快速发展的领域，EAI 模型训练需要什么数据、如何收集数据，以及需要多少数据的问题仍然是需要探索的课题。AIRSPEED 不仅提高了数据生产效率，还可以帮助研究人员更快地探索这些问题的答案。随着 EAI 的发展，将来还会涌现更多数据采集设备和仿真平台，AIRSPEED 需要不断提升其在数据生产方面的效率和兼容性。

第 10 章　总结与展望

具身智能将人工智能集成到物理实体中，使机器人能够感知、学习，并与环境动态互动，提供有效的商品和服务。在这一过程中，数据扮演着至关重要的角色。与传统人工智能主要依赖静态数据和虚拟环境模拟不同，具身智能要求从环境中实时采集动态数据，涵盖视觉、触觉、听觉等感官信息，以及环境变化、物体位置和状态等。这些数据帮助智能体深入理解环境，使其能够在复杂且不断变化的现实世界中做出准确的决策。

具身智能数据之所以不可或缺，是因为它支持智能体的闭环感知和行动机制。通过感知和行动的持续循环，智能体能够根据环境反馈不断调整其行为策略，优化决策过程。高质量的数据使得智能体能够正确理解环境、识别物体，并有效反应。如果没有准确的数据支持，智能体无法有效评估环境变化，进而影响其决策和任务执行能力。因此，具身智能数据不仅是智能体执行任务的基础，也是其持续学习、优化和适应的关键。

随着具身智能技术的发展，预计其数据市场的价值将超过 10 万亿美元，达到互联网行业的 3 倍。然而，具身智能面临着数据采集的多重挑战。为了解决这些问题，构建强大的数据采集与生成系统显得尤为重要。数字孪生和仿真技术为降低数据采集成本提供了有效的解决方案，虚拟环境中的训练能显著减少实际采集数据的费用并提高开发效率。结合真实世界和合成数据的策略，能够有效应对具身智能数据采集中的挑战，同时确保数据的准确性和同步性，为系统的学习和优化提供有力支持。

本书深入探讨了具身智能数据采集技术，阐述了多模态数据采集、仿真环境下的数据生成方法及其应用案例，并介绍了开源具身智能数据平台AIRSPEED 如何帮助解决数据采集中的瓶颈问题。作为本书的最后一章，笔者将总结具身智能数据采集的局限性、数据隐私与安全挑战，以及具身智能数据行业的未来发展趋势。

10.1 当前技术的局限性

具身智能数据采集是构建高效、精准智能系统的基础，但当前的技术和方法存在诸多限制，影响了数据的完整性、准确性、实时性和适用性。这些限制在实际应用中尤为突出，制约了具身智能数据采集的效果和广泛应用。

1. 传感器精度和稳定性

传感器精度和稳定性是影响数据采集质量的最直接因素。具身智能系统的数据采集高度依赖传感器的性能，而传感器的精度和稳定性直接影响数据质量。随着技术的发展，新型传感器不断涌现，但也加剧了数据采集系统的复杂性，并对其可扩展性提出了更高要求。如果数据采集平台缺乏良好的可扩展性，将难以兼容新型传感器，导致系统维护困难，甚至影响具身智能系统的整体性能。

当前，具身智能机器人广泛采用的传感器包括视觉传感器（RGB 摄像头、深度相机、LiDAR）、听觉传感器（麦克风阵列）、触觉传感器（电子皮肤、力/扭矩传感器）、惯性测量单元（IMU）、温湿度传感器等。未来新型传感器的发展将进一步丰富数据采集的维度。例如，光谱传感器可提升机器人对物体材质和化学成分的识别能力，超声波传感器可增强对微小振动的感知能力，气味传感器则可赋予机器人类似生物的嗅觉感知。这些新型传感器的应用将极大提升具身智能系统的环境适应能力，使其更精准地感知和理解周围世界。

随着传感器类型的不断增加，数据采集系统面临的主要挑战包括数据格式的不兼容、数据同步的复杂性、存储和处理能力的需求增长等。如果数据采集平台缺乏良好的可扩展性，在引入新型传感器时，需要进行大量的底层接口适配和数据融合优化，则容易导致系统维护成本高、升级困难，甚至可能限制具身智能系统的技术迭代。因此，未来的数据采集平台必须采用模块化设计，支持多种传感器的即插即用，并具备高效的数据融合能力，以确保具身智能系统能够持续适应技术的快速演进。

2. 环境变化对数据采集的影响

环境变化对数据采集的影响是另一个重要因素。环境变化是具身智能数据采集面临的核心挑战之一。由于具身智能系统通常在动态、多变的环境中执行任务，不同场景下的环境因素（如温度、湿度、照明、噪声、振动等）都会显著影响数据采集的稳定性和一致性。例如，工业机器人在生产线上工作时，传感器可能会受到粉尘、油污、高温等环境因素的影响，导致数据误差增加；服务机器人在家庭环境中执行任务时，日夜光照的变化可能会影响视觉传感器的工作，进而影响机器人对目标物体的识别和操作。

为确保具身智能系统能够在各种环境下稳定采集数据，需要研发适应不同环境的高鲁棒性数据采集技术。这包括改进传感器硬件，提高其在极端条件下的抗干扰能力，同时优化数据处理算法，以提升数据质量。例如，为了应对光照变化，可以采用 HDR（高动态范围）成像技术，使视觉传感器在强光和低光环境下都能稳定工作；在高噪声环境中，可以利用主动降噪算法，提高麦克风阵列的信噪比，从而确保语音数据的清晰度；对于高温或潮湿环境，可以采用特殊封装材料和耐候性更强的传感器，减少外界因素对数据采集的影响。

此外，针对特定应用场景，数据采集系统需要具备环境自适应能力。例如，在户外无人驾驶系统中，天气状况（如雨雪、大雾）会严重影响 LiDAR、摄像头等传感器的数据采集质量，因此需要结合多传感器融合技术，如结合毫米波雷达可以弥补视觉传感器在恶劣天气下的局限性。在医疗机器人领域，机器人在手术过程中需要在无菌环境下操作，同时要能精确地感知患者组织的力反馈，为此，必须研发高精度、低漂移的触觉传感器，并结合 AI 模型进行误差补偿，以确保数据采集的稳定性和可靠性。

3．多模态数据融合和协调

多模态数据融合和协调也是限制数据采集效率的因素之一，直接影响系统对环境的感知、理解和决策能力。由于不同模态的数据在采样频率、空间分辨率、时间对齐及数据格式上存在差异，实现高效、鲁棒的数据融合与对齐是具身智能领域的重要挑战。如果融合策略不够精确，不仅可能导致信息丢失，还可能造成感知误差，使整个系统的决策能力受到影响。

不同模态的数据往往来自多种传感器，如视觉传感器提供图像信息，激光雷达提供点云数据，惯性测量单元记录运动状态，麦克风阵列捕捉环境声音，触觉传感器感知压力或接触力。这些传感器的采样速率和数据格式各不相同，部分传感器存在延迟或误差，若不能精准对齐，可能会影响具身智能系统的整体感知效果。以移动机器人为例，激光雷达提供的空间结构信息与摄像头提供的视觉信息之间若未对齐，可能导致障碍物识别不准确，影响导航与避障决策。在语音交互系统中，麦克风采集的语音信号与摄像头捕捉的面部表情需要高度同步，否则可能造成机器人对用户意图的误判。

解决这一问题需要发展鲁棒的时空对齐技术，提高不同传感器之间的同步性，并优化多模态数据的融合算法。例如，通过时间插值方法对低频传感器的数据进行补偿，使其与高频数据保持一致，减少数据不同步带来的误差。在视觉与深度信息的融合过程中，可采用几何校准方法对数据进行空间对齐，确保摄像头和激光雷达提供的环境信息可以互相参照，提高目标识别和环境建模的精度。在机器人操作任务中，触觉传感器的数据需要与机械臂的运动轨迹进行精确对齐，确保力反馈信息能够正确指导机器人调整抓取动作，从而提高操作的成功率。

在复杂的动态环境中，数据融合的鲁棒性尤为重要。例如，在自动驾驶系统中，需要同时融合摄像头、激光雷达、毫米波雷达、GPS 和 IMU 数据，在不同天气和光照条件下确保稳定的环境感知能力。面对雨天或夜间场景，激光雷达的点云数据可能受到雨滴或光照的影响，而摄像头的视觉信息也可能因光线不足而降低识别精度。通过自适应数据融合算法，可以根据不同环境动态调整传感器的权重，使系统始终保持最优的感知效果。在远程医疗机器人手术中，医生依赖高清摄像头、触觉传感器和力反馈设备进行远程手术操作，数据的时延和不同步问题会影响手术精度。因此，需要研发低延迟、高精度的数据对齐方法，确保远程操作的稳定性和安全性。

4. 实时性和响应速度

实时性和响应速度是具身智能系统的另一个制约因素，直接决定了系统对外界环境变化的适应能力。如果数据采集、传输或处理的速度不足，机器人将无法及时调整自身行为，甚至可能导致数据丢失或决策错误，严重影响任务执行的准确性和安全性。因此，研发高效、低延迟的数据处理技术，确保数据能够被快速采集、传输、分析和决策，是提升具身智能系统性能的核心挑战之一。

具身智能系统通常依赖多种传感器并行工作，每个传感器都会以不同的频率生成大量数据。这些数据需要经过高速计算和融合，以形成对环境的全面理解，并指导机器人采取适当的行动。例如，在自动驾驶系统中，摄像头、激光雷达、毫米波雷达、GPS 和惯性测量单元需要实时协同工作，以识别道路环境、障碍物和行人信息。如果数据处理速度过慢，车辆在高速行驶时可能无法及时做出避让决策，从而增加事故风险。同样，在工业机器人中，机械臂需要根据实时的视觉反馈进行高精度抓取操作，如果数据处理延迟过大，可能会导致机器人抓取失败，影响生产效率和质量。

数据丢失是实时性不足的直接后果。许多具身智能应用需要连续采集和处理大量高频数据，任何一帧关键数据的丢失都可能影响系统的稳定性和可靠性。例如，在远程医疗机器人手术中，触觉反馈数据的延迟或丢失可能会导致医生无法准确感知患者组织的阻力，从而增加手术失败的风险。在体育训练辅助系统中，运动分析机器人需要采集运动员的姿态数据并进行实时反馈，如果数据处理速度过慢，系统可能会错过关键动作，影响运动员的训练效果。在无人机编队控制中，每架无人机需要根据邻近无人机的运动数据进行同步调整，如果数据传输延迟超过一定阈值，可能导致飞行轨迹偏差，甚至发生碰撞。

要提升具身智能系统的实时性，需要从多个方面进行优化。首先，需要研发更高效的数据采集和传输架构，减少传感器到计算单元之间的延迟。通过边缘计算和分布式计算技术，可以将数据处理任务分摊到多个计算节点上，实现就近计算和实时反馈。例如，在智能安防系统中，可以在摄像头端部署 AI 芯片，直接进行目标检测和行为识别，而无须将所有数据传输至远程服务器，从而大幅降低延迟。其次，需要优化数据处理算法，提升数据压缩和计算效率。采用事件驱动计算和异步处理机制，可以减少冗余数据的传输和存储需求，确保关键数据能够被优先处理。在机器人控制系统中，采用基于强化学习的实时决策算法，可以在短时间内快速计算出最优行动方案，提升机器人对环境变化的适应能力。此外，需要优化系统的硬件架构，提升计算平台的并行处理能力。例如，采用高性能 GPU 或专用 AI 加速芯片，可以在毫秒级时间内完成大规模数据计算，确保系统能够实时响应。

5. 跨平台数据的兼容性

跨平台数据的兼容性问题是具身智能领域亟待解决的核心挑战之一。由于具身智能系统需要整合来自不同传感器、计算设备和软件平台的数据，数据接口、格式和通信协议的差异使得数据共享和互操作性变得极为复杂。如果缺乏高效的跨平台兼容性技术，不仅会导致数据采集和处理成本急剧上升，还会造成行业内各系统相互孤立，最终影响整个产业的可持续发展。

目前，具身智能系统的数据来源极为丰富，包括视觉、触觉、听觉、力反馈、惯性测量等多个模态，每种传感器可能采用不同的通信协议、数据格式和存储方式。例如，工业机器人通常使用 EtherCAT、Modbus 等工业总线协议，消费级智能设备则可能采用 Wi-Fi、蓝牙或 MQTT 等协议进行数据传输。由于不同厂商开发的设备和软件生态各自独立，导致数据难以直接共享。如果不具备统一的兼容性标准，开发者需要针对不同设备单独设计数据转换和集成方案，这将极大地增加数据管理的复杂度和维护成本。

数据格式的不兼容性进一步加剧了数据采集和处理的挑战。例如，在自动驾驶系统中，摄像头可能输出 JPEG 或 RAW 格式的图像，而激光雷达提供的是点云数据（如 PCD、PLY 格式），惯性测量单元则记录 IMU 数据。如果没有统一的数据管理和转换机制，这些数据在融合时将面临时间对齐、空间映射和存储优化等问题，影响自动驾驶决策的实时性和准确性。在智能制造领域，不同生产设备的数据格式往往不兼容，使得生产线中的机器人、传感器和控制系统之间难以高效协作，限制了智能制造系统的灵活性和扩展性。

跨平台数据兼容性的缺乏不仅增加了数据管理成本，还可能导致整个行业的发展受限。具身智能系统的数据量巨大，如果无法在不同平台间无缝共享，将导致数据孤岛效应，阻碍行业创新。例如，在医疗机器人领域，患者的手术数据可能存储在不同医院的系统中，如果医疗机器人无法跨平台读取这些数据，就难以实现精准个性化手术规划。在智慧城市应用中，智能安防系统需要集成来自不同制造商的摄像头和传感器数据，但由于各设备采用不同的传输协议，导致城市级安防数据难以融合，降低了整体系统的智能化水平。

要解决这一问题，需要研发高效的跨平台数据兼容性技术，确保不同设备和平台的数据能够高效共享和互操作。首先，需要制定标准化的数据接口和通信协议，推动行业采用统一的数据格式。例如，在机器人系统中，AIRSPEED 提供了跨平台的通信架构，使得不同机器人和传感器能够在统一的环境下共享数据。其次，需要开发智能数据转换和适配技术，支持异构设备之间的数据互通。例如，可以采用中间件架构，自动将不同格式的数据转换为标准格式，从而简化数据集成流程。在云端数据管理方面，可以构建数据湖（Data Lake）技术，支持多种数据格式的存储和检索，使具身智能系统能够高效地跨平台访问和处理数据。

6. 数据标注和质量控制

数据标注和质量控制也是当前具身智能数据采集中的一个关键问题。数据标注和质量控制是具身智能数据采集的核心环节，其质量直接决定了人工智能模型的训练效果。如果数据标注不准确，或者质量控制不到位，不仅会导致模型训练失效，甚至可能对系统决策能力造成严重影响，其后果相当于向大模型"投毒"，最终影响具身智能系统的稳定性、安全性和可靠性。

具身智能系统的数据来源复杂，涉及多模态传感器采集的视觉、听觉、触觉、力反馈、惯性测量等多种数据类型，这些数据往往需要精确标注，以便用于监督学习或强化学习模型训练。然而，人工标注成本高且容易出错，尤其在涉及复杂场景的任务中，标注人员的主观偏差或误判可能导致数据标签的不一致。例如，在自动驾驶系统中，若道路标识、行人检测、交通灯状态的标注出现偏差，训练出来的自动驾驶模型可能误识别道路环境，导致行车决策错误，严重时可能引发安全事故。在机器人抓取任务中，如果物体类别、形状或表面材质的标注不准确，机器人可能无法正确分类物体，甚至可能导致抓取失败，影响自动化生产效率。

数据质量控制的难度随着数据规模的扩大而显著增加，特别是在实时数据流的采集和处理过程中，任何质量问题都会被放大，并直接影响模型的泛化能力和决策稳定性。例如，在医疗机器人中，如果用于训练的医学影像数据存在标注错误，AI 辅助诊断系统可能会误判病情，影响医生的决策。在语音交互机器人中，如果训练数据的"文本—语音"对应关系存在偏差，系统可能无法正确理解用户意图，导致对话系统的智能化水平下降。数据质量的不稳定性还可能影响多模态数据融合的效果，导致模型对复杂环境的理解能力下降。

要解决这一问题，需要研发自动化、智能化的数据标注和质量控制技术，提高数据标注的效率和准确性，同时确保数据的稳定性和一致性。首先，可以利用人工智能辅助标注，通过预训练模型进行初步标注，再由人工进行校对，提高标注效率的同时降低错误率。例如，计算机视觉任务可以采用半自动语义分割工具，提高像素级标注的精确度，而语音数据标注可以结合自动语音识别（ASR）模型进行初步转录，再由人工审核优化。其次，可以采用主动学习和少样本学习技术，减少对大规模人工标注数据的依赖，让模型能够基于少量高质量数据进行高效学习，提高训练数据的质量和多样性。此外，可以构建数据质量评估体系，通过数据一致性检测、异常值分析、自动化错误修正等手段，提高数据的可用性。

10.2　具身智能数据隐私与安全挑战

隐私与安全问题在具身智能数据采集过程中至关重要，尤其是在涉及用户行为、情感分析、健康监测等敏感信息的应用场景下，数据的保护不仅关乎法律法规的遵守，也直接影响用户对具身智能技术的信任度。随着全球范围内个人隐私保护法规的日益严格，如欧盟的《通用数据保护条例》（GDPR）、美国的《加州消费者隐私法案》（CCPA），还有我国的《中华人民共和国数据安全法》等，各国纷纷加强对个人数据的保护，要求企业和研究机构在数据采集、存储、处理和使用过程中采取严格的隐私保护措施。然而，具身智能系统的多模态感知能力使其在数据安全管理方面面临比传统人工智能更复杂的挑战，如何在高效采集数据的同时保护用户隐私，成为该领域技术发展的核心难点之一。

具身智能系统的数据采集涉及大量**隐私敏感信息**，包括视觉、语音、生物识别、运动模式、情感分析等。例如，在智能家居环境中，家庭服务机器人需要通过摄像头、麦克风和触觉传感器与用户交互，这可能涉及用户的日常生活习惯、语音内容、家庭成员关系等隐私信息。如果这些数据未经过严格的安全防护，可能会被恶意攻击者利用，导致用户隐私泄露。在医疗机器人领域，具身智能系统需要采集患者的身体数据，包括心率、血压、脑电波等生理指标，这些数据的泄露可能导致患者隐私被滥用，甚至可能引发健康保险、雇佣决策等方面的伦理问题。

数据存储与传输的安全性是隐私保护的另一个重要方面。由于具身智能系统需要实时处理和存储大量用户数据，如何确保这些数据在存储过程中不被未授权访问，并在传输过程中防止中间人攻击、数据篡改等安全威胁，是技术必须解决的问题。例如，在智能监控系统中，如果摄像头采集的数据未经过加密处理，黑客可以通过网络攻击窃取视频信息，从而监视用户的日常活动。在远程医疗机器人中，患者的数据需要在医院、医生和云端服务器之间传输，如果未采用安全加密协议，可能会被网络攻击者截获，导致严重的信息泄露。

为解决隐私与安全问题，需要从技术和策略两个层面进行创新和优化。首先，隐私增强技术（PET）的应用可以在确保数据安全的同时，保障具身智能系统的数据采集能力。例如，联邦学习（Federated Learning）允许智能体在本地设备上训练模型，而无须将用户数据上传到中央服务器，从而减少数据泄露的风险。同态加密（Homomorphic Encryption）可以在数据不解密的情况下进行计算，使得用户数据在整个处理过程中始终处于加密状态，提高数据安全性。差分隐私（Differential Privacy）通过在数据中加入噪声来保护用户隐私，使得攻击者无法通过数据分析推断出个体信息。

其次，**数据访问控制与权限管理**是保护隐私的核心策略之一。在具身智能系统的设计中，需要采用细粒度的访问控制机制，确保只有授权用户和应用程序才能访问特定数据。例如，在家庭服务机器人中，可以采用角色权限管理系统，确保机器人只能访问与其任务相关的数据，而不能随意存储或传输用户的敏感信息。此外，零信任安全（Zero Trust Security）架构可以用于防止内部数据泄露，确保每次数据访问都经过严格认证，即使是系统内部的通信也必须经过加密和权限验证。

在**数据合规性与伦理监管**方面，随着全球隐私法规的日益完善，具身智能系统的开发者需要遵循相关法律法规，确保数据采集和使用符合道德规范。例如，GDPR 要求企业在采集个人数据之前获得用户的明确同意，并允许用户随时撤回同意权。因此，具身智能设备应当具备透明的数据管理机制，向用户提供数据使用情况的可视化界面，并允许用户自主管理和删除数据。此外，伦理委员会和行业标准组织可以制定具身智能数据采集的道德准则，如明确规定医疗、教育、安防等高风险领域的数据采集边界，以减少潜在的伦理争议。

具身智能技术的广泛应用不可避免地带来隐私与安全风险，但通过隐私增强计算技术、数据加密存储、访问控制机制及严格的合规监管，可以在保障用户隐私的前提下，实现安全、高效的数据采集和处理。未来，随着技术的发展，如何在数据可用性与隐私保护之间找到最佳平衡点，将成为具身智能技术能否大规模落地的重要决定因素。只有构建可信的数据保护体系，才能确保具身智能系统在各个行业中的安全、合规应用，为社会带来更多积极价值。

10.3　未来发展趋势

数据的流动性是具身智能发展的核心要素之一，尤其在多模态感知、实时反馈和决策支持等方面，数据的快速、无缝流通直接影响具身智能系统的响应速度和决策准确性。随着具身智能技术的不断推进，数据将成为支撑整个系统智能化水平的基石。如果数据流动性受限，具身智能系统的效率和灵活性将大打折扣，甚至导致技术停滞。因此，如何提高数据的流动性，加速数据的有效流通，将直接决定具身智能产业的发展速度。

未来，随着具身智能在各个行业中的应用逐渐普及，可能会形成一个专门的**具身智能数据交易市场**，使得数据流通更加高效、便捷，并为不同的行业参与者提供更多的合作机会。在这个市场中，具身智能系统所产生的数据将不再局限于特定平台或设备，而是可以在不同的组织、设备、领域间自由交换与共享。这种市场的形成，不仅能够促进数据的高效流动，还将催生新的商业模式和应用场景。

1）**数据流动性促进数据多样化和丰富性**。具身智能系统通常依赖多种传感器来采集环境信息，随着市场需求的增长，来自不同设备和平台的数据量和种类也将呈现指数级增长。数据交易市场的形成将为这些数据提供一个集中的交换平台，不同的行业参与者可以在市场中获取所需的特定数据。例如，医疗机器人机构可以通过数据市场获取不同疾病、病历和生理数据，用于开发精准的医疗机器人系统。通过市场机制，具身智能系统能够更便捷地获取不同数据源的数据，从而提升其智能决策和环境适应能力。

2）**数据流动性提高系统间的协同效应**。具身智能的许多应用场景涉及多平台、多设备之间的协同工作。例如，在智能制造和工业机器人应用中，设备之间需要互通数据、协调工作才能实现高效生产。如果没有有效的数据流动机制，系统之间的数据隔离将严重影响生产效率和决策质量。具身智能数据交易市场能够促进设备之间的数据共享和协作，推动不同系统、平台和组织之间的无缝协同。这不仅有助于提升生产力，还能加速创新。例如，机器人制造商和数据提供商可以在市场中建立长期合作关系，实时共享机器人在各种环境下的数据，提升机器人系统的整体性能。

3）数据流动性还将增强数据的实时性和处理能力。具身智能系统往往需要依赖实时数据来进行决策和反馈，如果数据传输存在延迟，将直接影响系统的响应时间和执行效果。数据交易市场能够通过优化数据传输协议、提高带宽和存储能力，为具身智能系统提供更加高效的数据传输通道。这种机制将为具身智能应用赋予更快的反应能力，尤其是在高要求、低延迟的应用场景中，如自动驾驶、智能制造和智慧医疗等。例如，在自动驾驶系统中，车辆可以通过数据市场实时获取周围环境的数据，快速判断道路状况、行人位置等信息，从而实现更安全、高效的驾驶。

4）数据交易市场的形成将推动数据的隐私保护与合规性。在具身智能数据的交易和流通过程中，用户隐私保护和数据合规性是不可忽视的问题。数据交易市场必须建立健全的数据管理和隐私保护机制，以确保数据流通的合法性和合规性。随着隐私保护法规的严格化（如 GDPR 和 CCPA），数据交易市场将会采用更先进的隐私增强技术，如同态加密、差分隐私和联邦学习等，以确保用户数据的隐私和安全。通过在数据交易市场中引入透明的访问控制和合规性管理，所有交易将得到清晰记录和监管，确保数据交易和使用都符合相关法规和伦理标准。这不仅能提升公众对数据流动的信任，也能推动具身智能技术的广泛应用。